住房和城乡建设领域"十四五"热点培训教材

超高层建筑差异化综合施工技术

中建城市建设发展有限公司　编著

U0169624

中国建筑工业出版社

图书在版编目(CIP)数据

超高层建筑差异化综合施工技术/中建城市建设发展有限公司编著. —北京:中国建筑工业出版社,2022.9

住房和城乡建设领域"十四五"热点培训教材

ISBN 978-7-112-27781-0

Ⅰ.①超… Ⅱ.①中… Ⅲ.①超高层建筑-工程施工-教材 Ⅳ.①TU974

中国版本图书馆 CIP 数据核字(2022)第 154894 号

本书以两个超高层项目为依托,根据项目施工过程中的施工方案、技术总结、施工数据、科技成果等资料,归纳总结出超高层施工的关键技术,共分为 5 章,包括软土地区超深基坑土方开挖及降水综合施工技术、深基坑旁超近距离文物建筑保护综合施工技术、超高层施工测量及变形控制技术、垂直运输及超高超大体积混凝土施工技术、液压爬模技术、钢结构施工技术、超高曲面墙体隔墙板施工技术、超高层施工临水临电施工等关键技术、绿色建造综合施工技术、BIM 虚拟建造及信息化管理应用等主要内容,并对施工过程中运用的建筑业十项新技术进行了总结分析。

责任编辑:司 汉 李 阳
责任校对:芦欣甜

住房和城乡建设领域"十四五"热点培训教材
超高层建筑差异化综合施工技术
中建城市建设发展有限公司 编著

*

中国建筑工业出版社出版、发行(北京海淀三里河路 9 号)
各地新华书店、建筑书店经销
霸州市顺浩图文科技发展有限公司制版
北京市密东印刷有限公司印刷

*

开本:787 毫米×1092 毫米 1/16 印张:17¾ 字数:376 千字
2022 年 9 月第一版 2022 年 9 月第一次印刷
定价:**88.00** 元
ISBN 978-7-112-27781-0
(39702)

版权所有 翻印必究
如有印装质量问题,可寄本社图书出版中心退换
(邮政编码 100037)

编委会主任委员：毛志兵

副 主 任 委 员：王 瑾 焦 莹

委 员：潘学斌 郑吉成 袁 梅

主 编：蔡昭辉

副 主 编：王显富 董泊君 何余华 马 杰

车立龙 袁 兵 陈奕吉

执 笔 人（按姓氏笔画为序）：

马海宁 王雪朝 车向男 卢 斌

冯云鹏 刘子木 李夫强 杨艳超

张 安 张兆轩 陈 康 武战国

苗沛沛 郑世超 赵 梁 赵国录

段 磊 贾 文 黄小将 崔加文

葛 澄

序一

　　超高层建筑是结合了社会需求、建筑科技、产业经济发展、文化要素的一种建筑形态产物，每一幢超高层建筑对于每一座城市而言都是一张彰显价值特色的名片。在我国新型城镇化进程中，超高层建筑方兴未艾，发展较为迅速，使得我国成为世界上拥有超高层建筑最多的国家。

　　随着超高层建筑规模体量越来越大、功能日趋复杂多样化、项目管理难度不断增加，在超高层建筑建设全生命周期过程应当坚持科技创新引领，充分依托先进的科技成果和科学管理经验以催生更强大的生产力。

　　中建城市建设发展有限公司是中国建筑第六工程局旗下的核心子企业，近年来在天津、深圳、河北等地陆续承接了一系列具有影响力、极具特色的超高层建筑。在施工过程中，公司团队通过不断探索和自主研发，系统地总结出了深基坑、文物保护、混凝土技术、钢结构技术、智能建造技术、先进设备应用等一系列差异化的综合性施工技术，在超高层建筑施工领域积累了宝贵经验。

　　当下呈现出依托城市特点差异化地推进超高层建筑建设、因地制宜发展低碳化、智能化的超高层建筑的主流趋势，相应的管理和工程经验相对匮乏，《超高层建筑差异化综合施工技术》是一本对超高层建筑建设差异化施工的经验总结集成，对超高层建筑建设领域提供有效的新视野、新理论、新思路的供给支撑，对超高层建筑施工具有较强的指导和借鉴的实用价值。

中国建筑集团有限公司原总工程师
中国土木学会总工程师工作委员会理事长

当今世界正在经历百年未有之大变局，建筑业也面临诸多挑战。实施创新驱动发展战略，既要推动战略性新兴产业蓬勃发展，也要注重用新技术新业态全面改造提升传统产业。这就要求我们建筑业深刻理解国家政策方针，加强科技创新，推动科技成果转化，促进整个建筑业的转型发展。

国际上超高层工程建设方兴未艾，我国的超高层建设更是如火如荼。随着超高层建筑工程规模的迅速扩大，超高层建筑设计、施工装备研发、建筑结构施工技术、生产和管理等环节的从业人员，无论是数量还是专业能力均已经无法满足生产需求。

中建城市建设发展有限公司在建筑施工领域深耕近 30 年，积累了雄厚的技术力量。公司近年中标 7 个超高层项目，其中 2 个已竣工，建筑高度分别是 300.65m、205.00m，共获得 18 项国际、国家及省部级奖项，发表 40 余篇国家专利及论文，是公司科技力量、创新能力和管理水平的集中体现。为归纳总结公司已竣工超高层项目的施工经验、提高公司技术水平、促进建筑业经济结构的转型升级、献礼党的二十大，公司组织编写本书。

本书以公司已竣工的两个超高层项目为依托，汇集了公司超高层施工的经验教训，详细地阐述了超高层施工的若干关键技术，是公司在超高层建筑领域持续创新的成果，代表了国内外先进的超高层施工技术水平，供广大同行参考借鉴。

在本书编写过程中，得到了工程局领导的大力支持、公司专家团队的悉心指导，凝结了城建公司工程技术人员的智慧和汗水，在此一并表示感谢！

中建城市建设发展有限公司　党委书记　董事长

前　言

我国历来高度重视科技创新，鼓励全社会发扬工匠精神，中央领导同志在不同场合就建筑业创新发展、发扬工匠精神多次作出重要指示，强调要引导企业突出主业、降低成本、提高效率，形成自己独有的比较优势，发扬"工匠精神"，加强品牌建设，培育更多"百年老店"，增强产品竞争力。建筑业是最能体现"工匠精神"的行业，超高层施工则最能体现新技术在传统产业的集成应用。

根据《民用建筑设计统一标准》GB 50352—2019规定：建筑高度大于100.00m为超高层建筑。建筑材料、垂直运输装备、施工模架等施工技术制约着超高层建筑的发展，社会对超高层建筑的需求，推动新技术、新材料、新工艺、新设备的出现。随着我国超高层建筑的发展，已经建立了一套更高效、更安全、更经济的超高层综合多元施工技术。在超高层建筑施工中，合理运用现有的技术，同时积极创新和完善现有施工技术，是推动超高层施工技术发展的关键，从而推动超高层建筑朝着更高层次发展。

中建城市建设发展有限公司积极践行中国建筑"拓展幸福空间"的使命，发扬中建六局"铁军精神"，致力于施工管理和建筑科技的研究与创新，在工程建设领域取得了长足发展。为及时归纳、总结超高层建筑施工的重难点以及技术经验，规避项目管理风险，切实提高我国超高层施工的技术管理水平，公司组织编写了本书。本书以公司承建的两个超高层项目为依据，根据项目施工过程中的施工方案、技术总结、施工数据等资料，归纳总结出超高层施工的关键技术，具有很强的针对性和实用性。在这两项工程实施过程中，公司坚持科技创新，通过不断地技术攻关，获得了"WBIM国际数字化大奖"1项国际级奖项，"国际先进"科学技术成果评价等9项国家级奖项荣誉，"天津市钢结构金奖"等8项省部级奖项荣誉，以及20余项地市局等级的科技奖项，完成40余项国家专利及论文，是我国超高层建筑施工最高水平的体现。

本书详细地分析超高层施工技术要点，力求通过关键技术要点的介绍、关键技术参数的解读、关键部位节点的BIM展示，差异化地帮助读者深入学习理解。内容包括深基坑施工关键技术，垂直运输、超高超大体积混凝土施工、液压爬模等关键技术，绿色建造综合施工技术、BIM 虚拟建造及信息化管理应用等主要内容，并在最后一章对施工过程中运用的建筑业十项新技术进行了总结分析，对类似工程具有很强的指导借鉴作用。

本书的编写离不开技术人员及管理人员的辛勤付出，同时得到了多位专家学者的指导，在此向所有提供帮助的同仁表示感谢！

目 录

第1章　深基坑施工技术

深基坑工程的施工是一个复杂的学科，具有很强的地域性、不确定性、风险性及环境效应。基坑降水、土方开挖会对土体造成扰动，不科学的基坑降水、土方开挖、边坡支护，会引起周围建（构）筑物开裂、变形、破坏，威胁人民的生命财产安全。勘察、设计、施工等单位应针对基坑特点，选择能最大限度满足安全、经济、工期、环保等多目标要求的"土护降"方案。

项目1地处天津市海河沿岸，地下水位在1.5～2.0m，土质类型为软土＋部分古河道冲积层，降水困难；基坑最大开挖深度−24.6m，穿透隔水层，存在突涌等风险；开挖面积约 $10200m^2$，总挖方量约22万 m^3，体量大，底坑出土及土方外运组织困难；同时支护结构的支护工程及爆破拆撑均会引起周边土层扰动，影响周边古建筑及高层结构安全。项目周边有5栋文物旧址大楼，最小距离仅7m，且年代久远，属于国家级文物建筑、全国重点文物保护单位，是本工程的重点保护对象，周边环境如图1-1所示。

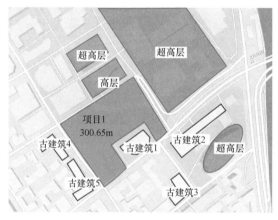

图 1-1　周边环境平面图

通过比选，采用"加设临时水平内支撑系统的直立开挖方案"，地下连续墙＋多层水平支撑作为基坑支护体系，重点部位采用三轴搅拌桩，套接一孔法施工达到支护、防水、周边建筑保护的效果。采用地下水渗流三维数值模拟，验证降水效果及对周边环境的影响。同时对项目实施阶段全过程变形监测，及时调整施工部署。

1.1　软土地区超深基坑土方开挖及降水综合施工技术

1.1.1　基坑工程概述

1. 工程概况

项目1基础形式为桩基，建筑物下设4层地下室，总计面积 $46500m^2$，其中地下1

层层高 6.8m，地下 2～4 层层高 4.5m，地下部分功能为酒店配套用房和车库等；工程基坑开挖面积约 10200m²，呈较规则多边形（近似于 L 形），短边约 59～99m，长边约 139m，周长约 438m，如图 1.1-1 所示。设计标高±0.000 相当于绝对标高 4.000m，现有地坪约 3.700m。塔楼坑深 24.6m（坑底相对标高－24.9m），其他裙楼区域坑深 21.8m（坑底相对标高－22.1m），挖土总方量约 22 万 m³。

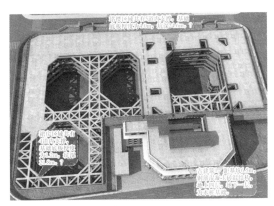

图 1.1-1　基坑工程三维示意

2. 工程周边管线情况

本工程周边地下埋设雨水、污水、输配水、天然气、供电、中水、电信等管道。

3. 工程地质条件

本工程场地所处地块的地貌类型为滨海平原，总体地势平坦，在场地埋深 50.00m 深度范围内，地基土按成因年代可分为 9 层，按力学性质可进一步划分为 16 个亚层。据勘察报告提供情况，各土层特征见表 1.1-1。

土层分布一览表　　　　　　　　　　　　　　　　　表 1.1-1

成因年代	力学分层	岩性	状态	顶层标高	备注
人工填土层	①₁、①₂	杂填土和素填土	松散至软塑	2.32～－0.39m（底层标高）	相对含水层
故河道冲积层	②₁、②₂、②₃	粉质黏土、中（近高）压缩性土	软塑状态为主	2.32～－0.39m（顶层标高）－10.50～13.30m（底层标高）	故河道冲积层
全新统中组海相沉积层	③	粉质黏土、中压缩性土	软塑状态为主	－6.23～－9.12m	中压缩性土
全新统下组沼泽相沉积层	④	黏土、粉质黏土	可塑状态	－11.45～－13.30m	含有机质、腐殖物，属中压缩性土
全新统下组陆相冲积层	⑤	粉质黏土	可塑状态	－12.71～－14.60m	无层理，含铁质，属中压缩性土

续表

成因年代	力学分层	岩性	状态	顶层标高	备注
上更新统第五组陆相冲积层	⑥	粉土、粉砂	密实状态	−16.85~ −21.63m	无层理,含铁质,属低压缩性土
上更新统第四组滨海潮汐带沉积层	⑦	黏土、粉质黏土	可塑状态	−24.08~ −28.69m	无层理,含铁质,属低压缩性土
上更新统第三组陆相冲积层	⑧$_1$、⑧$_2$、⑧$_3$、⑧$_4$	粉质黏土、粉土	可塑到密实状态	−28.42~ −32.62m	
上更新统第二组海相沉积层	⑨$_1$、⑨$_2$	黏土、粉土、粉质黏土	可塑状态	−42.68~ −44.89m	

4. 水文条件简介

本场地埋深 70.0m 以上有 3 个含水岩组（上层滞水、潜水层和承压水层），6 个相对隔水层，如图 1.1-2 所示，考虑水文地质报告及基坑开挖深度，只有前三层微承压含水层对工程有影响。

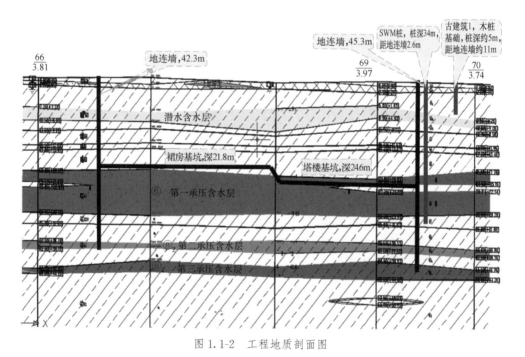

图 1.1-2　工程地质剖面图

1.1.2　基坑支护工程施工

1. 基坑支护设计简述

本工程基坑支护方案采用"加设临时水平内支撑系统的直立开挖方案"形式，在支护设计中本基坑采用 1000mm（塔楼部位及邻近古建筑 1 旧址的一侧 1200mm）厚的地下连续墙＋裙房部位挡土结构侧向共设置 4 层水平支撑，塔楼部位设置 5 层水平支撑作为基坑支护体系。

由于地库大面积基坑深度已达到 21.8m、24.6m，地下连续墙兼作止水帷幕，地下连续墙深度 45m，隔断第一、二微承压含水层，嵌入⑧₃ 粉质黏土层（第二微承压含水层隔水底板）。

重点保护的古建筑 1 部位施工前，采用 Φ 1000@750 三轴搅拌桩，套接一孔法施工，主要考虑上部土体塌槽等影响，穿越易导致塌槽土层（⑥层土）底端，顶端为地表下 1.0m，下端深度为地表下 34.0m，与地下连续墙之间的净空不少于 2.5m，其平面长度约 133.0m，作为该侧地下连续墙施工前预加固措施，同时也起到了双重的止水效果。

在地下连续墙的连接部位，采用"工"字形钢板止水接头；接缝处采取旋喷桩封堵的预处理措施，同时结合检测技术，开挖前先行判断渗漏位置，而后加以必要部位的封堵。

2. 地下连续墙施工

本工程地下连续墙共计 92 幅，异形槽段有 17 种，按墙体厚度划分为 1m 和 1.2m 两种，采用抓斗成槽法施工，地下连续墙有效深度分别为 41m 和 44m，墙顶标高 2.7m，混凝土强度等级 C40，槽段接缝处设置 2 组高压旋喷桩，保证地下连续墙接缝部位止水效果，如图 1.1-3 所示。

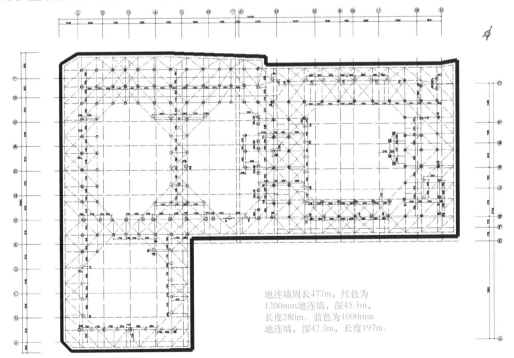

图 1.1-3 基坑围护平面布置图

3. 地下连续墙的渗漏检测

本工程使用 ECR 探测技术对地下连续墙施工过程中产生的槽壁坍塌、槽段偏斜、夹层、预埋件质量问题、槽段渗漏等问题进行检测，具有不损坏建筑物、运用特殊传感器达到高精度测量、测量地下离子运动、运用电化技术和电流追踪技术测量离子运动、适用于任何材质的地表测试（土、混凝土等）、可用于水面或水下检测等特点，较传统检测方法（局部拆除法、直接观察法），避免了损坏建筑物及直接观察不准确，数据可靠度低的缺点。

本工程检测分为 7 个检测组，共布设传感器数量为 686 个，现场采集多种不同电压下的数据，共采集数据 43218 组，需注意观察处共计 18 处。渗漏情况如图 1.1-4 所示。

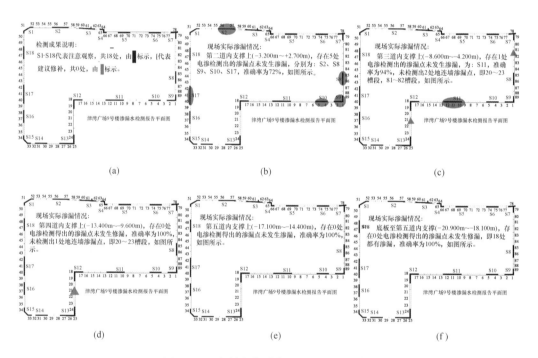

图 1.1-4 渗漏水检测点平面图及渗漏情况

（a）渗漏水检测点平面图；（b）第二道内支撑上渗漏情况；

（c）第三道内支撑上渗漏情况；（d）第四道内支撑上渗漏情况；

（e）第五道内支撑上渗漏情况；（f）底板至第五道内支撑之间渗漏情况

通过现场实际渗漏情况与电渗检测结果对比，发现基坑从上至下渗漏点依次增多，且渗漏严重情况由轻微渗漏至严重渗漏，在地下连续墙的转角处渗漏情况尤为严重。电渗检测的结果准确率依次为 72%、94%、100%、100%、100%。地下连续墙实际出现的渗漏点与电渗检测出的渗漏点基本吻合。

1.1.3　高水位软土地区深基坑降水施工技术

1. 降水验算

（1）基坑底板抗突涌稳定性验算

随着土方开挖深度增加，基坑与承压含水层顶板间距的减少会导致承压含水层上部土体压力减少，因此对坑底土体进行抗突涌稳定性验算，以及时降压，基坑底板至承压含水层顶板间的土压力应大于安全系数下承压水的顶托力，坑底抗突涌验算原理如图 1.1-5 所示。

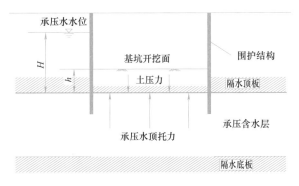

图 1.1-5　基坑底抗突涌验算示意

本工程主要需考虑第二、三微承压含水层承压水的顶托力对基坑底板抗突涌稳定性的影响。按照最不利原则，计算中各微承压含水层层顶选取埋深较浅的钻孔进行稳定性验算。根据勘察报告，20.0～50.0m 段微承压含水层初始水位埋深约为 9m，绝对标高取约 −5.104m。

由于第一承压含水层顶板埋深很浅，埋深约为 21.7m，基坑开挖深度达 21.8～24.6m 已揭穿第一承压含水层，且止水帷幕隔断第一承压含水层，因此加深疏干井可以满足第一承压含水层降压要求。根据计算，当基坑开挖深度至 17.61m（标高 −13.91m）时，需提前开启开挖区域相应含水层的降压井进行降压，以确保基坑安全。

（2）疏干设计

采用基坑明挖施工时，需及时疏干开挖范围内土层中含水，保证基坑干开挖的顺利进行。因此，开挖前需要布设若干疏干井，对基坑开挖范围内土层及第一微承压含水层进行疏干。

经过计算，结合基坑具体形状，拟定 43 口疏干井，结合第一微承压含水层的深度分布，疏干井井深取 32m。

（3）降压设计

经过计算，⑧$_2$ 粉土层降压井深度分别为 43.00m，其中 37.00～42.00m 为滤管，

⑧$_4$ 粉土层深度为 50.00m，其中 43.00～49.00m 为滤管。

2. 降水井布设

根据以上计算与分析，按经验 16m×16m 布置，面积 256m^2。考虑基坑平面布局，在保障降水效果的同时，疏干降水井实际布置 45 口（裙房部位 25 口，塔楼部位 20 口）。

（1）疏干降水井

布设疏干井 45 口（裙楼部分 25 口，井深 28m；塔楼部分 20 口，井深 31m）。滤管采用 Φ273mm 桥式滤水管，外包 2 层 60 目尼龙网，砾料为 5mm 等粒径粗砂，从井底围填至地表以下 2m，其透水直径不小于 650mm，地表下 0～2.00m 井壁外围以优质黏土封闭。

（2）减压降水井

备用自流减压井（平时兼作观测井使用）2 口：由钢管和滤管组成，井深 43.0m，滤管采用 Φ273mm 桥式滤水管，外包 2 层 60 目尼龙网，砾料为 5mm 等粒径粗砂，滤管长 5.0m，滤料以上部位采用优质黏土球围填封闭。

（3）潜水及微承压水观测井

成井要求同疏干井，井深 26m，基坑周边均匀布置，邻近古建筑 1 部位布置 5 口，其余位置间距约为 35.0m，共计 15 口，降水井布置如图 1.1-6 所示。

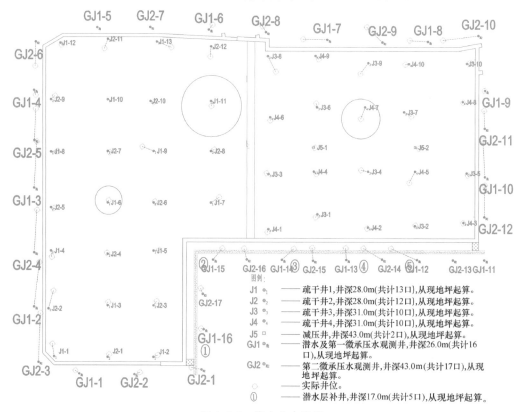

图 1.1-6　降水井布置图

3. 地下水渗流三维数值计算

在地下水三维数值分析中，必须合理设置计算模型的区域范围，消除计算成果中的地下水边界效应。本计算将抽水试验和基坑降水的模型设置在一个数值模型中，设定的平面计算范围为基坑周边向外各取 500m，如图 1.1-7（a）所示整个计算区域尺寸为 1102m×1126m。

离散模型：按照计算的平面范围、地层概况以及初始条件、边界条件，同时考虑抽水井、观测井、帷幕在离散模型中的空间位置，按照相关勘察和抽水试验、基坑降水设计资料，对计算区域进行离散，建立三维数值模型。其中，根据抽水井滤管位置及帷幕深度进行了分层。在网格剖分中，对计算区域进行了局部加密，详细模拟概况如图 1.1-7（b、c）所示。

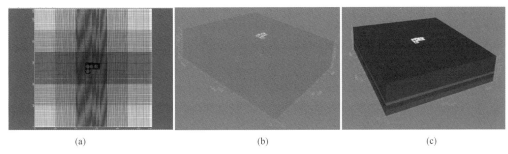

(a)　　　　　　　　　　　　(b)　　　　　　　　　　　　(c)

图 1.1-7　数值模拟计算图

（a）水文地质基坑及计算区域；（b）离散模型网格三维剖分图；

（c）三维地下水渗流物理模型

4. 降水诱发沉降分析与控制

由于第一承压含水层、第二承压含水层基坑内外水力联系已被止水帷幕隔断，考虑帷幕理想的状态下，降水对坑外沉降影响不大，暂不作考虑。本计算主要考虑第三承压含水层地下水下降对坑外产生的沉降影响。

在计算第三层承压水降水的影响时，各土层的渗透系数、厚度等均根据实际取值，根据预估，降压井抽水运行 120d 后减压降水。

5. 封井步骤

由于减压井均深入到基坑底板下部承压含水层，故需要在基础底板施工完成后（包括养护阶段和地下室及上部结构施工阶段），在确保承压水水头压力不大于抗浮力的情况下，逐步减少减压井的开启数量，直至静止水位情况下水头压力不大于抗浮力，并由结构设计人员复核计算后，再进行封堵，封井步骤如图 1.1-8 所示。

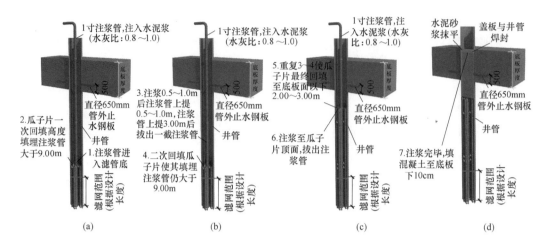

图 1.1-8 封井步骤示意

（a）步骤 1；（b）步骤 2；（c）步骤 3；（d）步骤 4

6. 水位监测及分析

通过对基坑内降水井、减压井进行水位监测数据的统计分析，得出基坑周边水位监测变化量-时间关系曲线图，如图 1.1-9 所示，最终判断围护结构墙体渗漏情况，以便及时采取补漏措施。

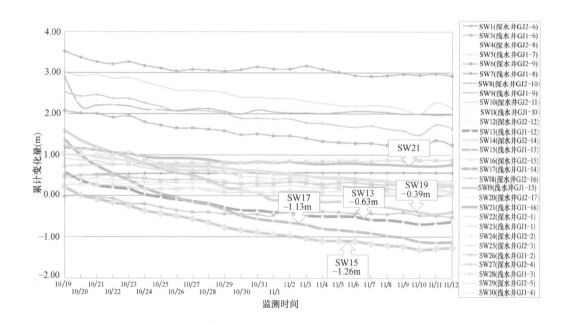

图 1.1-9 基坑周边水位监测变化量-时间关系曲线图

1.1.4　软土地区超深基坑土方开挖施工技术

1. 土方开挖施工重难点

（1）土质本身较软，基坑开挖遇到海河古河道冲积层，该土层含水率高、渗透系数较小，长期降水对该层土无太明显作用，开挖深度达 24.9m，支护墙体危险系数高。

（2）基坑边重型车辆频繁行走导致土体力学指标下降，基坑边大量堆载引起土的二次固结。

（3）周边相邻建筑较多，文物古建筑 1 的保护等级与故宫同级。

（4）第 6 步土方在第 5 道内支撑下，土方开挖高度仅为 2.8m，挖掘机在第 5 道内支撑下作业空间受限，如图 1.1-10 所示。

图 1.1-10　内支撑与土方开挖关系

（5）土方外运的场内外交通组织。

（6）土方开挖施工的环境保护。

2. 重难点应对措施

（1）开挖前需对基坑进行渗漏检测，特别是新老地下连续墙接口处、老地下连续墙有质量缺陷的部位，第一承压水层渗透系数大、海河古河道冲积层降排水困难，通过吸水材料、高压旋喷、压密注浆等多种措施保障挖方顺利。

（2）通过在首道内支撑设置栈桥板并做局部加厚处理，保证堆载场地与安全。

（3）古建筑 1 大楼占地面积约 800m²，为砖混结构建筑，设有地下室，为木桩基础。土方开挖时，将远离古建筑 1 位置的土方先挖出，待整个支撑体系受力后，再进行古建筑 1 位置土方的开挖。

（4）本工程在第 2 道内支撑施工完毕后即投入 1 台 27m 加长臂挖掘机（斗容量

$0.7m^3$，台班工作效率 $800m^3$）和 3 台 24m 加长臂挖掘机（斗容量 $0.6m^3$，台班工作效率 $800m^3$），采用挖掘机接力倒运，利用倒土平台进行土方倒运。第 6 步土方开挖时，在第 5 道内支撑下部 2.8m 净高投入 7 台 25m、30m、40m 迷你型挖掘机，采用塔式起重机、吊车配合装运。

（5）设置第 1 道内支撑栈桥板用于堆放倒运土方。

（6）土方开挖阶段配置，围绕基坑周边的喷淋洒水降尘系统。

3. 施工栈桥板及施工马道设置

（1）由于本工程场地周边条件复杂，道路不顺畅，施工场地内难以形成封闭环线，南侧距坑边 12m 还有需要保护的文物建筑古建筑 1，这给整个土方开挖造成了很大的影响。因此内支撑设计方案考虑第一道内支撑局部封板，与出土方案结合，挖掘机及运土车辆可行走于封板处，如图 1.1-11 所示。

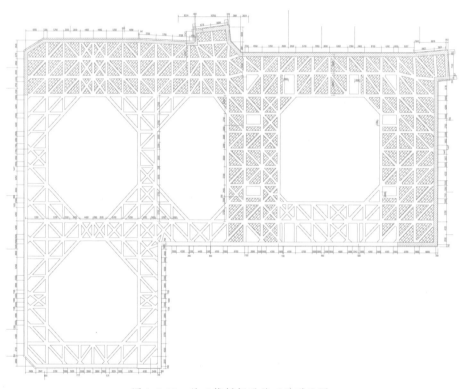

图 1.1-11　施工栈桥板及施工马道设置

（2）栈板承载力计算

1）卡车：栈板单位面积承载力 $3t/m^2$，卡车自重 18t，载土量 $20m^2$，土体堆积密度 $1.5t/m^3$，载土卡车重量 $=18+20\times1.5=48t$，$48/3=16m^2$，每 $16m^2$ 可承载一台卡车重量，故运土时，一台车出，一台车进，禁止并排行驶。

2）钢筋：$1m$ $\Phi 12$ 钢筋单根重量 $0.888kg=0.000888t$，$3/0.000888\approx3378$ 根 ≈ 11 捆钢筋，考虑钢筋上有站人等临时荷载，故每平方米只放 8 捆钢筋。

4. 基坑土方开挖

　　基坑开挖本着"分层、分块、对称、平衡、限时"的总体原则，大体上按照内支撑分段，分块开挖。总体分为六步开挖，中间穿插混凝土内支撑施工。通过比较、资源配备、适用类型、优缺分析，选择盆式开挖方法。

　　第 1 步土方开挖标高范围：＋3.60～＋2.70m，高差为 0.9m，实际挖土量为 7000m³。所有地下连续墙和基础桩施工完成，并提前 3 周预降水后进行第一步土方开挖。采用 6 台斗容量为 1.4m³ 的挖掘机，开挖流向为从南向北并结合第 1 道内支撑施工段划分，中心岛土方不动，只开挖支撑范围内的土方，场内运输由 1 号门进、2 号门出。开挖顺序分段如图 1.1-12 所示。

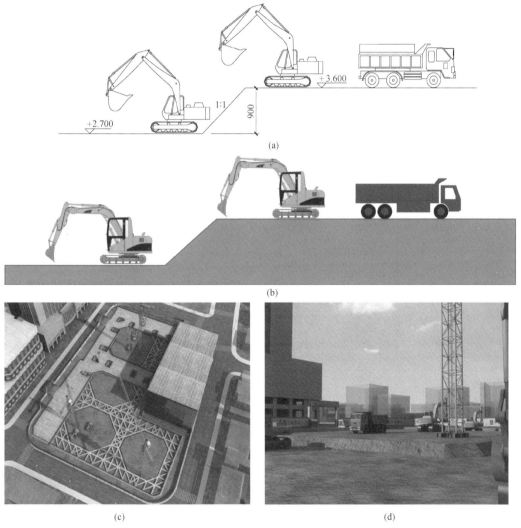

图 1.1-12　第 1 步土方开挖示意
(a) 第 1 步土方开挖标高；(b) 第 1 步土方开挖示意；(c) 第 1 步土方开挖（穿插内支撑施工）；
(d) 第 1 步土方开挖近景

第 2 步土方开挖标高范围：＋2.70～－4.20m，高差 6.9m，实际挖土量为 67600m³。采用 4 台斗容量为 1.1m³ 的挖掘机，10 台斗容量为 0.5m³ 的挖掘机。待第 1 道混凝土内支撑施工完毕并达到设计要求的强度后，开始挖第 2 步土方，中心岛土方挖至－1.600m，其余部位挖至－4.200m，留 2 处坡道，车辆可以开行至标高 －1.600m，坡道坡度按 1：6，其他部位挖掘机可站在第 1 道内支撑上做临时倒土点，中间穿插第 2 道内支撑施工。开挖顺序分段如图 1.1-13 所示。

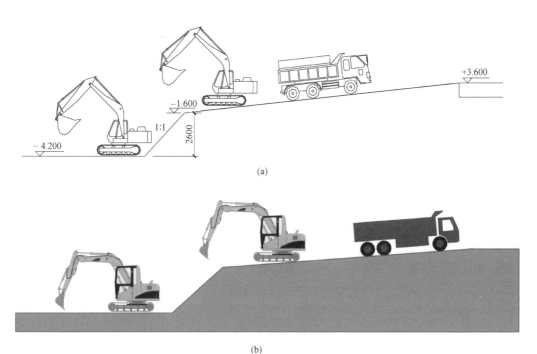

(a)

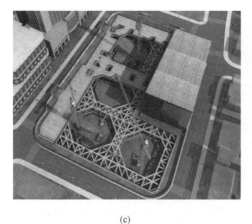

(b)

(c)

(d)

图 1.1-13　第 2 步土方开挖示意

(a) 第 2 步土方开挖标高；(b) 第 2 步土方开挖示意；(c) 第 2 步土方开挖（穿插内支撑施工）；
(d) 第 2 步土方开挖近景

第 3 步土方开挖标高范围−4.20～−9.60m，高差 5.4m，实际挖土量为 41400m³。采用 18 台斗容量为 1m³ 的挖掘机，10 台斗容量 0.5m³ 的挖掘机。待第 2 道混凝土内支撑施工完毕并达到设计要求的强度后，开始挖第 3 步土方，3 个出土点进行接力倒土，土台堆置高度在−1.600m 标高以上，中间穿插第 3 道内支撑施工。在第 3 道内支撑设计倒土平台进行倒土运土，减少长臂挖掘机等非常规机械的使用频率，提供土方堆积场地，提高土方开挖效率。开挖顺序分段如图 1.1-14 所示。

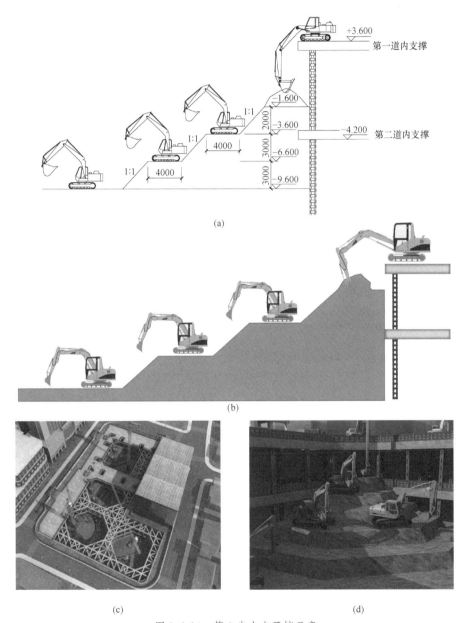

图 1.1-14　第 3 步土方开挖示意

（a）第 3 步土方开挖标高；（b）第 3 步土方开挖示意；

（c）第 3 步土方开挖（穿插内支撑施工）；（d）第 3 步土方开挖近景

　　第 4 步土方开挖标高范围 －9.60～－14.40m，高差 4.8m，实际挖土量为 42800m³。采用 18 台斗容量为 1m³ 的挖掘机（含 3 台具有 10m 加长臂），10 台斗容量 0.5m³ 的挖掘机。待第 3 道混凝土内支撑施工完毕并达到设计要求的强度后，开始挖第 4 步土方，3 个出土点进行接力倒土，土台堆置高度在－5.400m 标高以上，分别用 3 台 10m 加长臂挖掘机站在第一道内支撑上装车，中间穿插第 4 道内支撑施工。开挖顺序分段如图 1.1-15 所示。

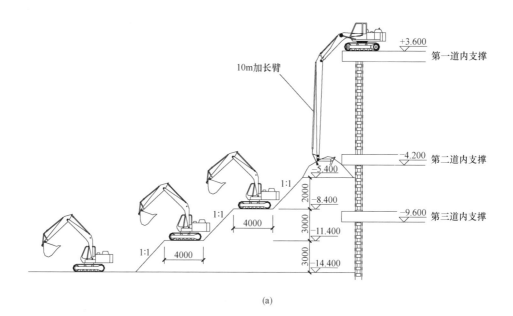

(a)

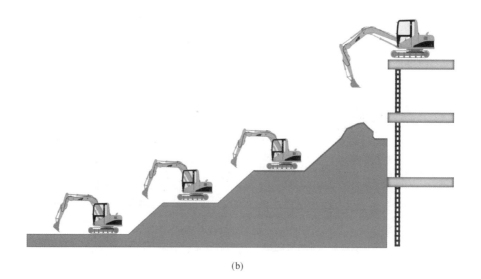

(b)

图 1.1-15　第 4 步土方开挖示意（一）

（a）第 4 步土方开挖标高；（b）第 4 步土方开挖示意

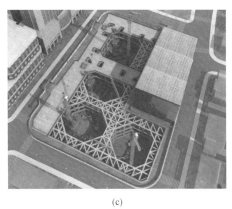

（c）　　　　　　　　　　　　　　　　（d）

图 1.1-15　第 4 步土方开挖示意（二）

（c）第 4 步土方开挖（穿插内支撑施工）；（d）第 4 步土方开挖近景

第 5 步土方开挖标高范围－14.40～－18.10m，高差 3.7m，实际挖土量为 42670m³。采用 18 台斗容量为 1m³ 的挖掘机（含 2 台具有 15m 加长臂、1 台具有 24m 加长臂），10 台斗容量 0.5m³ 的挖掘机。待第 4 道混凝土内支撑施工完毕并达到设计要求的强度后，开始挖第 5 步土方，3 个出土点进行接力倒土，土台堆置高度在－8.600m 标高以上。期间对裙房底板进行施工。开挖顺序分段如图 1.1-16 所示。

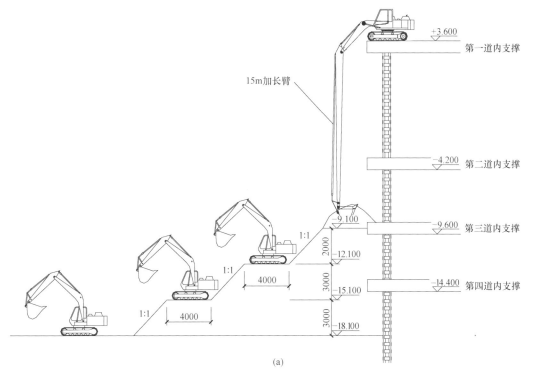

（a）

图 1.1-16　第 5 步土方开挖示意（一）

（a）第 5 步土方开挖标高（裙房部位）

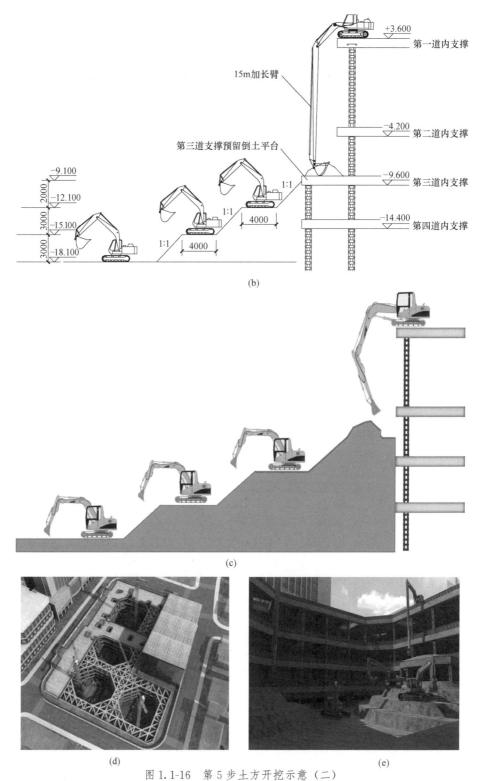

图 1.1-16　第 5 步土方开挖示意（二）

（b）第 5 步土方开挖标高（主楼局部出土平台）；（c）第 5 步土方开挖示意；（d）第 5 步土方开挖
（穿插内支撑施工）；（e）第 5 步土方开挖近景

　　第 6 步土方开挖标高范围－18.10～－20.90m（第 5 道内支撑区域），高差 2.8m，实际挖土量为 15490m³。采用 18 台斗容量为 1m³ 的挖掘机（含 2 台具有 15m 加长臂、1 台具有 24m 加长臂），10 台斗容量 0.5m³ 的挖掘机。2 个出土点进行接力倒土，土台堆置高度在－8.600m 标高以上。开挖顺序分段如图 1.1-17 所示。

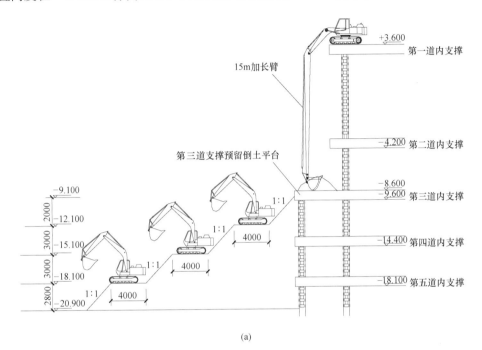

(a)

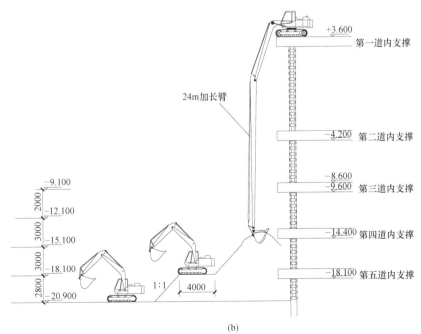

(b)

图 1.1-17　第 6 步土方开挖示意（一）

（a）第 6 步土方开挖标高（主楼局部出土平台）；（b）第 6 步土方开挖标高（裙房收坡）

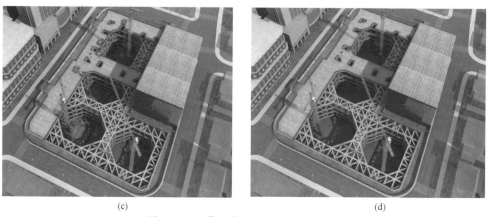

(c)　　　　　　　　　　　　　　(d)

图 1.1-17　第 6 步土方开挖示意（二）

(c) 第 6 步土方开挖；(d) 第 6 步土方开挖完毕

5. 土方开挖措施

针对本工程存在的故河道冲击层，因土体中含水率高，且为高压缩性性土质，降水无法排出此部分土体含水，故对土方开挖造成影响，导致机械无法站位，淤泥质土无法外出。采用下垫钢管排、现场拌白灰、接力倒土等措施保证挖方顺利，土方开挖措施如图 1.1-18 所示。

(a)　　　　　　　　　　　　　　(b)

(c)　　　　　　　　　　　　　　(d)

图 1.1-18　土方开挖措施（一）

(a) 拌白灰现场；(b) 雨期开挖，挖掘机垫钢管排；(c) 接力倒土开挖；(d) 空中接力

(e)

(f)

图 1.1-18　土方开挖措施（二）

（e）五道撑下 2.8m 斗容量 0.1m³ 挖掘机；（f）汽车式起重机＋铁簸箕收最后土方

1.1.5　超深基坑监测技术

1. 监测项目

深基坑工程共设置 7 类监测点，见表 1.1-2。

监测内容汇总表

表 1.1-2

序号	监测项目
1	围护结构侧向位移及土体侧向位移监测
2	围护结构顶部水平(竖向)位移监测
3	支撑轴力及地下连续墙钢筋应力监测
4	立柱竖向位移监测
5	坑内土体回弹监测
6	周边地表剖面变形监测
7	周边地下综合管线变形监测

2. 监测点布设

共设置围护结构侧向位移及土体侧向位移监测点、围护结构顶部水平（竖向）位移监测点、支撑轴力及地下连续墙钢筋应力监测点、立柱竖向位移监测点、坑内土体回弹监测点、周边地表剖面变形监测点、周边地下综合管线变形监测点等多种类监测点，如图 1.1-19 所示。

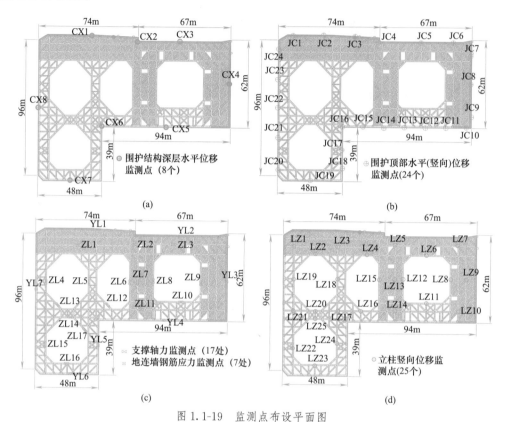

图 1.1-19　监测点布设平面图

（a）围护结构侧向位移及土体侧向位移监测点位；（b）围护结构顶部水平（竖向）位移监测点位；
（c）支撑轴力及地下连续墙钢筋应力监测点位；（d）立柱竖向位移监测点位

1.2　深基坑旁超近距离文物建筑保护综合施工技术

1.2.1　土方开挖期间基坑周边古建监测关键技术

1. 沉降原因分析

由现阶段施工而造成的某文物沉降分为三部分：

（1）由于土方开挖而造成地下连续墙变形从而导致的沉降；

（2）在基坑降水时因地下连续墙漏水和变形而造成的沉降；

（3）施工扰动造成的沉降。

总沉降量＝土方开挖引起的沉降＋基坑降水引起的沉降＋施工扰动

　　　　＝地下连续墙侧斜引起的沉降＋地下连续墙漏水引起的沉降＋施工扰动。

2. 地下连续墙侧移沉降（土方开挖引起的侧移）

土方开挖导致地下连续墙内侧压力减小，外侧压力大于内侧，导致地下连续墙倾斜，古建筑 1 下部土体下沉，产生不均匀沉降，靠近基坑一侧沉降大，远离基坑一侧沉降小。土方开挖持续时间长，开挖量大，导致地下连续墙倾斜大，是文物沉降的主要原因。古建筑 1 最近一侧地下连续墙最大水平位移基本稳定在 55mm，偏移最大量在地下 17m 位置。参考上海市工程建设规范《基坑工程技术规范》DG/TJ 08-61，由地下连续墙引起的沉降量＝0.8×地下连续墙最大水平位移量，可见地下连续墙水平位移造成的沉降在 40mm 左右，实际为 11mm，因为在土方开挖过程中进行注浆等保护措施，才使距基坑最近的文物古建筑 1 沉降减少 30mm 左右。

在古建筑 1 周边布设沉降观测点，布设位置如图 1.2-1 所示，对沉降值最大的 10 号点进行分析，沉降曲线如图 1.2-2 所示。第一道内支撑期间土方开挖 4.2m 至 2.7m 共 1.5m 土方量较少，卸载力不大，故文物沉降不大，10 号点沉降 2.68mm。第二道内支撑期间土方开挖＋2.7m 至−4.2m 共 6.9m，土方开挖量大，基坑内侧压力明显减小，并且第一道内支撑在地下连续墙上端，地下连续墙中部受力不平衡导致了地下连续墙较大倾斜，文物建筑 10 号点沉降较大达到了 6.02mm。在其余的几步土方开挖过程中，由于都是先开挖基坑内远离古建筑 1 一侧土方，使远侧地下连续墙外的压力大于内侧压力并通过第 1、2 内支撑传递至某文物一侧地下连续墙墙上，再开挖某文物一侧土方时内外侧压力差减小，地下连续墙倾斜减小，古建筑 1 沉降减小，10 号点在第 3、4 道内支撑期间和第 5 道内支撑分别沉降 1.44mm、0.32mm、0.04mm，沉降比之前明显减小。

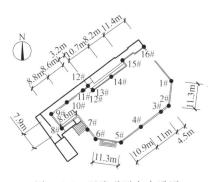

图 1.2-1　沉降观测点布置图

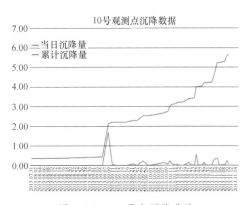

图 1.2-2　10 号点沉降曲线

可以看出，第 2 道支撑期间总计沉降 6.02mm，第 2 道支撑土方开挖期间沉降 3.98mm，其中开挖时间沉降 1.48mm，停挖时间沉降 2.5mm。在开挖 6～8 段靠近某文物一侧土方时沉降量较大，原因是近某文物一侧的土对某文物地下连续墙的反作用力更加明显，开挖这一侧土方使地下连续墙向基坑内倾斜。同时在真正土方开挖时间内，沉降量只有1.48mm，停挖时间沉降2.5mm，要抓紧开挖，只要开挖就尽量减少停挖时间，并且在做内支撑期间也要加快进度。

3. 水位变化对周边古建沉降的影响

基坑内降水使坑内水位下降，地下连续墙外水位高于地下连续墙内水位，地下连续墙内外产生压力差使地下连续墙倾斜，同时由于地下连续墙有不同程度渗漏，地下连续墙外水位也缓慢下降，引起周围土体应力的重新调整，水位下降使得地层孔隙中的静水压力减少，给地基土施加了一个附加应力，导致土层压缩变形，这种变形传播到地面上就表现为沉降，导致某文物下部土体发生沉降，使某文物地基产生不均匀沉降。

在第1道内支撑期间中，基坑内开始大量降水后，塔楼区域降水井普遍由5m降水至10m，最深直接将水位降至15m，地下连续墙外观察井水位也由4m下降至5m，导致了地下连续墙内外产生水位差从而产生压力差使地下连续墙倾斜向基坑内侧倾斜使某文物沉降，同时某文物下部水位下降1m，土体空隙中静水压力减少，土层压缩变形也使某文物产生沉降。古建筑1一侧基坑周边水位监测点布置如图1.2-3所示，基坑周边水位监测变化量-时间关系曲线图如图1.2-4所示。近13个月的大量降水阶段，古建筑1产生大幅度沉降，以10号点为例沉降从0.43mm到2.21mm，沉降量达到1.78mm，停止大量降水后，从开工到第一道内支撑完成10号点沉降总计2.68mm，可见短时间内的大量降水引起了古建筑快速沉降。但是从整体开挖的角度看，降水迟早需要降至基坑底标高以下，在保证地下连续墙质量较好没有过大渗漏的前提下，提前降水只是将降水引起的沉降提前，并没有使降水引起的沉降增大。

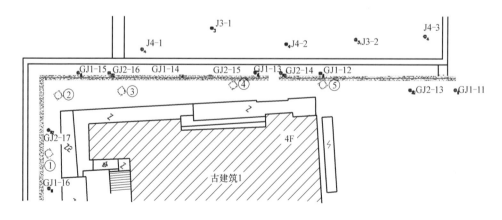

图1.2-3 古建筑1一侧基坑周边水位监测点布置

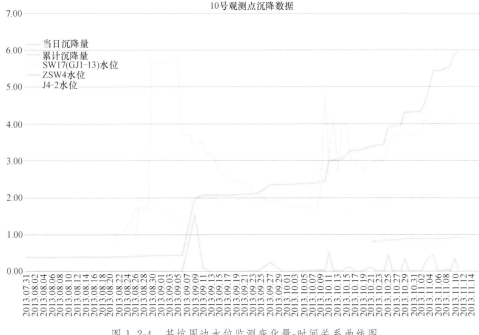

图 1.2-4　基坑周边水位监测变化量-时间关系曲线图

4. 施工扰动对周边古建的沉降影响

（1）周边建筑施工对古建筑 1 沉降影响（进场已存在的沉降）

根据第三方监测，项目 1 开工前，观测隔壁地块 2 栋楼施工对古建筑 1 沉降影响，观测点共 16 个，经计算得出平均沉降量为－42.41mm，最大沉降量为－55.97mm。

（2）基坑开挖前三轴搅拌桩、地下连续墙、高压旋喷桩沉降影响

本工程先施工三轴搅拌桩，之后进行地下连续墙施工。其中，古建筑 1 北侧的地下连续墙 6 号槽段为起始幅，5 号槽段为收尾幅，三轴搅拌桩和地下连续墙之间用高压旋喷桩收口。据施工记录，在施工中古建筑 1 北侧多个槽段出现过塌方，深度为 7、8m 左右。根据超声波检测，塌方位置在地下连续墙外侧近三轴搅拌桩处，且存在较严重的超灌混凝土现象。

（3）爆破拆除内支撑对周边古建沉降影响

在靠近文物建筑一侧施工时大型机械的施工（如大型机械的行走、破除工程桩时锤击的震动以及拆除内支撑时的震动等）会使古建筑 1 下部土体受力状态和含水量发生变化，改变了土层原始的受力状态和含水量，总体上使土的强度和含水量下降，导致了古建筑 1 产生不均匀沉降，靠近基坑一侧沉降大、远离基坑一侧沉降小，产生震动导致的不均匀下沉，但整体造成影响不大。

离基坑近的一侧沉降明显大于远侧，近侧 8 号～16 号点沉降均大于 8mm，远侧点

均在2～5mm之间。第1、2步土方开挖期间沉降大,第3、4步土方开挖期间沉降逐渐减小,第5、6步土方开挖期间沉降基本无影响。

1.2.2 古建筑1保护措施

1. 土方开挖过程控制沉降

为了降低土方开挖对古建筑1沉降的影响,严格实行"分层分块、留土护壁、限时开挖、及时支撑"的原则,采取"先远后近"的施工顺序,先开挖远离古建筑1一侧的土方,即采用由北向南分块进行开挖,再由四周向古建筑1一侧推进,采用"边挖边撑"的施工方式进行施工。即分块土方开挖与支撑形成不超过48h等技术措施,对古建筑1的沉降进行控制,开挖顺序示意如图1.2-5所示。土方开挖前制定详细的土方开挖方案,充分考虑开挖顺序对护坡产生的影响,采取对护坡变形产生影响最小的方案进行开挖;离文物6m范围内,分块土方开挖与支撑形成时间不宜超过24h。控制尽量缩短整个土方与支撑工程的施工时间,分块浇筑底板垫层,尽早完成地下室底板工程。

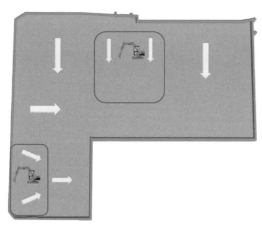

图1.2-5 土方开挖顺序示意

2. 注浆加固控制沉降

双液注浆技术施工分两部分,一部分用垂直孔加固基坑外和文物建筑与基坑间土体;另一部分采用斜孔注浆加固文物建筑下部土体,旨在加固密实土体,降低施工过程中古建筑1的沉降。

本工程采用双液注浆技术,对古建筑1进行保护,利用垂直孔和斜孔相结合的方式,加固文物建筑下部和其与基坑间的土体。注浆速率及注浆量应以古建筑1沉降监测数据为依据,在变形观测数据的指导下进行,根据变形观测数据随时调整注浆顺序、注浆量等。

垂直孔注浆主要是对古建筑1进行封闭,加密建筑物与基坑间的土体。采用双液分层注浆,孔间距1.0m,孔深25m(基坑开挖深度24.6m),跳孔注浆,前端20m为注浆段,上端5m为非注浆段。

斜孔注浆主要是对古建筑1下部土体进行加固,如图1.2-6所示。古建筑1基础埋深约为2.4m,条形基础。条形基础下为木桩,木桩长度2.2m,木桩桩端的埋深约4.85m。斜孔注浆影响土体断层控制在−20～−15m范围内。孔间距1.0m,孔深27m,斜孔与地面夹角角度55°,前端12m为注浆段,上端为非注浆段,该注浆严格采取跳孔施工，并根据沉降的监测数据调整注浆顺序及注浆量。

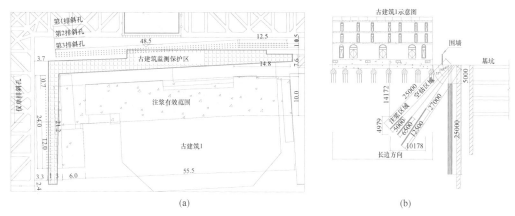

（a）

（b）

图 1.2-6 注浆加固控范围及剖面图

（a）注浆有效范围示意图；（b）注浆剖面图

3. 内支撑拆除沉降控制措施

需要拆除的内支撑如图 1.2-7 所示，为了降低内支撑爆破对古建筑 1 下方及周围土体的扰动，在每道内支撑拆除前，将古建筑 1 一侧地下连续墙相连接的支撑梁断开，如图 1.2-8 所示，使得内支撑爆破时产生的冲击作用仅能通过地下进行传递，避免了内支撑爆破拆除时对古建筑 1 一侧土体的直接冲击作用，爆破拆除效果如图 1.2-9 所示。

图 1.2-7 内支撑人工切割部分三维图

图 1.2-8 爆破前将地下连续墙与支撑梁断开连接

图 1.2-9 爆破后效果

每个振动监测点可以分别采集三个方向的爆破振动波速，振动波速监测结果见表1.2-1。

振动波速监测结果表 表 1.2-1

振速(cm/s)	测点编码	四道撑爆破	三道撑爆破	二道撑爆破
X向	监测点Ⅰ	0.23	0.26	0.31
	监测点Ⅱ	0.18	0.32	0.33
Y向	监测点Ⅰ	0.15	0.17	0.23
	监测点Ⅱ	0.11	0.24	0.25
Z向	监测点Ⅰ	0.32	0.35	0.38
	监测点Ⅱ	0.22	0.39	0.34

从三次爆破的监测数据可以得到以下结论：

（1）每次爆破每个监测点的最大振幅均发生在垂直方向上。

（2）三次爆破中古建筑1的最大振幅为 0.39cm/s。

注：由于爆破过程持续时间非常短，所以振动频率引起的共振现象可以不予考虑。

震动安全分析：古建筑1属砖石楼房结构，基础为大块条石基础。根据爆破震动安全允许标准，一般砖房、非抗震大型砌块建筑物安全允许振速值为2.0cm/s，且一般古建筑与古迹的允许振速值为0.2~0.4cm/s。而现场实测地面基础最大振速为0.11~0.39cm/s之间，在规范规定的允许范围之内，且在实际检查过程中，并未发现古建筑1出现结构破坏现象。

爆破期间古建筑1的16个沉降监测点的监测统计结果如图1.2-10所示。从图1.2-10（a）可以发现，在爆破期间，16个沉降观测点单日最大沉降值均在-0.5~2.0mm的范围内。从图1.2-10（b）可以看出，16个沉降观测点在爆破前后总的沉降值0.1~4.5mm之间。参照地基基础规范相关说明，可以知道，爆破期间古建筑1的沉降速率和总的沉降值均远远小于规范预警值，故爆破期间沉降不会使古建筑1发生明显结构变形进而危及结构安全。

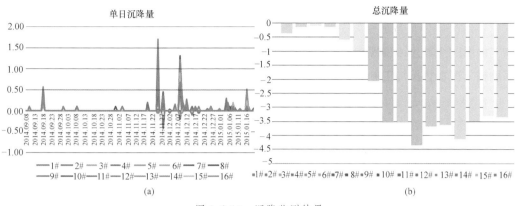

图 1.2-10　沉降监测结果

（a）单日沉降量图；（b）总沉降量图

4. 降水沉降措施

基坑内土方降水时实行按需降水，只需在土方开挖前满足水位降至要开挖标高之下 500mm 即可，不需要过于提前降水和降水水位过低。同时为了减少地下连续墙外侧水层渗漏到基坑内，需要提高地下连续墙质量，防止或减少地下连续墙渗漏。在地下连续墙的连接部位应采用工字钢板止水接头；古建筑 1 一侧采用三轴搅拌桩进行封堵，作为该侧地下连续墙施工前预加固措施，也起到了双重的止水效果；同时结合检测技术判断渗漏位置，采用双液注浆法对某文物及地下连续墙之间土体进行加固，以确保其不渗漏，必须采取封堵措施，确保古建筑 1 一侧地下连续墙及三轴搅拌桩不漏水。

1.2.3　小结

根据以上经验建立一个减少沉降的精细化管理模式，以此来保护周围建筑。在之后的类似工程中可以借鉴这些经验，减少基坑内土方施工时造成的周围建筑物沉降，特别是类似该工程，在深基坑周围近距离有年久建筑，并且不能承受大的沉降，需要严格控制沉降的建筑物。

1. 在保护建筑物及其附近边坡增设监测点和水位观测井，施工过程中做好边坡位移监测、地面沉降监测、地下水位观测和保护建筑物监测。发现异常立即停止施工，研究对策立即进行处理。

2. 基坑开挖本着"分层、分块、对称、平衡、限时"的总体原则。土方开挖时，先将远离保护建筑物位置的土方挖出，待整个支撑体系受力之后，进行保护建筑物位置附近土方的开挖。

3. 基坑降水时不宜过于提前降水，实行按需降水。

4. 严格控制地下连续墙，特别是受保护建筑一侧更需要保证质量。

5. 结合检测技术判断地下连续墙渗漏位置，采用三轴搅拌桩、双液注浆等技术对受保护建筑物与地下连续墙之间土体进行加固。

6. 需要在受保护建筑物附近划出保护区，严禁在此堆放、加工材料，并在施工时采取措施减少该区域的施工扰动。

7. 在有内支撑的基坑开挖中，前期土方开挖会导致较大沉降，后期影响较小。

1.3 内支撑封板下地下结构施工技术

1.3.1 地下室衬墙单侧支模施工技术

1. 工程概况

本工程夹层到地下四层墙模板支撑体系采用定型单侧模架体系施工方法，结构形式如图 1.3-1 所示，总装后支模体系如图 1.3-2 所示。以地下四层为例，墙体夹层浇筑 3.4m，负一层浇筑 3.4m，负二层浇筑 4.5m，负三层浇筑 4.5m，负四层浇筑 4.5m，单侧模板支架采用大模板支架。

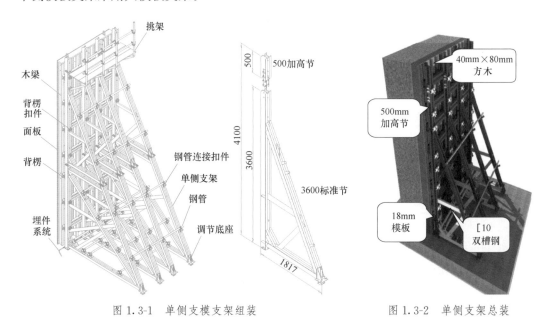

图 1.3-1 单侧支模支架组装   图 1.3-2 单侧支架总装

2. 主要施工方法及技术特性

面板采用 18mm 厚双面覆膜多层板，竖肋为 40mm×80mm 方木，横肋采用双 10 号槽钢；木方水平间距为 250mm；横背楞间距由下到上分别为 8 道背楞，背楞为双 10

号槽钢，背对背间距为 50mm，背楞竖向间距最大为 600mm；两相邻单侧支架间距为 900mm（最大不超过 1.1m）。在单块模板中，多层板与竖肋（木方）采用钉子连接，竖肋与横肋（双槽 10 号槽钢）采用钩头连接，在竖肋上两侧对称设置吊钩。

埋件系统及架体示意如图 1.3-3 所示，埋件与地面成 45°，地脚螺栓在预埋前应对螺纹采取保护措施，用塑料布包裹并绑牢，各埋件杆相互之间的最大距离为 350mm。

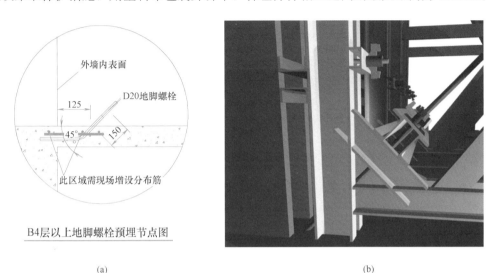

图 1.3-3　埋件系统
（a）埋件系统节点；（b）埋件系统节点

模板及单侧支架安装流程：预埋地脚螺栓→支设模板→立单侧支架→安装埋件系统→调节模板垂直度后浇筑混凝土。

1.3.2　繁华闹市区文物建筑旁混凝土内支撑施工技术

1. 内支撑工程概况

基坑软土开挖最大深度为 24.6m，支护形式选用地下连续墙，墙厚 1m（局部 1.2m），共设四道钢筋混凝土内支撑（局部五道），混凝土方量约 13000m³，支撑梁最大尺寸 $b\times h=1200mm\times1000mm$，腰梁断面最大尺寸 $b\times h=1600mm\times1000mm$，腰梁兼做过人马道，施工栈桥板厚 400mm，并于塔楼区域第三道内支撑设置倒土平台。内支撑系统主要由型钢格构柱与支撑梁、局部设置栈板和支撑中板形成支撑体系，如图 1.3-4 所示。

2. 内支撑抗剪构件施工技术

（1）内支撑系统格构柱抗剪构件设置

内支撑系统所受水平方向（平面内）荷载为地下连续墙所传递的土压力、竖向（平面外）荷载为内支撑系统自重及栈板所承受的施工荷载。当竖向荷载过大，支撑系统依靠混

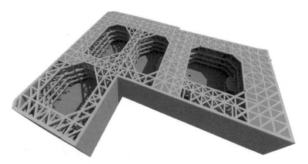

图 1.3-4　内支撑效果图

凝土与钢格构柱之间的摩擦力不足以承受其竖向荷载，内支撑梁与格构柱将会出现滑脱现象，甚至造成工程事故。因此，在实际工程中，此竖向荷载通过设置抗剪构件来传递。

（2）抗剪构件的形式

1）工字钢等型钢材料

工字钢是截面为"工"字形状的型材，工字钢由于截面尺寸均相对较高、较窄，故对截面两个主轴的惯性矩相差较大，因此，一般仅能直接用于在其腹板平面内受弯的构件或将其组成格构式受力构件。

2）抗剪钢筋

在当前已成熟的内支撑格构柱与支撑梁连接施工工艺中，抗剪钢筋的运用相当普遍。通过抗剪钢筋的焊接，增加整体内支撑系统与格构柱的连接，从而起到节点抗剪的效果。抗剪钢筋的等级及直径选取与支撑梁纵筋相同。焊接方式采用坡口焊，焊脚高度等于格构柱缀板的厚度，通常格构柱缀板厚度为 10mm 或 12mm，因此焊脚高度也为 10mm 或 12mm。

3）抗剪牛腿

牛腿的作用是衔接悬臂梁与挂梁，并传递来自挂梁的荷载。在现代的定义中，承受集中荷载的短悬臂梁即为牛腿。其主要作用为支撑与之相连的梁等构件，并承受相应的荷载。而悬臂梁的悬臂端和挂梁结合的局部构造称为梁牛腿。梁牛腿的受力特点比较特殊，由于梁端的互相搭接，中间还要设置传力支座来传递较大的竖向力，因此牛腿的高度被削弱至不到悬臂梁高和挂梁梁高的一半，却又要传递较大的竖向力，这就使其成为上部结构中的薄弱部位。鉴于梁牛腿处梁高的骤然减小，在凹角处应力集中现象严重。

就项目 1 而言，内支撑系统作为临时支护体系，且荷载较大，考虑采用型钢方式作为抗剪牛腿构件。

3. 口字形单侧悬空混凝土内支撑施工技术

（1）口字形单侧悬空混凝土内支撑系统简介

项目 1 裙房区域底板厚度 1.2m，塔楼区域底板厚度 4m，第五道内支撑采取"口"字形单侧悬空设计，并在最后一步土方开挖完成后作为塔楼区域底板结构的重要组成构件，第五道内支撑主要杆件见表 1.3-1。

第五道内支撑主要杆件简介　　　　　　　　　表 1.3-1

名称	尺寸 $b \times h$ (mm)	混凝土强度等级	撑底相对标高 (m)
腰梁 4	1600×1000	C40	−22.100
支撑梁 5a	1000×1000	C40	−22.100
支撑梁 5b	800×1000	C40	−22.100

（2）第二、三、四道内支撑与地下连续墙连接方式

本工程第二、三、四道内支撑系统采取整体布置支撑梁的设置方式，平面内（水平方向）形成封闭体系，受力均匀，通过地下连续墙传递的侧向土压力相互抵消。

腰梁与地下连续墙进行连接时，需重点考虑其竖向荷载（自重及堆料、行人产生的临时荷载）对整体内支撑系统的影响。连接方式为：地下连续墙施工时，在腰梁上、下端位置预埋钢板，钢板与地下连续墙通过锚筋进行连接，如图 1.3-5 所示。内支撑系统腰梁施工时，焊接 4 道直径为 12mm 的 HRB400 级开口箍筋，开口箍筋包住腰梁水平筋与地下连续墙进行连接。

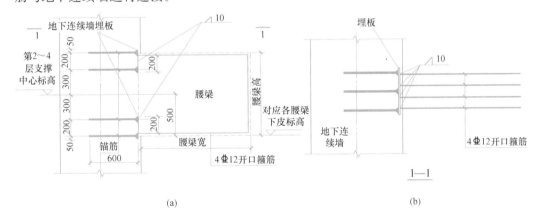

(a)　　　　　　　　　　　　　　　　　　(b)

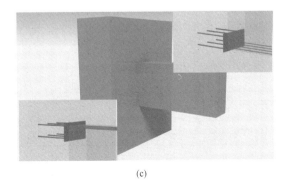

(c)

图 1.3-5　第二、三、四层腰梁与地下连续墙连接剖面图、平面图、效果图

(a) 平面图；(b) 剖面图；(c) 效果图

（3）第五道内支撑受力特点分析

内支撑系统所受水平方向（平面内）荷载来源于通过地下连续墙所传递的土压力，本工程位于天津市海河旁，土质情况复杂，根据地勘报告，基坑土平均重力密度 $\gamma =$ 19.5kN/m^2，静止土压力系数 $K_0 = 0.4 \sim 0.5$（为方便计算取 0.5），第五道内支撑中心线标高为 -21.600m。计算其根部静止土压力 210.6kPa。

内支撑系统应本着"平衡、对称"的原则进行设置，但结合项目1结构特点，塔楼区域底板厚度4m，而裙房区域底板厚度仅为1.2m，若第五道内支撑按照上部四道内支撑采取整体布置支撑梁形成支撑体系的设置方式，将主要在以下几方面对项目造成重大影响：

1）在现有设计中，第五道内支撑上表皮标高为 -21.100m，裙房区域底板下表皮标高为 -21.800m，如第五道内支撑采取整体布置支撑梁的设置方式，则需调整第五道内支撑的整体标高，从而加大了第四、五道内支撑的间距，造成重大安全隐患；

2）需在第六步土方开挖阶段对裙房区域进行超挖，增大基坑开挖危险系数；

3）在裙房区域第五道内支撑施工前，需对裙房区域工程桩进行破除、剔凿处理，影响工期；

4）裙房区域第五道内支撑仅作为临时支护体系存在，对裙房区域底板无任何结构作用，若在底板施工后对其不进行拆除工作，则将额外增加极大的无效经济成本；

5）若裙房区域第五道内支撑在底板施工后进行拆除工作，其所需工序繁琐，施工难度很大，作业范围狭小。因裙房区域第五道内支撑与底板间距很小，其下部无法行驶机械，若采取爆破方式，只能进行小范围内爆破，若炸药量过大，则会对底板结构造成较大干扰甚至破坏，故只能利用绳锯方式进行拆除，将对工期造成严重的影响，并大大增加经济成本。

故综合各方面因素考虑，针对第五道内支撑采取"口"字形单侧悬空设计，并将其作为塔楼区域4m厚大底板的重要组成构件。

4. 内支撑拆除施工技术

（1）内支撑拆除方式比选

通过方案对比分析，并结合本项目周边的实际情况特点，综合考虑震动、工期、成本等因素，经过多名专家认真研究讨论决定采用如下施工方案：靠近古建筑1一侧6～10m范围内采用圆盘锯、链锯无震动切割拆除内支撑，其他位置采用爆破拆除方式（第一道内支撑除外）。对于第一道内支撑（阴影范围以外）采用人工剔凿内支撑梁根部，整体切割吊离坑外破碎的拆除方式。

这种拆除方案可以减小古建筑1变形受拆除混凝土内支撑的影响，第二、三、四道内支撑的其他区域采用预埋爆破孔的爆破拆除方式，因为对于软土一次性的震动远比持续间断地震动对基坑的影响小。第一道内支撑的其他区域采用人工剔凿内支撑梁根部，整体切割吊离坑外破碎的拆除方式。

（2）内支撑施工期间技术措施

内支撑施工浇筑混凝土阶段，按爆破设计要求插入炮孔纸管（详见表 1.3-2），使用废旧防尘网进行孔口围堵保护。在爆破前对所有炮孔用压缩空气清理炮孔内杂物及水，经检查验收炮孔后对不合格的炮孔进行补钻，如图 1.3-6 所示。

孔径 d＝40mm；

水平方向抵抗线 WB。一般取 WB＝0.3～0.6m；

孔深 L。以黄沙作堵塞材料，$L＝H×2/3+\delta$，δ 为 5～10cm；

孔距 $a＝(1.5～2)$WB；

排距 $b＝(0.7～1.0)$WB；

单孔药量 $q＝kaMH/n$，k 为炸药单耗，M 为梁的宽度，n 为炮孔排数。

内支撑上预留炮孔参数表　　　　　　　　　　　表 1.3-2

梁尺寸宽×高 (mm×mm)	排距 (mm)	排数	孔深 (mm)	抵抗线 (mm)	炸药单耗 (g)	单孔装药(g)	
						理论	实际
1600×1000	267	5	700	267	1300	416	410
1000×1000	250	3	700	250	1000	333	330
800 ×1000	267	2	700	250	1000	400	400
700 ×800	233	2	600	250	1000	280	280
1200×1000	300	3	700	250	1000	400	400
1600×1000	267	5	700	267	1300	416	410

(a)　　　　　　　　　　　　　　　　　(b)

图 1.3-6　预埋爆破孔的爆破拆除施工

（a）预埋爆破孔的爆破拆除；（b）补钻炮孔

在内支撑系统钢筋绑扎工作完成后，采取在支撑梁四面各预埋 2 根直径为 14mm 的 HRB335 钢筋作为甩筋措施，甩筋间距至 500mm 布置一组，钢筋加强为在支撑梁上、左、右三侧各侧预埋 2 根直径为 16mm 的 HRB400 钢筋，外侧甩筋方式更改为直锚形式，甩筋长度 $L_3 \geq L_a$；在支撑梁下方预留钢板，钢板上侧（即支撑梁内侧锚固部位）钢筋通过焊接固定于钢板上，锚固长度 $L_4 \geqslant L_a$，钢板下侧（即支撑梁外侧甩筋部位）钢筋通过直螺纹套筒与第五道内支撑进行连接，直螺纹套筒在第五道内支撑拆模后通过焊接与预留钢板进行连接，外部甩筋长度为 350mm，第五道内支撑甩筋设计如图 1.3-7 所示。支撑梁左、右、下侧各侧支模工作结束后，木楞加固前铺设快易收口网，作为混凝土堵漏处理措施。

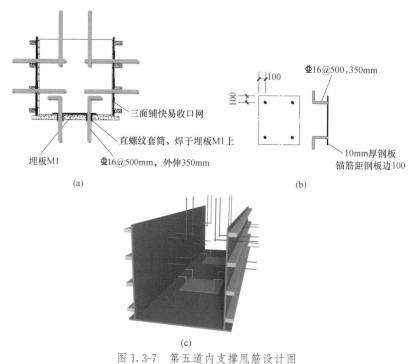

(a)

(b)

(c)

图 1.3-7 第五道内支撑甩筋设计图

(a) 第五道撑预留钢筋做法；(b) 埋板 M1 示意；(c) 效果图

第五道内支撑混凝土方量约为 1600m³，在支撑梁和腰梁混凝土浇筑时，先后插入 Φ 20 钢筋，使其外露长度 500mm，土方开挖结束后对第五道内支撑表面进行凿毛，增加与底板连接性能，第五道内支撑预留筋及剔凿如图 1.3-8 所示。

(a)

(b)

图 1.3-8 第五道内支撑预留筋及剔凿

(a) 第五道内支撑预留筋；(b) 第五道内支撑剔凿

为方便主塔楼区域－24.6m处土方倒运施工，在第三层内支撑梁上设置尺寸为4m×10m倒土平台，构造措施下设格构柱，第四、五层设置外挑防失稳梁；第一道内支撑上设置栈桥板，满足首层堆料平台和机械作业面。

5. 扬尘控制技术

利用施工现场扬尘控制综合技术及内支撑爆破拆除过程中扬尘控制技术，对现场土方工程、地下结构施工以及内支撑爆破拆除过程中产生的扬尘进行控制。施工现场扬尘控制综合技术主要包含：喷淋喷雾系统、场内清扫及降尘、现场覆盖、场地硬化绿化以及对进出场车辆清理等措施。内支撑爆破拆除过程中扬尘控制技术主要包含：优化爆破参数、支撑梁上铺设降尘水袋、在中心岛悬挂水平隔尘网以及在内支撑竖向悬挂废旧传送带等措施。

（1）施工现场扬尘控制综合技术

根据工程现场作业面积使用情况，共设置洒水降尘系统两个系统：

系统一：设置在首道支撑基坑周围，管道长度110m，安装可控角度旋转喷头8个，固定式雾化喷头52个，洒水量15m³/h，降尘覆盖面积1200m²，主要抑制现场施工、土方外运及车辆行驶造成的扬尘。

系统二：设置在第二道内支撑四个中心岛周围，环形分布，设置固定式雾化喷头178个，洒水量25m³/h，降尘覆盖面积2600m²，主要抑制土方作业造成的扬尘。

现场喷雾系统由喷淋管理小组进行专职监督管理，系统启动根据现场工况动态调整，一般为每隔30min喷淋5min左右，保证现场无扬尘，场地湿润。如遇到施工作业交叉较多、扬尘情况严重时，则保持喷淋喷雾系统持续使用，全过程进行控制。

同时，项目采取及时覆盖裸土、硬化地面、进出场车辆冲洗等措施，有效控制了扬尘。

（2）内支撑爆破拆除过程中扬尘控制技术

目前的施工行业内，内支撑爆破拆除过程中扬尘产生量已超过已有装置的可测范围。采用内支撑爆破拆除过程中扬尘控制技术进行内支撑爆破期间现场扬尘的控制，主要采用以下措施对扬尘的产生量及外散量进行了控制，以此达到防尘效果：

1）在内支撑爆破之前对爆破的各项参数（如炮孔间距、单孔炸药量等）进行精密的计算，并组织专家论证，确定最优参数，降低因单孔炸药量过大而导致扬尘扩散范围增大，减小降尘范围。

2）在支撑梁上（炮孔正上方）满铺专用降尘水袋，如图1.3-9所示，确保在爆破时水袋内的水与爆破产生的扬尘有效地结合，爆破时水袋随着内支撑的爆破而破裂，飞散的水珠有效地与空气中的扬尘颗粒相结合，通过重力作用使得扬尘控制在基坑范围内，并在最短时间内下落至基坑内。

3）在临水方案前期编制过程中必须考虑降尘用水，确保降尘用水的充足和降尘用水的覆盖，以保证降尘水源可以覆盖到整个施工现场，施工现场水源覆盖情况如图 1.3-10 所示。

 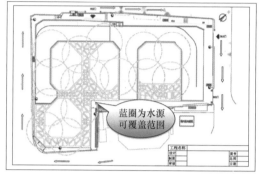

图 1.3-9　支撑梁上满铺降尘水袋　　　　　　图 1.3-10　施工现场水源覆盖情况

4）在上层支撑上中心岛范围内悬挂隔尘网，如图 1.3-11 所示，并在隔尘网下方增设防冲击网片，防止隔尘网受爆破冲击而受损，通过拉环将网片整体固定在斜拉内支撑上的钢丝绳上，以此增加网片整体的抗冲击力。爆破前，在隔尘网上洒水，以减小隔尘网的孔隙率，防止爆破产生的扬尘外散。同时在内支撑竖向上悬挂废旧传送带，如图 1.3-12 所示，防止爆破产生的飞石击穿隔尘网导致扬尘外散。

图 1.3-11　双层隔尘网　　　　　　　　　图 1.3-12　支撑竖向悬挂废旧传送带

5）爆破前必须落实人员防护设备，且保证防护设备数量满足施工人员需要，以备爆破后工人可以第一时间进场降尘。

6）爆破前采用在下层顶板上蓄水措施，有效地减小了内支撑爆破后下落至下层顶板后产生的扬尘。

7）在内支撑爆破期间对场外扬尘污染指数进行了全程监测。

根据项目 1 的实际运用，在采取以上措施后，爆破过程中的扬尘控制效果良好，施工现场外围墙的扬尘量检测值已从原有的监测数据爆表至人体可接受范围内。

6. 小语

通过分析软土地区支撑支护的选型及对本工程的适用性要求，总结出适合于狭小场地下软土地区超深基坑的支护支撑方式，并选择地下连续墙＋混凝土内支撑的围护结构；通过分析放坡（梯式）挖土、盆式挖土、岛式挖土、逆作法挖土四类挖土方式的经济性、资源耗费量、施工难度、优缺分析等，选择出最适合本工程的土方开挖方式——盆式挖土；通过降水井的布设、降水井数量的核算、降水井封井三方面总结了深基坑降水技术；通过渗漏原因分析及基坑危险源应急措施两方面总结了超深基坑渗漏技术；通过比选内支撑拆除方案，确定了最适合的内支撑拆除方式；最后从挖土及拆撑两个阶段介绍了本工程的降尘措施。

1.3.3 狭小场地地下室空心楼板施工技术

1. 空心楼板施工简介

本工程 B4 层、B3 层、B2 层顶板大部分区域、B1M 层结构板局部区域都采用空心楼板（即圆柱形空心箱体），其中 B4 层、B3 层顶板位于人防区域的空心楼板厚为500mm，其余 B4、B3、B2、B1M 等非人防区域的空心楼板厚度为 400mm。

空心楼板采用"高强薄壁管"，填充内模采用 1000mm、500mm 规格标准管，人防区域空心楼板管径为 300mm，顺肋 100mm，横肋 150mm，非人防区域空心楼板管径280mm，顺肋 60mm，横肋 100mm；钢筋保护层上部下部均为 20mm。

产品性能：工程采用 LBM 组合式一次填充模板，此类产品是一种带加强及隔离层的聚苯乙烯泡沫塑料填充体，其生产工艺可靠，产品质量轻、不吸收混凝土中的水分、保温性能很好。

2. 狭小场地下空心楼板施工重难点

1）抗浮设计及空心楼板限位是重点

LBM 管现浇空心板是在现浇钢筋混凝土楼盖结构中采取埋芯成孔的工艺，其施工关键在于：固定空心模块的位置；由于箱体壁薄，承载能力差，且箱体间有配筋，因此容易造成箱距难以保持均匀；浇筑混凝土时箱体上浮带动箱体位移从而导致板下钢筋保护层偏大；箱体内模横向位移等诸多问题，因此箱体的抗浮设计及空心箱体限位尤为重要。

2）刚性要求是重点

由于本工程占地面积小，场内可利用空间有限，故需在零层板上设置临时材料堆场（包括钢筋堆场、钢筋加工区、模板木枋堆场、木工加工区、周转材堆场等），为避免零层板局部受压过大产生开裂，除合理分布堆载区、加厚零层板厚度及提高零层板混凝土强度等级外，对零层板做必要的回顶也至关重要，回顶需自基础底板，层层递进，直至顶至零层板，将零层板所承受荷载通过回顶措施依次传递至基础底板；B1～B4 层均有空心楼板，其承载力及刚性验算为重点。

3. 空心楼板抗浮设计

LBM 管的抗浮固定是现浇空心楼板整个施工过程中的控制重点和难点，控制方法有压筋法和板下钢管固定法两种。（1）压筋法即在肋间设置支架钢筋，采用 ϕ10 "几"字形支架，支架钢筋分别布置在距 LBM 管端部 200mm（1/5 管长）处，用以控制 LBM 管的上口位置和排与排之间的间距。待 LBM 管铺设完后，在"几"字形支架上部点焊 1 ϕ10 通长压筋。（2）板下钢管固定法即在模板支设前，利用手电钻在模板上钻眼，待 LBM 管就位后，利用模板上已钻好的孔，用铁丝将 LBM 管与模板下架体连接，LBM 管加固措施如图 1.3-13 所示。

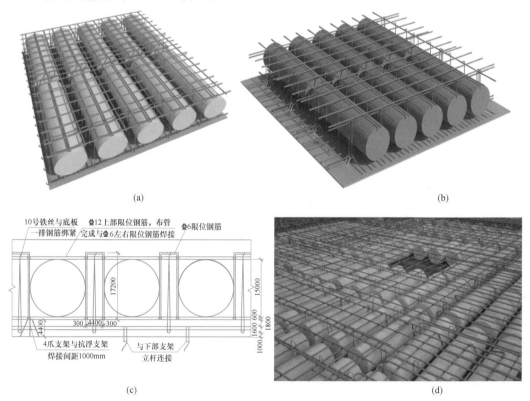

(a)　　　　　　　　　　　(b)

(c)　　　　　　　　　　　(d)

图 1.3-13　LBM 空心楼板加固

（a）人防区域三维模拟；（b）非人防区域三维模拟；（c）人防区域空心管加固图详图；（d）加固完成效果

（1）抗浮验算

选用 Φ450×1000 空心箱体进行抗浮验算，为便于验算，选取 1m×1m 计算单元；考虑 LBM 管在流态混凝土中产生的浮力，对抗浮措施采用材料及间距进行验算。

根据阿基米德定律进行验算，每个拉结点采用 1 根 10 号铁丝是安全的，完全可以抵抗计算单元内 LBM 管得上浮力。

（2）施工工艺

按照施工图，在模板上应准确标出每个轻质管组合单元及实心肋的准确位置及水电管道定位线。根据设计图纸要求，设置垫块、绑扎底板钢筋，通过抗浮控制点，用 10 号铁丝将板底二排钢筋与模板支撑体系中的立杆绑紧，然后进行板底水电预埋，若机电管线与空心管发生冲突，可根据现场实际情况进行调整，经核实现场所有碰撞点均可通过小范围调整解决，随后绑扎面筋。根据已经放样的位置，安装抗浮支架、空心管，抗浮采用 10 号铁丝，将空心管管径两侧的抗浮支架 Φ12 上部限位钢筋分别绑扎于板底一排筋上，达到抗浮效果。在验收前，采用人工或者吸尘设备将安装过程所产生的轻质管和模板钻孔所产生的碎屑清理干净，再进行验收，人防区域楼板钢筋需请当地人民防空工程建设质量监督站进行验收。验收通过后，进行混凝土浇捣，为减少空心管浮力对结构造成的危害，将空心楼板分两层浇捣，但间隔时间不可超过混凝土初凝时间。振捣时，应避免直接放在轻质管上，应认真振捣，保证混凝土的密实，尤其是空心管底部，严禁漏振，混凝土不得有蜂窝或孔洞。混凝土浇捣完成后，应及时覆盖一层塑料薄膜并加盖一层沥青矿棉养护。

4. 零层板局部加强措施

因现场场地特别狭小，建筑边线距离建筑红线（外围挡）最近处 4.5m，平均距离 6m，为保证地上结构施工有足够的空间进行场地平面布置，需使用零层板做后期材料堆场及材料加工场，采取以下措施保证零层板刚度需求。

措施一：巧妙地利用原有格构柱实现零层板回顶；工程施工桩基过程中，考虑到后期需施工临时内支撑，按照设计图纸，在相应的桩基上部增设格构柱，如图 1.3-14（a）所示，内支撑钢筋穿格构柱并以格构柱为承力从而保证平衡土压力的目的；自下而上施工地下室主体结构梁板过程中，自 B5 至 ±0.000，均保留格构柱，使其作为临时柱支撑地下室主体结构梁板，待材料堆场使用完毕后，切除格构柱并做相应防腐处理，如图 1.3-14（b）所示。

措施二：空心楼板处施工时做局部加强，在空心楼板施工时，有计划地取消部分区域空心管，使用混凝土进行填充，此刚性区域后期使用切割的格构柱、扣件脚手架或外径 273mm 壁厚 12mm 的钢管进行回顶，钢管支撑设计及受力范围示意如图 1.3-15 所示。

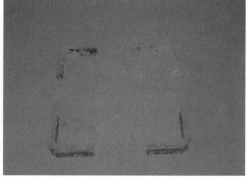

|(a)|(b)|

图 1.3-14 零层板局部加强措施

（a）B1 层格构柱与结构板支撑；（b）格构柱切割施工

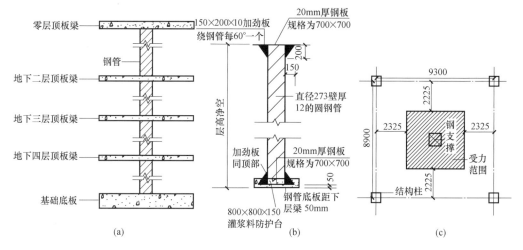

图 1.3-15 钢支撑设计及受力范围示意

（a）钢管支撑剖面图；（b）钢管支撑细部做法；（c）钢管支撑受力范围示意

图 1.3-16 零层板加固现场施工

措施三：后浇带处工字钢型号选用为 40b，当工字钢处于梁内时呈 I 形布置，当工字钢处于板内时呈 H 形布置，埋入两侧主体各 600mm，平面间距每跨轴网三等分，当遇到结构构件尺寸较小（如楼板）时，可按照等截面代换原则布置于相邻的大截面钢筋混凝土构件（如梁）中。

现场综合使用三种措施，如图 1.3-16 所示。

第2章 超高层建筑施工关键技术

超高层建筑体量庞大、工期紧张、分包众多、周围环境复杂，在施工过程中面临诸多重难点。其中施工技术的难点尤为突出，例如垂直运输工作，需要合理协调各专业人材机运输工作，科学选择塔式起重机、施工升降机等的技术参数，同时保证垂直运输设备在主体结构上可靠附着及安全高效运行。此外还有超高混凝土泵送施工、钢结构施工等工作，都是制约超高层顺利施工的关键技术。

项目 1 由 70 层塔楼、4 层裙房和 4 层地下室组成，建筑高度 300.65m，主塔楼结构形式为混合框架-钢筋混凝土核心筒结构，项目效果图如图 2-1 所示。项目 2 包括 44 层的 T1 塔楼和 7 层的商业裙楼，建筑高度 205m，T1 塔楼为钢管混凝土柱-钢梁-钢筋桁架楼承板-钢筋混凝土核心筒结构，项目效果图如图 2-2 所示。

图 2-1　项目 1 效果图　　　　　　　　　　图 2-2　项目 2 效果图

本章以两个项目为依托，通过解析超高层建筑施工中的重点和难点，综合考虑各种因素，梳理出支撑超高层施工的关键技术，包括测量技术、垂直运输装备及技术、模架装备及技术、钢结构施工技术、超高及大体积混凝土施工技术、临水临电技术等内容。

2.1　超高层建筑施工测量及变形控制技术

2.1.1　超高层建筑施工测量技术

项目 1 由 70 层塔楼、4 层裙房和 4 层地下室组成。塔楼地上 70 层，为钢框架-核心筒混合结构，外檐高度 299.65m；基坑为一级基坑，开挖（降水）面积约 $10200m^2$，呈较规则多边形（近似于 L 形），短边约 59～99m、长边约 139m，周长约 438m。项目平面控制网和高程垂直传递距离长，测站转换多，测量累计误差逐渐增大，项目管理团队配备高精度测量设备，制定合理的测量方案，全过程监测，最终保证了项目的顺利开展。

1. 工程测量设备

（1）测量设备选用

考虑到本工程施工测量工作量大，而且钢结构现场放样难度比较大，因此选用先进的、高精度的仪器，以满足工程的需要，现场主要使用测量设备见表 2.1-1。

现场主要使用测量设备清单　　　　　　　　　　　　　　表 2.1-1

名称	型号	数量	精度
全站仪	LeicaTCA2003	1 台	角度测量精度 0.5″,距离测量精度±(1mm+1ppm)
	Topcon7001	3 台	角度测量精度 1″,距离测量精度±(2mm+2ppm)
GPS	GX1230	6 台	流动站为静态模式:平面 5mm+0.5ppm,流动站为动态模式:平面 10mm+1ppm
电子水准仪	DINI03	2 台	±0.3mm/km
激光铅直仪数字激光靶	—	4 台	±1/200000
水准仪	LeicaNA720	10 台	±2mm/km
电子经纬仪	J2	10 台	2″

（2）高技术含量测量设备的应用

高精度全站仪：1）测量功能全。LEICA 全站仪既可测量角度，也可测量距离，还可以测量三维坐标，对于结构复杂的体育场、超高层施工测量放样可充分发挥其优势，提高作业效率。2）测量精度高。LEICA 全站仪测角精度 0.5″，测距精度 1mm＋1ppm，相比经纬仪测角和钢尺量距，可提高测量放线的精度，减少施工测量误差。

GPS 技术的应用：GPS 技术在工作强度、工作量、工效、精度、可靠性等各项指标的测定上都具有优势，通过与计算机系统结合，该技术已经引起了建设工程测量技术新一轮技术变革。采用 GPS 技术可以进行高速度、高精度的测量，实现整个工程结构各个节点的空间位置的精度，能够有效解决复杂的结构施工测量与控制难题。

2. 测控系统的建立

依据基准点，测设Ⅰ级场区控制网并做强制对中装置，在Ⅰ级场区控制网的基础上建立Ⅱ级建筑物控制网，形成完整统一的测控体系，各阶段的测量控制：如建筑物控制、场区临建控制、竣工总图控制等，统一使用Ⅰ级场区控制网，以保证各关键部位的顺利对接。各环节的测量控制：如土建、钢结构、机电、幕墙、装修等的测量控制，统一使用Ⅱ级建筑物控制网，并保证各环节单体网的相互衔接，闭合交圈。

（1）场区平面控制点设置的原则

场区平面控制遵循从整体考虑，遵循"先整体、后局部，高精度控制低精度"的原则，在±0.000以下采用外控法（方向线交会法控制），在±0.000以上采用内控法控制；高程控制主要采用控制建筑物高程—施工层高程—施工段高程—细部高程控制的方式保证测量精度。

（2）轴线的控制方法

超高层主楼控制轴线的控制是根据设计总平图、首层平面图、基础平面图及现场条件进行的，其引测采用天顶投影法，选用1/200000的激光铅直仪，在首层布设控制点，并分阶段接力传递，控制点点位在楼层组成几何图形，进行闭合解算。控制标高的引测采用全站仪天顶测距法和悬吊钢尺法相互校核。

（3）Ⅰ级、Ⅱ级场区控制网及标高控制网的建立

Ⅰ级场区平面布置网是根据本工程建筑物的结构形状及现场具体情况拟布设附合导线布设的场区平面控制网，如图2.1-1所示，考虑稳定因素基准点埋深不小于1.5m，如图2.1-2所示，沿建筑楼边选取KZ1~KZ4共计4个基准点，标的西北、东向选取KZ5-KZ6、KZ7-KZ8共计4个备用基准点，利用TC2003测设精密导线，严密平差并对观测结果进行校核，使用Dini03电子水准仪按照国家二等水准的要求测设附合水准路线，将平差后的结果作为场区的高程控制点。

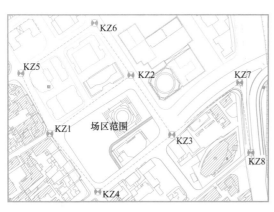

图2.1-1　场区控制网示意

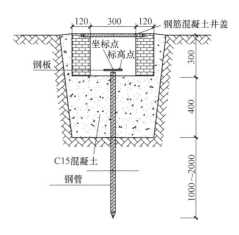

图2.1-2　基准点埋设示意

Ⅱ级场区建筑物控制网是以矩形建筑方格网为轴线控制网，结合全站仪极坐标和直角坐标定位，经角度、距离校测符合点位限差要求后设置的控制网，如图2.1-3（a）所示。

工程高程控制点是联测场区高程基准点，如图2.1-3（b）所示，选用LEICA水准仪按三等水准测量精度进行测设。

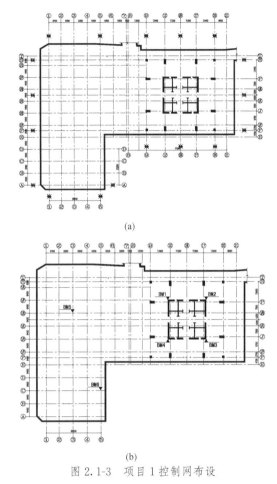

(a)

(b)

图 2.1-3　项目 1 控制网布设

（a）项目 1 轴线控制网布设；（b）项目 1 建筑标高控制点布设示意

3. 平面控制网传递技术

（1）布设平面内控点

工程核心筒内控点形成的口字形闭合图形，如图 2.1-4 所示，提高了边角关系，保证了测量精度。

内控点所在首层平面相应位置上需预先埋设铁件并与楼板钢筋焊接牢固，如图 2.1-5 所示。为了减少由于楼层相差层数过多，而核心筒爬模平台上的施工控制点每次都必须由以下设有测量控制点的楼层向上传递，所以在核心筒操作层与设有测量中转控制点之间加设临时中转控制点，待外框楼板施工至设有临时中转控制点的楼层时，再将其转移到相应的楼板上。

核心筒采用爬模施工，而爬模操作平台不稳定，设计出可固定于钢柱上，也可连接在核心筒埋件上的专用测量支架，爬模系统模板采用激光垂准仪和铅垂吊线法进行校核

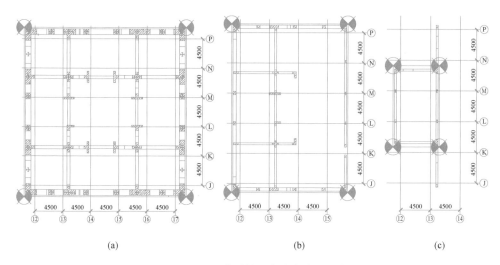

(a)   (b)   (c)

图 2.1-4　典型楼层内控点布置示意

（a）塔楼 F1 层控制点；（b）塔楼 F54 层控制点；（c）塔楼 F66 层控制点

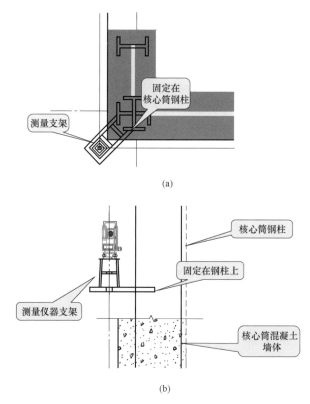

图 2.1-5　预埋测量支架

（a）核心筒钢柱上测量支架平面图；（b）附着在核心筒钢柱上支架立面图

控制。激光垂准仪控制模板的水平位置，铅垂吊线法控制模板的垂直度，处理方法如图 2.1-6 所示。

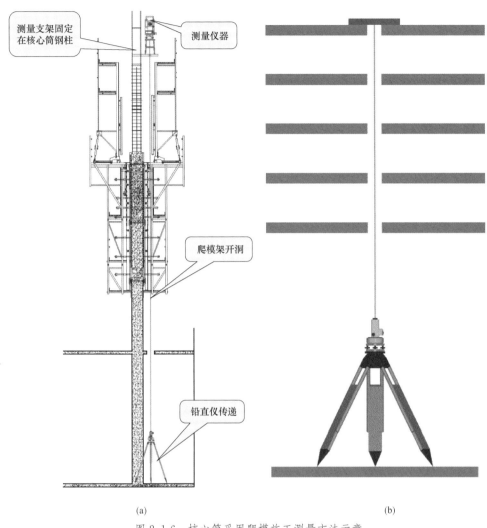

图 2.1-6　核心筒采用爬模施工测量方法示意

（a）爬模大钢模激光垂准度测量；（b）内控点竖向传递示意

（2）控制点竖向传递作业流程

控制点竖向传递作业流程图如图 2.1-7 所示。

4. 高程控制网传递技术

塔楼的纵向高程传递规划分三个阶段，分设置在 24 层（100.100m）、48 层（201.600m）、65 层（274.050m）。

5. GPS 定位测量技术简介

本工程应用 GPS 全球定位系统对每次传递的高程、平面轴线基准点的位置进行检查复测。工程重点部位、特殊部位进行施工时，实时跟踪测量，保证施工精度；相对于

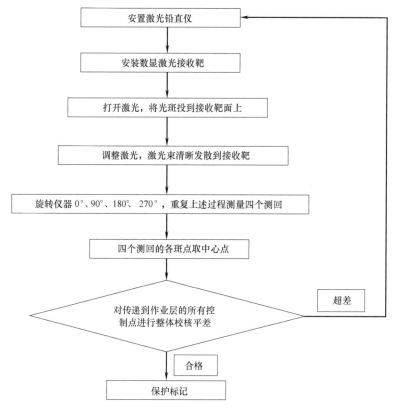

图 2.1-7　控制点竖向传递作业流程图

常规的测量方法来讲，GPS 测量有测站之间无需通视、定位精度高（一般双频 GPS 接收机基线解精度为 5mm＋1ppm，而红外仪标称精度为 5mm＋5ppm，GPS 测量精度与红外仪相当，但随着距离的增长，GPS 测量优越性愈加突出）、观测时间短、提供三维坐标、操作简便、全天候作业等显著优点。

2.1.2　超高层施工变形监测技术

1. 主体结构沉降监测

（1）主体结构沉降监测点布设

在初始值测量之前埋设三个水准基点作为本次沉降观测基准点。三个基准点构成一个独立的闭合环，以便相互检验本身点位的稳定性，编号为 BM1、BM2、BM3。观测基准点，应选设在变形影响范围以外且稳定、易于长期保存的地方，并每半年检测一次，以保证沉降观测成果的正确性。场区内设置工作基点，工作基点和基准点之间宜便于测量。设置工作基点的主要目的是为方便现场变形观测作业。由于工作基点一般距待测目标较近，因此在每期变形观测时，将其与基准点进行联测。基准点应埋设在原状土层中避开地下管线、松软填土、滑坡地段，混凝土暗藏式观测点埋设示意如图 2.1-8

所示。

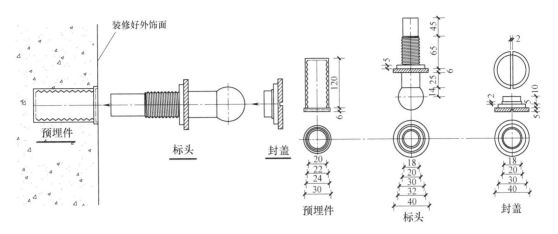

图 2.1-8　混凝土暗藏式观测点埋设示意

裙房共布设 20 个监测点位，编号为 C11～C19、C32～C42；塔楼共布设 22 个监测点位，编号为 C1～C10、C20～C31，其位置如图 2.1-9 所示。所有沉降点均埋设在基础底板距楼板面 400～500mm 处；为了便于观测及长期保存，观测点采用暗藏式。

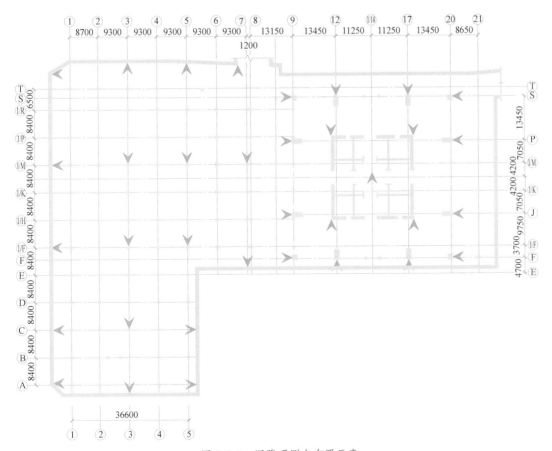

图 2.1-9　沉降观测点布置示意

埋设时用 $\phi 32$ 的电锤在设计位置打孔，将直径 28mm、长度 12cm 的预埋件放入孔内，周围用环氧树脂填充使其牢固。观测时将活动标志旋紧，测毕取出，盖好保护盖。这样既不影响建筑物的外观，又起到保护标志的作用。

（2）监测周期

施工期间每层观测一次，有特殊异常情况时增加观测次数，建筑物封顶后，根据百日观测平均沉降值确定观测周期，当最后 100 天的沉降速率小于 0.01mm/d，建筑物沉降趋于稳定后，停止建筑物的沉降观测，具体见表 2.1-2。

建筑物的沉降观测周期表 表 2.1-2

百日观测平均值	后继观测周期
大于 0.3mm/d	半个月
0.1～0.3mm/d	1 个月
0.05～0.1mm/d	3 个月
0.02～0.05mm/d	6 个月
0.01～0.02mm/d	12 个月

塔楼主体结构施工至封顶期间，共进行 84 次沉降监测；封顶后 13 个月内共进行 6 次沉降监测。

（3）塔楼区域沉降监测结论

根据沉降监测数据显示：本工程建筑物主体结构在施工过程中，各监测点的累计沉降量及沉降速率均低于规范和设计允许值，相邻柱基之间的差异沉降量较小，建筑物主体处于稳定状态。

在建筑物封顶后开展的后续建筑物主体沉降监测中，跟踪监测建筑物主体的沉降变形趋势。封顶后第 13 个月，各监测点的百日沉降速率均已小于 0.01mm/d，建筑物已处于稳定状态；

2. 塔楼上部结构垂直监测

（1）参考层设置

在地面层以上被监测的楼层称为参考层，沿建筑高度共设置 6 层，参考层布置分别位于 1 层、8 层、23 层、38 层、53 层、顶层。

（2）点位设置

在各监测参考层四角设置观测棱镜，共 24 个外部棱镜，同时在建筑内部采用激光准直的方法进行监测，点位布置在核心筒四角，点位设置如图 2.1-10 所示。

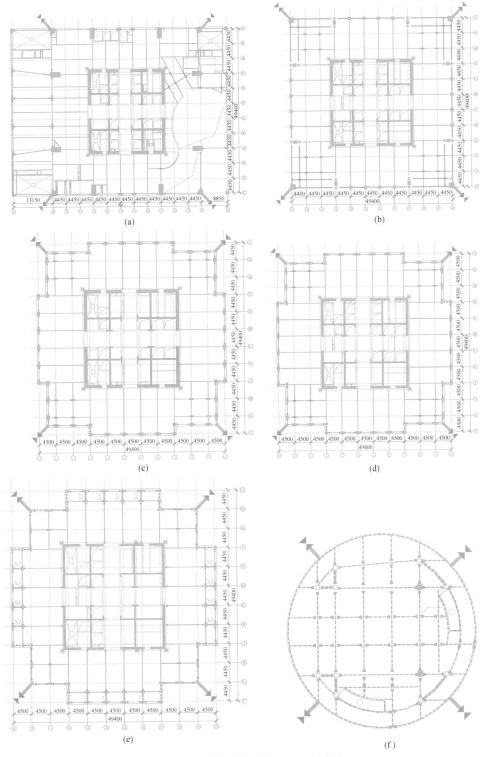

图 2.1-10 塔楼上部结构垂直监测点位

(a) 首层垂直倾斜观测点；(b) 8 层垂直倾斜观测点；(c) 23 层垂直倾斜观测点；

(d) 38 层垂直倾斜观测点；(e) 53 层垂直倾斜观测点；(f) 顶层垂直倾斜观测点

2.1.3 超高层施工变形控制技术

1. 结构安装过程中的变形分析

（1）造成工程非正常变形的原因

1）由于核心筒施工进度较快，最大超出外框筒 12 层，结构整体的受力体系并未健全，因此可能造成结构受力不稳定，产生结构变形。

2）在小型工程中混凝土的徐变及收缩变形的影响通常被忽略，但随着超高层的混凝土体量及强度等级的升高，混凝土变形造成的结构变形问题就不可被忽视。

3）本工程核心筒主要为钢筋混凝土结构，外框筒为组合结构，因混凝土与钢结构弹性模量及受力不同而产生变形差。

4）随着工程的进展，大楼的高度不断地升高，各作业队伍的插入施工造成大楼荷载剧增，尤其大楼底部受竖向荷载作用而产生变形将越来越大。

5）环境中温湿度及日照等条件的变化使结构产生收缩膨胀变形。

（2）超高层施工中结构变形的影响

1）由于超高层结构中构件数量及构件的材质众多，造成不同步变形而产生危害结构的构件间应力及构件自身的内应力。若应力超出结构可承受范围，将使结构撕裂。

2）随着荷载的增加，竖向压缩变形加大，尤其表现在底层的影响尤为明显，所以在结构施工阶段对楼体高程进行补偿也必不可少。

3）核心筒结构外框筒施工不同步与构件材质不同而造成的变形差，可能使核心筒与外框筒连接材料的撕裂。

通过如上所述结构整体施工过程仿真验算，在施工过程中起着重要的作用。通过计算分析可以有效地预测因为环境变化、荷载叠加、施工工序的不同对结构产生的不利影响。从而为总体的施工部署提供可靠的参考，避免因变形对结构产生不可逆危害。

（3）施工步骤的划分

根据施工总进度计划及主体结构施工方案，将整个施工过程划分为 12 个步骤进行施工模拟分析，以外框架每一个节点竖向间距作为一个施工步骤，混凝土核心筒在比钢结构外框架存在一定高差的前提下与外框架同步施工。

（4）算法及荷载概述

根据施工工况，采用 Midas Gen 进行施工阶段模拟分析，计算模型为整体模型，按照施工步骤将结构构件、支座约束、荷载工况划分为 12 个组，按照施工步骤、工期进度进行施工阶段定义和施工阶段荷载定义，程序按照控制数据进行分析。在分析某一施工步骤时，程序将会冻结该施工步骤后期的所有构件及后期需要加载的荷载工况，仅允许该步骤之前完成的构件参与运算，例如第一步骤的计算模型，程序冻结了该步骤之后的所有构件，仅显示第一步骤完成的构件（核心筒第一节），参与运算的也只有核心筒第一节，计算完成显示计算结果时，同样按照每一步骤完成情况进行显示。计算过程采用考虑时间依从效果（累加模型）的方式进行分析，得到每一阶段完成状态下的结构内力和变形，在下一阶段程序会根据新的变形对模型进行调整，从而可以真实地模拟施工的动态过程。

计算荷载主要考虑结构自重和楼面恒载、施工活荷载，以及塔式起重机附着力，并考虑混凝土的徐变、收缩和强度随时间的变化以及温度荷载影响。楼面恒载为楼板自重，施工活荷载为 $1.0 kN/m^2$。塔式起重机附着力将按照塔式起重机爬升工况，在分析过程中逐步改变加载位置。温度荷载根据《中国建筑热环境分析专用气象数据集》提供的天津地区气象资料结合施工进度施加。

整个施工步骤中的最后阶段及封顶阶段，计算风荷载以及地震作用对结构的影响。风荷载取基本风压为 $0.5 kPa$，地面粗糙度类别为 C 类，其余荷载按《建筑结构荷载规范》GB 50009—2012 取值，计算风荷载作用下结构承载力时，结构阻尼比取 0.04。

本工程为筒中筒结构体系，抗震设防类别为重点设防类（乙类），按地震烈度 7 度设防，设计基本地震加速度为 $0.15g$，设计地震作用分组为第二组，场地土类别为Ⅲ类，水平地震影响系数最大值为 0.12，场地特征周期为 $0.6s$，常遇地震阻尼比为 0.04。

2. 各工况结构模拟变形结论分析

施工过程各工况结构模拟变形分析汇总，见表 2.1-3。

施工过程各工况结构模拟变形分析汇总表　　　　　表 2.1-3

工况	X 方向最大变形 DX(mm)	Y 方向最大变形 DY(mm)	Z 方向最大变形 DZ(mm)	核心筒剪力墙等效应力最大值(MPa)	外框架柱组合应力最大值(MPa)
阶段 1	0.091	0.057	−2.095	−7.440	0
阶段 2	4.806	3.356	−13.152	12.278	23.214
阶段 3	−8.781	3.176	−16.523	12.528	43.222
阶段 4	9.434	4.551	−19.996	13.752	72.299
阶段 5	−8.220	4.707	22.716	14.359	−91.433
阶段 6	−8.421	−4.978	−25.619	14.807	−97.733
阶段 7	13.788	−5.037	−29.025	15.839	−69.284
阶段 8	−10.641	−5.655	−32.148	16.807	−101.275
阶段 9	18.786	7.937	−30.338	18.970	71.725
阶段 10	−15.897	7.182	−25.929	20.170	−96.390
阶段 11	−15.999	−7.231	23.718	−28.665	−105.050
阶段 12	−18.871	−8.915	−29.401	25.818	−105.168

根据以上施工过程的动态模拟分析的计算结果可以得出以下结论：随着施工的进展，各方向的变形逐渐加大，但是总体变形在可控范围内，因变形而产生的应力不超过杆件强度设计值，故不需要采取相应的措施即可满足施工安全要求。工况的分析也说明施工总体部署比较合理。

3. 超高层塔楼高程补偿

（1）影响超高层竖向变形的因素

对于本工程主塔楼，综合其结构形式和所处的地理位置等众多因素，要准确地确定组合结构体系的竖向缩短量是很复杂的，因为影响结构竖向立柱缩短的许多变量不能提前确定。例如：对于结构自身，处于较低楼层的混凝土组合立柱，不断经受着加载变形这一过程，由于混凝土的龄期和强度一直在变化，徐变、收缩的影响难以准确地预知；而钢柱在施工阶段都有伸出裸露在混凝土外的钢材段，一般有 1～2 节柱，此部分变形仅为弹性压缩变形，当内灌混凝土施工完成后，混凝土与钢柱共同受荷，混凝土部分会产生徐变和收缩，钢管会约束混凝土的变形，这就使得竖向压缩变形值难以确定；对于结构外部所接触的环境条件，对结构竖向构件的徐变、收缩产生较大影响，如外界气候和温度情况，对混凝土强度的增长和弹性模量的变化都有很大的影响，从而间接影响结构竖向变形的大小。另外一个难以预知的因素是：与立柱连接在一起的梁的连续性会使重力荷载产生重分布现象，因此对结构的竖向变形和差异变形的估算极为复杂。若要较为准确估算本工程主塔楼竖向变形量，需要较多的施工经验和较高的相关计算、设计水平。

（2）高程补偿值计算的目的

本工程主塔楼高 299.800m，由于结构本身自重以及装修、机电等荷载的作用，将导致塔楼结构的竖向总压缩超过 12cm，内外筒间的差异压缩超过 3cm，基础的最终平均沉降量约 10cm，内外筒的最终差异沉降可能达 5cm。这些压缩和沉降量将直接影响建筑总高、层高、楼面平整度，从而影响机电、幕墙及装修的施工和塔楼使用的安全性，因此，施工过程中必须进行相应地补偿。

由于影响因素太多，因此超高层组合结构的压缩及基础沉降计算非常复杂。例如，钢结构安装过程中，钢柱的弹性压缩最先发生，在混凝土浇筑完成后，基础的沉降计算更加复杂，不仅要考虑桩身的压缩，还要考虑群桩地基土的压缩变形，由于土的本构关系的复杂性及各层地基土的不均匀性，将直接导致估算的复杂性，另外，土层的压缩固结与加载过程及加载时间有关。总之，超高层的压缩变形及基础沉降估算极为复杂。

为了减少由于地基沉降包括不均匀沉降、结构自身的压缩变形、混凝土收缩和徐变对主楼几何尺寸及构件受力的影响，采用 Midas Gen 有限元软件和自编的程序，建立主楼的三维计算模型，通过对整个施工过程进行模拟分析，计算出竖向构件在各楼层内的预调值，在施工过程中对相应部位的钢柱进行长度修正，并给出安装过程中钢柱安装标高。

（3）高程补偿计算内容概述

1）主楼竖向变形计算

由于竖向变形与时间相关，根据以往工程的经验数据，在装修施工完成时，整个塔楼的竖向变形将完成总量的 80%。因此，拟将补偿计算的状态确定为"装修完工时"，保证在此状态下，大楼高程、楼面平整度等误差控制在施工质量验收规范内。

主楼的竖向变形主要由结构自重荷载、装修荷载、机电和幕墙荷载作用产生。竖向变形包括：弹性压缩、混凝土收缩、混凝土徐变和温度变形。

模拟主楼组合结构的施工过程，主楼弹性压缩为钢管柱内灌混凝土后组合柱的压缩。

采用有限元三维模型计算主楼的弹性压缩变形，并通过混凝土的收缩和徐变公式分别计算出各层内外筒的收缩和徐变量。

2）基础沉降量分析

根据场地土层的分布和基础沉降时间的经验曲线，估算在主楼装修施工完成时的基础沉降和差异沉降量。

焊接收缩计算与补偿：钢柱的焊接收缩通过详细的公式计算和类似工程的实测结果进行确定。

（4）竖向变形计算

竖向变形主要包括：柱构件和竖向构件的弹性变形、混凝土的徐变和收缩，因此在计算中应分别选择这三部分变形量的公式，并将结果进行叠加。

按照施工过程各工况结构模拟变形分析结论，主楼内外筒施工相差 10～12 层，钢骨柱与外包混凝土和压型钢板楼板保持 2～3 层层差，依此对主塔楼装修完工时的内外框筒竖向压缩值进行计算。

（5）高程补偿措施

1）主楼竖向变形和基础沉降量补偿值

分析竖向荷载作用下的主楼竖向变形和基础沉降，考虑对工程造成的实际影响和方便施工，建议：①在施工过程中不调整基础平均沉降，其对主楼檐高的影响可以通过首层室外总图施工进行协调。②内外筒的差异沉降很小，在施工过程中可以通过焊缝间隙进行调整，不进行补偿修正。③对于主楼钢柱压缩变形、收缩变形、徐变变形引起的总变形分别对每一节钢柱的长度进行 3～10mm 的长度修正，每节钢柱的加长量可以根据主塔楼竖向变形荷载计算结果确定。

2）钢柱安装标高确定

因为基础的沉降、主楼的竖向变形和下部钢柱的修正，所以每节钢柱的安装标高与设计图纸不再一致，需经过详细计算确定。

钢结构安装时，每一节柱子的定位轴线不得使用下面一节柱子的定位轴线，不仅应从基准控制线重新引至高空，以保证每节柱子安装正确无误，避免产生过大的累计误差，并且要在下一节柱的全部构件安装、焊接、栓接并验收合格后再引线，如果提前引线，该层的构件还在安装，结构还会变动，引测的控制线也会跟着变动，就不能保证柱子定位轴线的准确性。

3）全站仪极坐标测量

要保证柱与柱接头的相互对准，及柱子四面刻画的中线完全吻合。

内业工作：依据工程坐标系，演算出所有校正点的详细坐标值。

外业工作：在控制点上架设全站仪并对中整平，初始化后检查仪器设置：气温、气压、棱镜常数；输入（调入）测站点的坐标，输入（调入）后视点坐标，照准后视点，进行后视，测量后视点的坐标与已知数据检核。瞄准另一控制点，检查方位角或坐标，在各待定测站点上摆设小棱镜，测量待定点的坐标，钢柱柱顶标高测量示意图如图 2.1-11 所示。测量坐标与理论坐标相比较，得到纠偏值，及时通知钢结构厂家变更配构件尺寸。

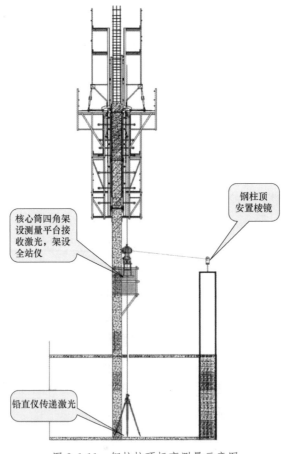

核心筒四角架设测量平台接收激光，架设全站仪

钢柱顶安置棱镜

铅直仪传递激光

图 2.1-11　钢柱柱顶标高测量示意图

2.2　地下室大体积混凝土综合施工技术

2.2.1　项目 1 超大体积混凝土底板综合施工关键技术

1. 项目背景

项目 1 基坑东西长约 139.2m、南北长宽 102.9m，底板施工总面积约 10200m²。基础形式为桩筏基础，塔楼区域共有 5 道内支撑，基础底板厚度为 4.0m，坑深 24.6m。塔楼区域混凝土底板混凝土量约为 18000m³，大体积混凝土区域如图 2.2-1 所示。

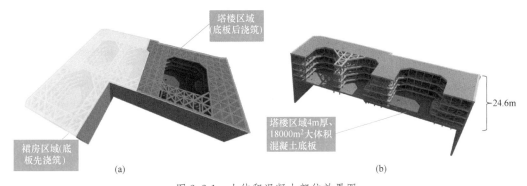

图 2.2-1　大体积混凝土部位效果图

（a）塔楼与裙房浇筑区域划分；（b）4m 厚大体积混凝土部位效果图

2. 超大体积混凝土底板施工关键技术

（1）主楼区域底板钢筋支撑架设计

钢筋支撑划分成每 2m×2m 一个计算单元，荷载取值选用两种组合，组合Ⅰ取温度筋下层支架立柱（高 1.6m）为计算单元，组合Ⅱ取整个支架立柱（高 3.7m）为计算单元。两种组合活荷载均取 3kN/m²，仅计算立柱的整体稳定性。钢筋支架效果及与第五道支撑关系见图 2.2-2。

（2）混凝土配比设计

1）原材料的选择

选用 PO42.5 普通硅酸盐水泥、Ⅱ级粉煤灰、S95 级矿粉，性能指标均不小于规范要求。

砂石选用：选用天然中砂，细度模数 2.3～3.8，含泥量不大于 2.0%，选用碎石石子粒级为 5～20mm，石子粒级级配较好，含泥量不大于 0.5%，压碎指标值小于 6%。

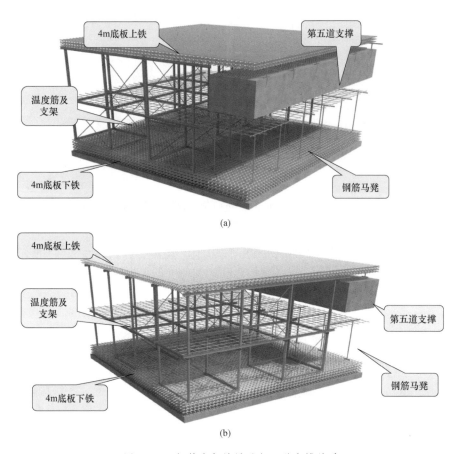

图 2.2-2 钢筋支架效果及与五道支撑关系

(a) 钢筋支架效果及与五道支撑关系（角度 1）；(b) 钢筋支架效果及与五道支撑关系（角度 2）

外加剂的选用：外加剂选用聚羧酸高性能减水剂。其减水率高、质量稳定，减水率大于 28%。

2）大体积混凝土双掺技术

本工程采用的"双掺"技术，即：使用粉煤灰及矿粉替代部分水泥降低水泥用量、掺入外加剂将混凝土热量释放波峰降低、采用混凝土 60d 后期强度减少水泥用量、通过测温控制现场混凝土养护等方法控制底板中心温度和绝热温升，保证混凝土不出现温度裂缝。

3）大体积混凝土浇筑配合比设计

选取两家预拌混凝土公司的大体积混凝土试配方案并加以分析。

4）控制变量法下的配比分析

厂家 1 采用两种对比方法，一种是不同水胶比对比，另一种是同水灰比下，各掺合料所占胶凝材料比重不同进行分析；厂家 2 采用保持水胶比不变，改变水泥、矿粉、粉煤灰等胶凝材料的掺量比重进行分析。通过两家公司控制变量法对比分析，选择

表 2.2-1 的配比。

大体积混凝土配比表（单位：kg）　　　　　　　　　表 2.2-1

强度	水泥	矿粉	粉煤灰	砂	石
C40P10	180	110	100	723	1084

（3）新型串管的使用

串管技术是将混凝土罐车自卸下的混凝土通过管身引导到浇筑部位。新型串管包含钢串管及支撑系统两部分，如图 2.2-3 所示，钢串管包括混凝土进口料斗、直管、缓冲弯管和转动式弯管头组成；进料口内焊接筻子，防止超大粒径骨料进入串管，避免堵管现象。采用钢筋焊接进料口支撑架，进料口下部管身设置靴梁；管身中部设置 [14 槽钢，槽钢搭接于支撑梁上，槽钢与管身靴梁点焊；料斗下端口径小于直管口径，有效避免混凝土溢出。

直管与直管之间通过缓冲弯管连接，缓冲弯管为两个 90°弯头对接焊制成"S"形弯头，在每层支撑上方设置"S"形转弯弯头（每根串管共设置 3 个），以减小混凝土下落速度及自由落体高度。当混凝土落至转弯处，由缓冲弯管减小混凝土下落速度，起到防离析的作用。

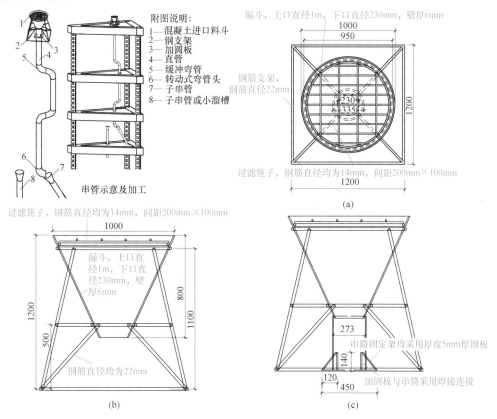

附图说明：
1—混凝土进口料斗
2—钢支架
3—加圆板
4—直管
5—缓冲弯管
6—转动式弯管头
7—子串管
8—子串管或小溜槽

串管示意及加工

漏斗，上口直径1m，下口直径230mm，壁厚6mm

钢筋支架，钢筋直径22mm

过滤筻子，钢筋直径均为14mm，间距200mm×100mm

（a）

过滤筻子，钢筋直径均为14mm，间距200mm×100mm

漏斗，上口直径1m，下口直径230mm，壁厚6mm

钢筋直径均为22mm

（b）

串筒固定架均采用厚度5mm厚钢板

加固板与串筒采用焊接连接

（c）

图 2.2-3　新型串管示意

（a）进料口及钢支架制作平面图；（b）进料口及钢支架制作立面图；（c）料斗下端加固板

新型串管构造如图 2.2-4 所示，为了增大串管混凝土浇筑的覆盖范围，在串管下端增设 360°末端转弯弯头，加工时直管末端绕管外壁焊接一圈不带肋钢筋，且转动式弯管内径略大于直管焊接一圈钢筋后的环形钢筋外径，将转动式弯管套在直管上，在转动式弯管上部管口内壁焊接一圈不带肋钢筋，焊接好后自然下放转动式弯管管头，使转动式弯管管头挂在直管上。通过水平旋转转动式弯管头，可以将管头旋转至下一个子出管或者不同浇筑位置，达到无死角高效混凝土浇筑。当需要将混凝土运送到其他位置时，可以通过连接子串管或小型溜槽分叉地将混凝土输送到任何一个需要浇筑的部位，从而加快浇筑速度。

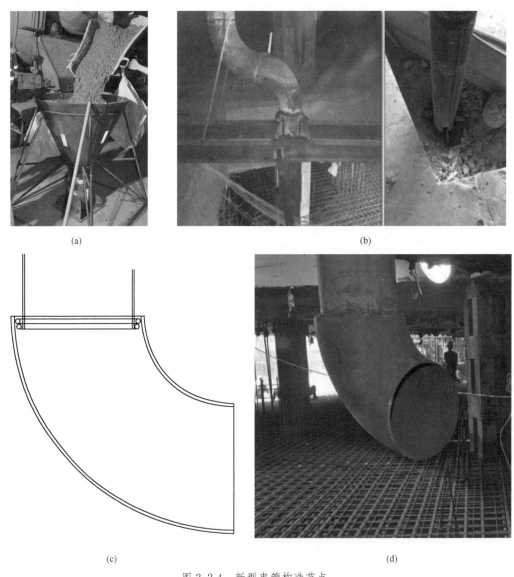

(a)　　　　　　　　　　　　　　　　(b)

(c)　　　　　　　　　　　　　　　　(d)

图 2.2-4　新型串管构造节点

(a) 进料口；(b) 管身槽钢、靴梁；(c) 弯头内圈钢筋；(d) 管身外壁焊接钢筋

（4）溜槽脚手架搭设

溜槽脚手架采用单立杆 3 排脚手架，脚手架支设在上焊 500mm 长钢管的角钢支架上，脚手架的立杆横距为 1.6m，立杆纵距为 1.6m，横杆步距为 1.5m，沿脚手架满搭纵向剪刀撑，垂直于溜槽方向每隔 6.4m 满搭横向剪刀撑。按照 1：3 的比例在脚手架的中间一排立杆一侧的小横杆上搭设溜槽，在中间一排立杆的另一侧的小横杆上铺设木跳板作为操作台和人行通道。支撑架及溜槽如图 2.2-5 所示。

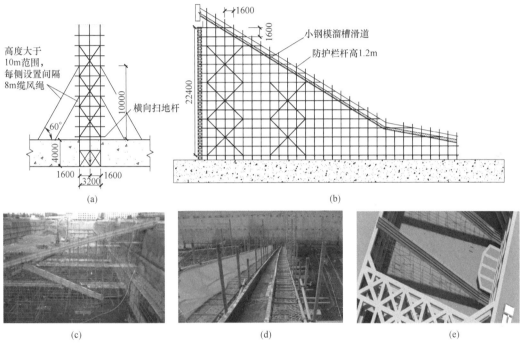

图 2.2-5　大体积混凝土浇筑溜槽及支撑架

（a）支撑架平面图；（b）支撑架剖面图；（c）支撑架照片；（d）溜槽照片；（e）溜槽及支撑架 BIM 效果图

（5）溜槽及泵管加固

根据泵管布置图，对泵管加固方式进行详细说明，具体形式见表 2.2-2。

泵管布置及加固示意　　　　　　　　　　　　　　　　　表 2.2-2

加固部位	图示	说明
节点分布图	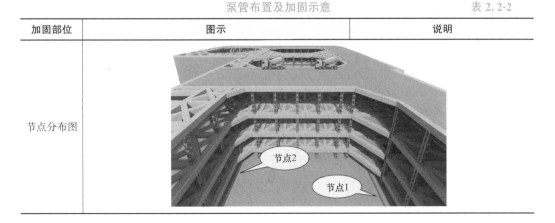	

续表

加固部位	图示	说明
节点分布图		
节点 1	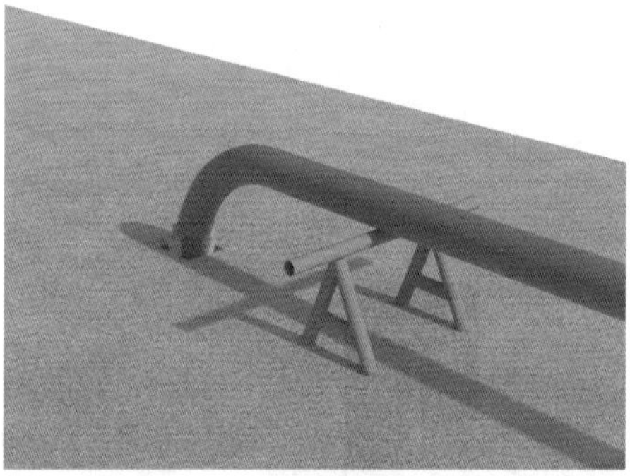	泵管穿支撑结构时,可利用预留泵管孔或者降水井洞口,加固时需用楔形木块加固顶紧。 地面接泵管处用可靠钢管架架起。
节点 2	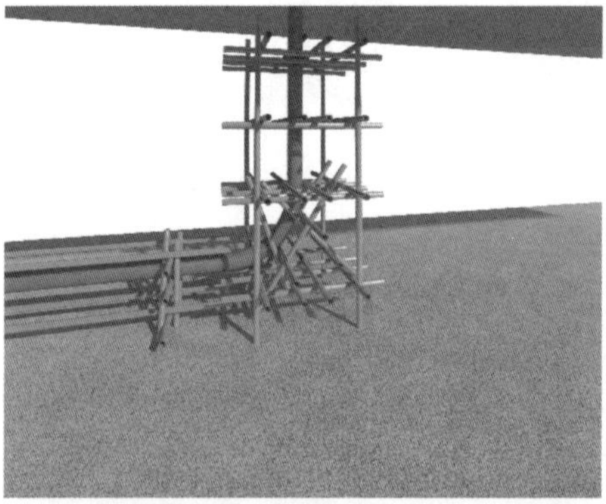	1. 泵管转角处除用木楔顶紧外,还需用如图形式进行加固。 2. 立杆间距不小于 900mm,横杆步距不大于 60mm,第一步横杆距地面不大于 300mm。 3. 泵管与钢管架间用橡胶皮垫塞紧。
节点 3		泵管竖向加固

（6）混凝土浇筑施工工序

1）利用 BIM 技术进行施工模拟

由于场地狭小，需要提前策划，制定浇筑计划。借助 BIM 技术，绘制现场模型（图 2.2-6）并进行预演。本工程在首道内支撑上制作封板作为场内道路使用，但在基础底板混凝土浇筑时，汽车泵仅能浇筑中心岛范围内的混凝土，无法浇筑到封板下的范围。因此自主研发了串管浇筑技术，以此用来浇筑内支撑封板范围内的混凝土。

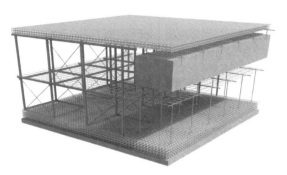

图 2.2-6　底板施工 BIM 策划示意

2）第五道内支撑浇筑到底板内及底板钢筋支架体系

为了进一步减小地下连续墙的变形，提高地下连续墙对外围土体侧向土压力的承受能力，本工程增设了第五道内支撑，并将第五道内支撑整体浇筑至混凝土基础底板内，在基础底板混凝土浇筑前对第五道内支撑表面整体进行凿毛处理，并在内支撑四周增加甩筋，以此增加第五道内支撑与基础底板的结合度。第五道内支撑整体埋入基础底板这项措施在国内尚属首例，省去了第五道内支撑拆除时间，同时节省了基础底板混凝土用量。

本工程深基坑基础底板钢筋在中心岛范围内上铁及温度筋均采用槽钢进行支设，第五道内支撑上方的底板上铁通过在第五道内支撑上制作槽钢马凳进行钢筋支设，第五道内支撑下方温度筋悬挂在与第五道内支撑下部甩筋焊接为一体的吊筋上，以此节省槽钢支架的用钢量，如图 2.2-7 所示。

(a)　　　　　　　　　　　　　　　　　　(b)

图 2.2-7　第五道内支撑底板钢筋支架措施

（a）采用槽钢马凳支设底板上铁钢筋；（b）利用吊筋拉结温度筋

3）施工工序整体安排

新型串管制作→首道撑封板洗孔（图 2.2-8）→串管管身安装→进出料口与管身装配→试调→安全防护搭设→小溜槽到位→进出料及旋转出料口。

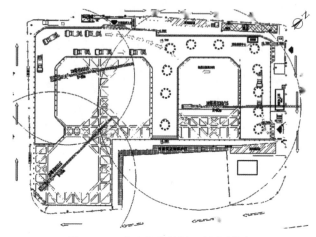

图 2.2-8　洗孔部位详图（图中圆圈）

施工时，在内支撑封板上距离地下连续墙 6m 范围内共开洞 11 处，以确保混凝土浇筑范围覆盖所有底板。串管加溜槽覆盖范围大致 10m×10m 的矩形，塔楼中心区域覆盖不到的区域约 1200m²，采用汽车泵＋地泵结合方式浇筑，如图 2.2-9 所示。

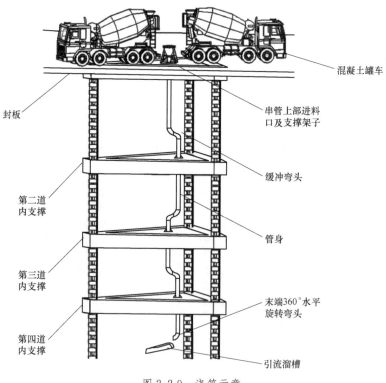

图 2.2-9　浇筑示意

4）混凝土供应保障

浇筑时选择两家搅拌站，结合泵送条件和实时路况，分析混凝土供应情况，见表 2.2-3，达到资源最优配置。

<table>
<tr><td colspan="5" align="right">混凝土资源分析表　　　　　　　　　　　　　　　表 2.2-3</td></tr>
<tr><th>搅拌站</th><th>高峰供灰</th><th>运输车辆</th><th>浇筑能力</th></tr>
<tr><td>3 个,1 个备用</td><td>汽车泵 4 台;地泵 1 台;串管若干</td><td>80 辆</td><td>320m³/h</td></tr>
</table>

5）串管设备拆除

施工结束后，通过依次拆除转动式弯管管头、直管、缓冲弯管、加固板、浇筑料斗部件，将串管拆解后到新的工程重新安装搭建，可实现串管的循环使用和流转。

3. 测温技术

（1）自动测温技术概述及测温点布位

为了准确掌握底板混凝土配合比的水化温升，掌握内外温差，预防温度裂缝的产生。本工程采用 HC-TW20 无线大体积混凝土测温系统，在基础底板水平及竖直方向布设测温点，如图 2.2-10 所示，以此对底板大体积混凝土内温度进行实时监测。塔楼底板大体积混凝土共留设 6 个测温位置，每个测温位置自下而上共设 7 个测温点，竖向平均间隔 600mm 布设一个。

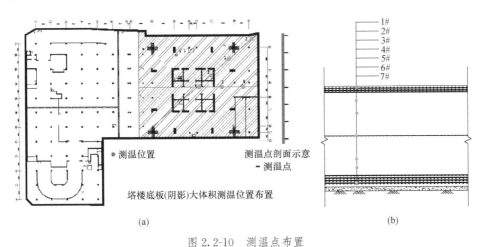

图 2.2-10　测温点布置

（a）测温点平面布置；（b）测温点剖面布置

（2）测温结果

混凝土浇筑底板中心与表面温差略高，其余均满足规范要求，本次浇筑成功。

4. 小结

采用新型串管＋汽车泵＋地泵浇筑方式，较传统浇筑方式具有以下优势：浇筑速度快、成本低、浇筑质量得到保障、操作简单、施工难度小、布置灵活、对其他工序影响小等。两种浇筑方式对比见表2.2-4。

筏形基础浇筑方式对比表 　　表 2.2-4

浇筑方式	用时	费用	计算步骤
地泵＋天泵	67h	36 万	$18000m^3 \div 270m^3/h \approx 67h$ $18000m^3 \times 20 元/m^3 = 36 万元$
天泵＋串管＋地泵	50h	17 万	中心岛 5000m³ 泵送费 10 万元，串管制作费用 7 万元，36－(10＋7)＝19 万元，节省泵送费 19 万元，实际浇筑时间节省了17h

由上述对比分析可得：采用新型串管浇筑技术比传统浇筑节省 19 万元，省时 17h。

发明的新型串管不仅节约浇筑成本，并且减少浇筑时间，使施工对周边影响降至最低，符合绿色施工要求，可以为其他同类工程提供宝贵的施工参考；由于采用双掺技术和配合比设计合理，在充分保证混凝土的和易性和强度要求的前提下，最大量减少了水泥用量，降低成本的同时控制了大体积混凝土的水化热；此外，项目引进的自动测温技术结合工人采取的不同阶段，不同情况采用不同的养护方法，保证了大体积底板各阶段温度均符合规范要求。

2.2.2 项目2超大体积混凝土底板综合施工关键技术

1. 项目背景

项目 2 的 T1 塔楼地下 3 层，地上 44 层，建筑高度 205m，基础形式为桩筏基础，筏板厚度 2.5m，浇筑时间正值冬季，单次大体积混凝土方量达 9000m³。基础底板浇筑大体积混凝土常用的是地泵或者汽车泵的浇筑方式，这种浇筑方式属于泵送混凝土，对于混凝土的性能要求较高，否则极易出现堵管，影响混凝土浇筑的顺利进行。综合考虑施工进度与施工质量，项目 2 的 T1 塔楼筏板大体积混凝土浇筑时，应采用自搭溜槽进行浇筑施工。

2. 溜槽设计

溜槽布设时，高长比为 1：2，溜槽宽度为 800mm，槽体侧高度为 200mm。溜槽边设置两道 800mm 宽的木脚手板，应采用杉木或松木制作。溜槽支撑体系由脚手架、斜撑、剪刀撑组成，脚手架采用外径 48.3mm，壁厚 3.6mm 的钢管，钢管材质使用力学性能适中的 Q235 级钢，立杆间距按 1500mm，水平横杆间距 1500mm，并每隔 6000mm 设置剪力撑，中间每隔 1000mm 设水平拉接钢管。

3. 溜槽布置

根据需浇筑混凝土的部位进行溜槽布置，溜槽的下灰点设置在有基础电梯井与集水坑等深坑位置处，便于大方量浇筑更为快速顺畅，避免出现冷缝等现象。溜槽主干根据需要设置了 2～3 个分支，充分考虑到了溜槽覆盖的有效半径，提升效率。

4. 溜槽搭设

溜槽采用钢管脚手架搭设而成，如图 2.2-11 所示，溜槽平台宽 2.4m，中间钢槽宽 800mm，两侧走道宽 800mm。为便于人员清理溜槽，在两侧设置栏杆，高度为 1200mm，两道间距按 0.6m 布置。每隔 6m 两边各设置一道斜撑以增加架体稳定性，根据现场条件，设置溜槽坡度高长比为 1：2，该马道只作为混凝土浇筑，不得运送物资材料。

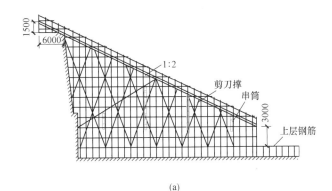

(a)

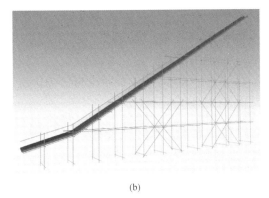

(b)

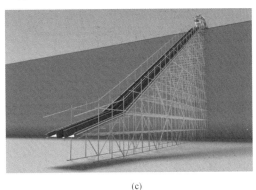

(c)

图 2.2-11　溜槽支撑架示意

（a）溜槽支撑架搭设详图；（b）溜槽支撑架搭设；（c）溜槽支撑架搭设完成效果图

5. 溜槽法浇筑大体积混凝土

溜槽首先需保证大体积混凝土在浇筑过程中不会出现离析，再考虑到温度、高差、交通状况等因素，与商品搅拌站协商调整混凝土坍落度，并应设技术人员随时测坍落度保证混凝凝土浇筑质量。

混凝土浇筑时，在溜槽下设置一个混凝土浇筑小组，一个小组由 5 人组成，振捣器

3台，溜槽维护2人。在浇筑前应检查溜槽是否通畅，首次浇筑前，先用砂浆润湿，以免出现堵槽的现象。浇筑时溜槽维护的2人需要时刻关注混凝土流速是否正常；如若混凝土溅出，需及时清理，以免混凝土凝结难以清除；如若混凝土供应出现问题，浇筑工作产生较长间歇，应将溜槽残余混凝土清理干净，避免凝结后影响浇筑速率。一个落灰点浇筑完成后，维护人员应及时调整溜槽方向，进行下一部位浇筑。

6. 小结

项目2的T1塔楼2.5m厚底板，在采用溜槽浇筑的情况下，三天完成了9000m³筏板大体积混凝土的浇筑。浇筑过程中，溜槽未发生过堵槽、未发生过离析、无安全事故发生，经现场调查，溜槽法浇筑有效地解决了狭窄空间底板大体积混凝土浇筑混凝土输送设备选型和布置的难题，用溜槽运输替代部分混凝土输送泵，保证了混凝土浇筑施工的安全，劳动强度低、操作简捷，易于工人接受，省时省工，同时加快了混凝土浇筑速度，节约了施工成本，尤其在绿色施工方面取得了独特的效果，为类似的工程提供了有益经验。

2.3 地下室防水工程综合施工技术

2.3.1 防水工程简介

项目1毗邻天津海河，属软土地区；基坑深度−24.6m，地下室防水等级为Ⅰ级，防水方式采用结构自防水与建筑防水相结合。地下水位常年在−4～−2m，地下室抗浮设防水位为大沽高程−3.5m，相对地表高度−7.5m；基础形式为桩筏基础，塔楼底板厚4m，围护结构为92幅1.2m厚地下连续墙，底板及墙体混凝土强度等级均为C40，抗渗等级为P10。

2.3.2 防水机理

地下工程防水设计和施工遵循"防、排、截、堵相结合，刚柔并济，因地制宜，综合治理"的原则。在此理念基础上对超高层地下室防水提出"疏导排水，层层设防"的施工技术方法。

项目基坑深度较大，地下水位较高，地下室底板及墙体所受到的水头压力较大。面对常年持续高水位的地下状态，采用了有别于一般防水方式的PVC双层中空排水板防水体系，即对地下室底板做防水处理并找坡，利用地漏排水管连接集水井排除渗水；对墙体以及墙体与底板交接节点、地下连续墙与地下通道坡道墙节点等部位，利用排水空腔引流渗透水。集水井对底板、墙体等渗流水收集，再通过泵机抽排。

2.3.3　地下室墙体防水

　　本工程地下室的墙体由地下连续墙、排水空腔和混凝土衬墙组成，以单层地下连续墙作为工程墙体，地下连续墙为 C40P10 混凝土。地下连续墙与衬墙之间的排水空腔设置 PVC 排水板，PVC 排水板上铺设自粘性防水卷材，地下连续墙渗漏水经由 PVC 排水板空隙排入集水沟，排水板渗漏水由防水卷材封堵，有效隔离地下连续墙渗漏水；衬墙表面建筑防水采用水泥基渗透结晶型防水涂料内防一道，施工聚合物水泥防水砂浆一道，以达到防潮目的。另外在衬墙下部设有集水盒，排水中腔的水顺着缺口流入其中，有效避免了水的渗透，增加了墙体防水年限，

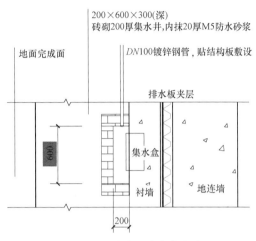

图 2.3-1　墙体防水与集水盒

防水构造如图 2.3-1 所示，墙体防水流程如图 2.3-2 所示。

图 2.3-2　墙体防水流程图

2.3.4　地下室底板防水

　　地下室底板防水等级为一级，即不允许渗水，结构表面无湿渍。地下室底板采用防水混凝土，混凝土强度等级 C40，抗渗等级 P10。

　　设防为三道做法，即 3mm＋3mm 厚热熔型改性沥青防水卷材和 20mm 厚 1∶2 水泥砂浆保护层；上部为 4mm 厚 C40P10 混凝土自防水层，混凝土面层上依次设 PVC 排水板、170mm 厚轻质混凝土、100mm 厚细石混凝土并向地漏找坡，如图 2.3-3 所示。

　　底板防水由防水卷材、混凝土底板自防水与 PVC 排水板排水层三部分组成。考虑到项目地处软土地区，超深基坑水头压力大，在一般的防水设计的基础上增加了排水层。依靠排水板导流渗水，大大降低了雨期等地下水位上涨导致水头压力变化而使底板整体渗漏的概率。

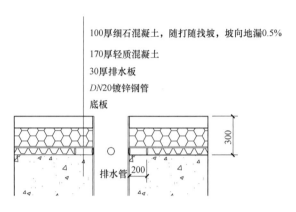

图 2.3-3 底板防水剖面图

2.3.5 节点防水

1. 底板与地下连续墙防水节点

底板与地下连续墙交接处设有集水盒，将墙体中腔经排水板流下的水和底板排水板中导流的水汇集，排入设置的排水明沟，流向集水井，经抽水泵排入市政管网，如图 2.3-4 所示。

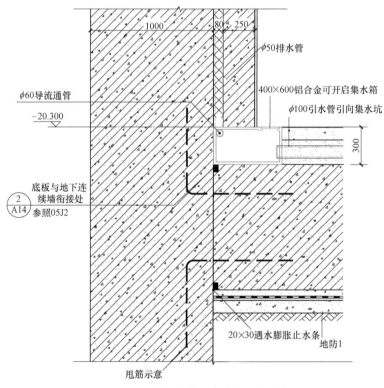

图 2.3-4 底板与地下连续墙防水节点

底板与地下连续墙衔接处喷涂水泥基渗透结晶型防水涂料，能有效弥补接口处混凝土产生的缝隙，增加混凝土自防水能力。底板与墙体结构层交接处设遇水膨胀止水条，进一步避免连接处发生渗水情况。

2. 地下连廊防水节点

在超高层的建设过程中，为保证区域车辆、人防等回流，地下区域通过连廊、通道紧密连接，而由于建设期的差异，新建连廊或通道与现有建筑地下连续墙往往存在新旧界面的交接，进而加重防水问题。

项目 1 与相邻楼通过地下连廊相连接，本工程塔楼施工完毕（即沉降趋于稳定后），再施工地下连廊，这就导致了地下连续墙与连廊墙体所承受的上部荷载相差悬殊，进而导致了两处墙体沉降不同，墙体连接处裂缝产生不可避免，常规的防水做法无法长期解决交界面渗漏问题。因此本工程地下连廊与地下连续墙交界面设置"两防一排"防排水措施，如图 2.3-5 所示。首先在项目 1 旁楼地下连续墙施工过程中，墙体交接处设 H 型钢（做止水钢板用），施工地下连廊时剔出 H 型钢，表面清理，连廊墙体钢筋与 H 型钢连接方式为焊接，并设止水钢板；第二道防水为连廊外墙卷材防水，交界面处包裹 H 型钢；第三处为内衬墙排水，设于地下连续墙内的衬墙在交界面转角处与连廊墙体交接，因衬墙后做，连廊施工时做甩槎，衬墙与连廊墙体混凝土交接处使用聚氨酯封堵，当连廊与主楼发生不均匀沉降时，衬墙排水功能不受影响。

3. 桩头节点防水

桩头结点周围采用水泥基渗透结晶型防水涂料，其上覆盖聚合物水泥防水砂浆，再连接底板的防水构造。桩头甩出钢筋处设有遇水膨胀止水条，对桩头钢筋处缝隙进行防水，如图 2.3-6 所示。

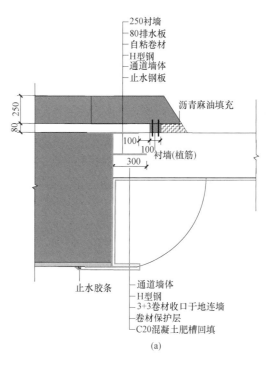

(a)

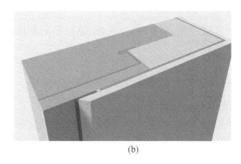

(b)

图 2.3-5 新旧混凝土交界面防水节点

(a) 防水做法节点详图；(b) 防水做法节点效果图

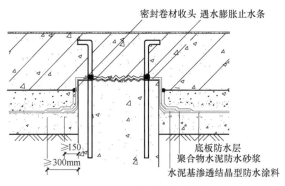

图 2.3-6　桩头防水节点

4. 后浇带节点防水

地下室底板后浇带采用早强、补偿收缩混凝土浇筑，其强度等级高于两侧混凝土一级，构造做法如图 2.3-7 所示。收缩后浇带为降低底板混凝土收缩，后浇带封闭时间为 60d。沉降后浇带为高层主楼与裙房之间，后浇带的封闭时间为高层主楼施工完成的，沉降速率在一个月后趋向平稳。

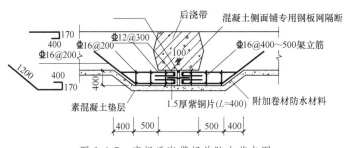

图 2.3-7　底板后浇带超前防水节点图

5. 格构柱与底板节点防水

地下格构柱与底板交接位置采取双面角钢焊接，各边满焊，满焊后的角钢充当止水钢板用，确保交接位置处满足防水要求，构造做法如图 2.3-8 所示。

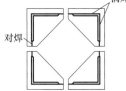

图 2.3-8　格构柱与底板交接处防水

6. 地下连续墙穿墙套管防水节点

地下室施工过程中往往会有钢套管穿过地下连续墙及衬墙，从而连接室外市政的做法，本工程在此节点处采用多种防水方式结合，综合防治的措施，保证防水节点的密封性和不透水性。

地下连续墙内侧为单独浇筑的混凝土衬墙，外侧为黏性土，钢管横贯地下连续墙及内衬墙；内衬墙部分采用水泥砂浆及嵌缝密封膏双面灌实，地下连续墙部分采用挡圈、1∶2 膨胀水泥砂浆及沥青麻丝填严，外侧 C20P6 抗渗混凝土与地下连续墙连接钢筋并浇灌密实，交接处采用 20mm×30mm 遇水膨胀止水条和止水钢板以及嵌缝密封膏灌实，C20P6 抗渗混凝土外侧使用 3mm＋3mm 厚 SBS 防水卷材做外防水，卷材防水收头使用水泥钉每隔 200mm 固定 50mm 铝合金压条，并使用聚氨酯密封，钢管穿地下连续墙及衬墙处防水做法如图 2.3-9 所示。

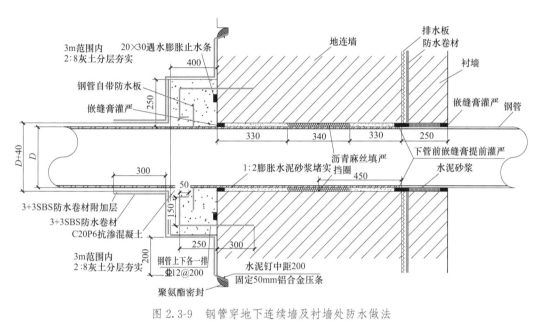

图 2.3-9　钢管穿地下连续墙及衬墙处防水做法

2.3.6　优化防水措施

当前国内大部分建筑的地下结构防水仍然以传统的防水卷材构造配合混凝土自防水作为主要防水手段，对建筑材料造成一定浪费而且不利于建筑长久防水。借鉴本项目的防水施工经验，可以总结出，注重防水之中的排水构造或可成为日后工作的重点。

它的设计原理是根据地质勘探中的各地层渗透系数及地下水位，推导出地下水渗透流量，并选用合适的排水系统，通过底板提供的反压力进行导流排入集水井，如图 2.3-10 所示。地下室防水构造中以基础底部、地基上部设置的排水系统为主，更深入地体现了以"排水为主，防水为辅"的防

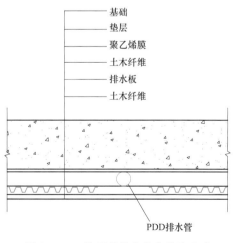

图 2.3-10　地下室防水优化做法示意

水理念，有效地降低了地下水对基础底板、地下连续墙的水头压力，能够适当降低结构造价，并拥有良好的防水性能。

2.3.7 小结

地下室防水施工属于隐蔽工程，而且一旦出现防水失效，其造成的结果往往不可弥补。如果没有对渗流水进行一定的疏导引排，以防水卷材约 20 年的使用年限，往往导致防水系统难堪重负，而 PVC 中空排水板耐老化年限一般为 50~70 年，排水板与底板、地下连续墙混凝土自防水以及卷材防水相辅相成，能够充分满足防水要求。本工程采用双层 PVC 中空排水板防水体系，利用 PVC 排水板凹凸不平的结构构造，在衬墙与地下连续墙之间设置排水空腔，空腔内的 PVC 排水板将渗水引出底板及墙体，大大增加了建筑防水使用年限，同时衬墙室内表面水泥基渗透结晶型防水涂料及聚合物水泥防水砂浆的使用进一步达到防潮目的。

2.4 后浇带优化技术

2.4.1 项目背景

项目 2 整体包括 4 栋塔楼与 1 栋 7 层商业裙房，地下室均为 3 层且贯通，整体占地面积 39037m²，T1 塔楼与商业裙房分别占地 2080.63m² 与 33606.58m²。T1 塔楼基础形式为桩筏基础，筏板厚度 2.5m，商业裙房基础形式为普通筏形基础，地基为天然地基，筏板厚度 1.0m，T1 塔楼的桩筏基础与商业裙房筏形基础之间设置有沉降后浇带。商业裙房筏形基础共有普通温度后浇带 6000m，依据补偿收缩技术，与建设单位和设计院沟通，将 6000m 的普通温度后浇带改为 5000m 连续膨胀加强带，减少后浇带的数量，实现超长无缝连续施工。商业裙房筏板后浇带优化对比如图 2.4-1 所示。

2.4.2 连续膨胀加强带

连续膨胀加强带代替后浇带连续浇筑钢筋混凝土结构施工是一种新的施工工艺，由于连续浇筑，结构中不存在施工缝，所以又称为"无缝施工技术"。膨胀加强带施工原理为在带内混凝土中掺加比带两侧混凝土多适量的膨胀剂，通过水泥水化产物与膨胀剂的化学反应，使混凝土产生适量膨胀，在钢筋和邻位混凝土的约束下，在钢筋混凝土中产生一定的预压应力，使结构的收缩拉应力得到大小适宜的补偿，从而达到防止混凝土结构开裂破坏的目的。

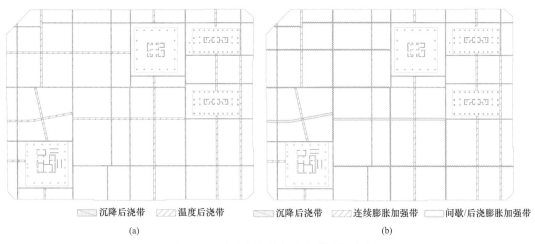

图 2.4-1 商业裙房筏板后浇带优化对比

(a) 商业裙房筏板后浇带优化前；(b) 商业裙房筏板后浇带优化后

2.4.3 连续膨胀加强带代替后浇带依据

连续膨胀加强带中掺入 JEA 膨胀剂，是一种高性能、低掺量、低碱含量的明矾石类混凝土膨胀剂，可直接在钢筋混凝土中掺入使用。膨胀剂的好处：水化反应活性高，反应期短，在钢筋约束条件下，微膨胀在混凝土中建立 0.2～0.7MPa 的预压应力，大致补偿混凝土硬化时收缩产生的拉应力，从而改善混凝土结构的内部应力状态，提高抗裂能力。且膨胀剂内无氯离子，对钢筋无腐蚀作用。

2.4.4 连续膨胀加强带施工工艺流程

施工工艺流程：测量放线，确定膨胀加强带的位置→绑扎膨胀加强带钢筋→挂钢板网分隔→浇筑膨胀加强带两侧混凝土→待两侧混凝土初凝前浇筑膨胀加强带混凝土→养护。

1. 测量放线

根据设计的位置确定膨胀加强带的位置，并应复核无误。

2. 绑扎膨胀加强带钢筋

按设计要求绑扎膨胀加强带的钢筋，一般要求膨胀加强带的板钢筋（或墙钢筋）配筋率比两侧板（或墙）的钢筋增加 0.4 倍，并伸入两侧混凝土各 1m。

3. 挂钢板网分隔

先在膨胀加强带的两侧立竖向短钢筋Φ12@500，与板筋绑扎固定，然后在竖向短钢筋上挂密孔钢板网。

根据板面厚度，按照钢筋间距将板口锯成矩形状，在底部钢筋绑扎完成后放置面筋，完成后进行固定，固定方法为用铁丝绑扎固定，目的是阻止在混凝土浇筑过程中混凝土的溢出。

4. 混凝土质量控制

搅拌站必须使用按试验室试配确定且经设计部门确认的混凝土配合比投料，尤其膨胀剂不得少掺或误掺，要派技术人员加强监督。计量装置必须准确，开盘前要检验校正，使用中要进行校核。

混凝土原材料（如水泥、沙子）和膨胀剂必须具有合格证和相应检测报告。

严格控制混凝土原材料的用量，每次浇筑混凝土应严格控制混凝土坍落度和混凝土配合比。

浇筑混凝土时严格控制浇筑区域，派专人旁站，避免两侧混凝土浇筑在膨胀带内。

混凝土振捣时间要比普通混凝土延长 30s。

5. 混凝土浇筑

连续膨胀加强带处混凝土最后浇筑，浇筑时间控制在膨胀加强带两侧混凝土初凝之前。

进行膨胀加强带混凝土浇筑时，一定要加强对膨胀加强带与两侧混凝土接触位置的振捣质量控制，使膨胀加强带与两侧混凝土较好地融合，避免裂缝的出现。

混凝土坍落度偏低时严禁自行加水，需让搅拌站设计人员现场添加非缓凝型泵送剂溶液，待搅拌均匀后再进行浇筑。

混凝土底板或楼板浇筑完毕后，在其表面采用木抹子反复搓压，减少表面龟裂现象；在混凝土临近终凝前，再搓压一遍，防止表面收缩裂缝出现。

混凝土坍落度要满足施工要求，浇筑时间间隔不宜超过 1.5h，运距较远或炎热天气施工可掺入缓凝减水剂；低温下施工可掺入早强减水剂或防冻减水剂。

浇筑时混凝土的自由落距应控制在 2m 以内，振捣要均匀，密实，不漏振、不欠振、不过振。

2.4.5 小结

大型商业综合体筏板面积大、温度后浇带设置数量多，常规施工方法不仅施工进度慢，筏板整体的施工质量也难以得到保证，通过工艺优化，将普通温度后浇带改为连续浇筑膨胀加强带，可以提高抗裂性能，减少混凝土收缩裂缝，有利于提高结构的整体性和结构自防水性能，能显著缩短工期，提早进入地下结构外防水及回填土施工，取得了良好的效果。

2.5　超高层垂直运输施工技术

2.5.1　动臂塔式起重机施工技术

1. 项目背景

项目 1 由 70 层塔楼、4 层裙房和 4 层地下室组成。塔楼地上 70 层，为钢框架-核心筒混合结构，外檐高度 299.65m；塔楼区域共设置 3 台自爬升式动臂塔（4 号 M440D 动臂塔，回转半径 52.5m，最大吊重 50t；6 号 ZSL750 动臂塔，回转半径 50m，最大吊重 50t；5 号 M440D 动臂塔，回转半径 52.5m，最大吊重 50t）以满足塔楼区域结构施工垂直运输需求；裙房区域设置两台塔式起重机，回转半径分别为 45m 和 50m。主塔楼动臂塔位置及型号如图 2.5-1 所示。

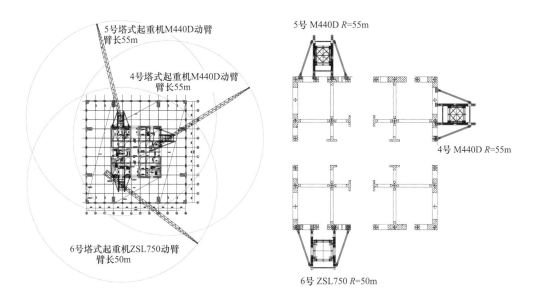

图 2.5-1　主塔楼动臂塔位置及型号

2. 塔式起重机选型

（1）吊装性能及吊次分析

1）吊装总计次数

综合分析垂直运输需求，估算吊运次数和重量，用于起重机械的选型，项目 1 垂直运输需求分析见表 2.5-1。

垂直运输需求分析表 表 2.5-1

序号		吊装内容	构件分段分节数量	吊次	备注
钢结构	1	外框组合柱	12×2	192	共8根,范围:地下4层~地上8层
	2	外框钢柱	35	1533	2层一段(路口较窄)
	3	楼层钢梁	6956	4560	框架梁1件一吊,次梁3件一吊
	4	核心筒内钢骨柱	27	553	核心筒钢骨柱2层一节
	5	避难层桁架	400	400	按要求图示散件吊装
	6	预埋件	—	70	打包吊装,每层一吊次
	7	压型钢板		400	成捆吊装,每层6吊次
	8	氧气、乙炔、二氧化碳	—	200	分批次吊装,平均每层3次
	9	高强螺栓、栓钉	—	69	分批次吊装,平均每层1次
	10	转移构件		1700	按重型构件计
	11	其他	—	300	其他措施如临时支撑
土建	12	钢筋	10000t	5000	成捆吊装
	13	钢骨柱混凝土		200	2t以上单件吊装
	14	其他辅助		200	—
幕墙	15	单元幕墙板块		1600	—
机电	16	管道		300	大型风管、桥架
	17	设备		100	较大型设备使用塔式起重机吊装
合计			—	17377	—

2)吊装时长分析

不同构件类别(三类)吊运时长占比统计分析见表 2.5-2。

不同构件类别(三类)吊装占比 表 2.5-2

类别	构件名称	吊装总次数	占比%
一	如钢柱、钢板剪力墙等一件一吊的构件	2978	17.1%
二	如楼层钢梁等数件一吊的构件	6760	38.9%
三	其他零星材料及辅助工作	7639	44.0%

一类构件吊装时长分析								
标高区段	一吊次所需时间分配(min)						每吊次时间(min)	平均时间(min)
	绑扎	起钩	回转	就位	松钩	落钩		
100m以下	3	0.5~2.5	1.5	12	2.5	0.3~1.5	23	27
100~200m	3	2.5~5	1.5	12	2.5	1.5~3	27	
200~300m	3	5~7.5	1.5	12	2.5	3~4.5	31	

续表

二类构件吊装时长分析								
标高区段	一吊次所需时间分配(min)						每吊次时间 (min)	平均时间 (min)
	绑扎	起钩	回转	就位	松钩	落钩		
100m 以下	6	0.5~2.5	1.5	18	2.5	0.3~1.5	32	36
100~200m	6	2.5~5	1.5	18	2.5	1.5~3	36	
200~300m	6	5~7.5	1.5	18	2.5	3~4.5	40	

三类构件吊装时长分析								
标高区段	一吊次所需时间分配(min)						每吊次时间 (min)	平均时间 (min)
	绑扎	起钩	回转	就位	松钩	落钩		
100m 以下	2	0.5~2.5	1.5	3	2.5	0.3~1.5	13	17
100~200m	2	2.5~5	1.5	3	2.5	1.5~3	17	
200~300m	2	5~7.5	1.5	3	2.5	3~4.5	21	

由以上分析统计,按照三类构件各自所占比例可计算出每吊装一次所需时间为:
$27\times17.1\%+36\times38.9\%+17\times44.0\%=26.1min$。

台班计算				
序号	计算公式与说明	计算数据	结果	说明
1	$N_i=Q_i\times K/(q_i\times T_i\times b_i)$	$N_i=Q_i\times1.4/(q_i\times T_i\times b_i)=$ $17377\times1.4/(18\times450\times1.5)$	2.15 台	选择三台塔式起重机,能够满足现场吊装需求
2	N_i—某期间机械需用量	2.15		
3	Q_i—某期间需完成的工程量	17377 吊次		
4	q_i—机械的产量指标	塔式起重机每个吊次平均需 26.1min,每个台班按 8 小时考虑,可完成 18 次		
5	T_i—某期间(机械施工)的天数	按 450d		
6	b_i—工作班次	按单班为 1,双班为 2,按大班 1.5 计		
7	K—不均衡系数	一般取 1.1~1.4		

(2)塔式起重机选型

工程塔楼共计配备 3 台动臂塔以满足施工需求,其中核心筒东、北侧的 D4 号、D5 号动臂塔,塔高 56m,臂长 55m,塔机总重 170t,工作半径 52.5m,平衡臂长度 8.408m,配备 10 块配重块,共计 40t,标准节尺寸为 2.709m(长)×2.721m(宽)×4.000m(高),2 倍率根部最大吊重 50t,2 倍率端部最大吊重 8t,变幅速度 1.5min,回转速度 0.8r/m。

D6 号动臂塔选用 ZSL750 动臂塔,位于核心筒的南侧,塔高 56m,臂长 50m,塔机总重 157t,工作半径 50m,平衡臂长度 8.5m,配备 4 块配重块,共计 36t,标准节尺寸为 2.7m(长)×2.7m(宽)×4.0m(高),2 倍率根部最大吊重 50t,2 倍率端部最大吊重 9.9t,变幅速度 3min,回转速度 0.6r/m。

3 台动臂塔爬升方式均为内爬外挂式,外挂系统由钢梁、下压杆、斜拉杆组成,埋件、耳板及杆件焊接要求均为一级焊缝，各杆件通过销轴连接，系统整体总重约 17t。根据核心筒墙体设计，随塔楼高度的增加核心筒墙壁变窄，塔式起重机位置不变，垂直高度爬升，支撑体系随着核心筒墙壁变窄，水平平移。

动臂塔正常工作时保证至少安装两道外挂体系，爬升时保证至少安装三道外挂体系；悬挂体系第一组附着于地下二层及地下一层，第二组附着于地上二层及地上三层，第三组附着于地上六层及地上八层，之后每隔两层附着一组，每组跨度为三层，共计需附着 17 道悬挂体系，项目为每台动臂塔制作了三组悬挂体系以供倒运使用。D4 号 M440D 动臂塔在核心筒施工至 53 层后完成最后一次爬升，共进行 12 次爬升，D6 号 ZSL750、D5 号 M440D 动臂塔进行 16 次爬升，最后一组附着位于 64 层。三台动臂塔爬升规划相同，单次爬升高度 17.0m。

3. 动臂塔

4 号、5 号、6 号动臂塔型号及施工总体部署情况见表 2.5-3。

动臂塔施工总体部署情况表　　　　　　　　表 2.5-3

动臂塔编号及使用臂长	型号	安装时间	拆除时间	首道套架位置	安装机械	拆除机械
4 号 55m	M440D	塔楼地下室底板浇筑完成后	塔楼核心筒施工至 54F 以后	B2F 处，标高为 -11.250m 处	120t 汽车式起重机上栈桥安装	5 号 M440D 塔式起重机
5 号 55m	M440D	塔楼核心筒施工至 6F 以后	主体结构封顶，6 号塔式起重机拆除后	B2F 处，标高为 -11.250m 处	4 号 M440D 塔式起重机	WQ6 屋面吊/12m 长扒杆
6 号 50m	ZSL750D	塔楼核心筒施工至 6F 以后	主体结构封顶后	B2F 处，标高为 -11.250m 处	4 号 M440D 塔式起重机	5 号 M440D 塔式起重机

主楼底板施工结束后安装 4 号塔式起重机 M440D，安装臂长 55m，安装高度为 56m 塔身，工作半径 52.5m，待核心筒结构施工至地上 6 层后，可实现第一次爬升。

主塔楼核心筒施工至地上 6 层结构后，依次安装 5 号、6 号塔式起重机 M440D、ZSL750 安装臂长分别为 55m、50m，并且直接安装为外挂形式，平面布置如下。

主塔楼核心筒施工至 53 层结构后，拆除 4 号塔式起重机 M440D，5 号、6 号塔式起重机继续施工至 70 层，平面布置如图 2.5-2 所示。

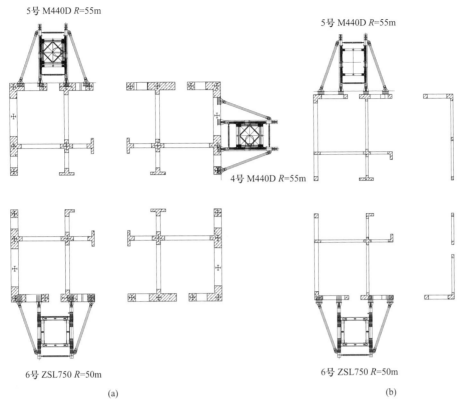

图 2.5-2　塔式起重机平面布置

（a）核心筒施工至地上 6 层结构后平面布置；（b）53 层结构后平面布置

4. 外框筒、核心筒及塔式起重机之间的阶段性工况

塔式起重机的自由高度和爬升高度将直接关系到核心筒钢结构和爬模的施工速度，高度不合适则会造成钢结构和爬模施工出现间歇，影响总体施工进度。因此在确定塔式起重机爬升高度时，应充分考虑塔式起重机自身最小的夹持高度以及核心筒结构爬模施工的速度，既保证塔式起重机的附着高度，又要保证结构施工时构件顶部与塔式起重机之间的安全距离，同时还要保证附着点位置的墙体混凝土达到强度。

外框筒钢结构吊装、混凝土核心筒及塔式起重机之间的关系如图 2.5-3 所示。

5. 塔式起重机安装技术

塔式起重机安装、拆卸需综合项目周边环境、场内环境、需安装设备情况等因素分析，本书不详述安装及拆卸内容。

6. 动臂塔爬升技术

基础底板施工完成后，安装动臂塔，按照结构施工间歇时间最短及爬模爬升规划的

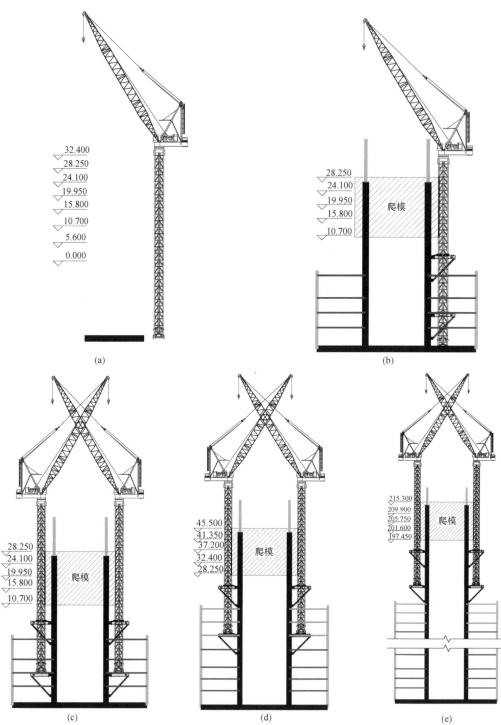

图 2.5-3 外框筒、核心筒及塔式起重机之间的关系（一）

（a）主塔楼底板施工完毕，安装 4 号塔式起重机；（b）核心筒剪力墙施工至 6 层，安装 4 号塔式起重机爬升体系，

4 号塔式起重机准备爬升；（c）核心筒剪力墙施工至 6 层，4 号塔式起重机完成第一次爬升，并安装 5 号、

6 号塔式起重机；（d）核心筒剪力墙施工至 10 层，4 号、5 号、6 号塔式起重机完成第二次爬升；

（e）核心筒剪力墙施工至 50 层，4 号、5 号、6 号塔式起重机完成第十二次爬升

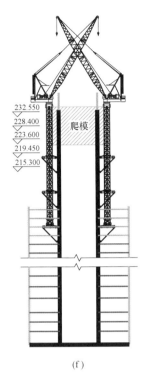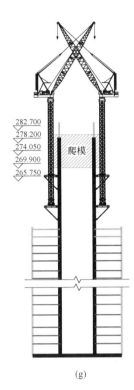

图 2.5-3 外框筒、核心筒及塔式起重机之间的关系（二）

（f）核心筒剪力墙施工至 54 层，拆除 4 号塔式起重机，5 号、6 号塔式起重机准备第十三次爬升；

（g）核心筒剪力墙施工至 66 层，5 号、6 号塔式起重机完成第十六次（最后一次）爬升

要求，最终确定爬升高度为 17m，每 4 层（上下两道附着间距离），个别桁架层位置及非标层调整爬升高度为 17.89m。3 个动臂塔吊的爬升规划如图 2.5-4 和图 2.5-5 所示。

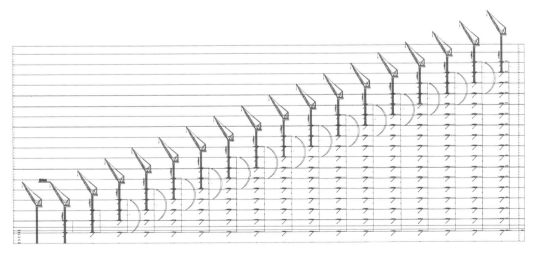

图 2.5-4 4 号动臂塔爬升规划

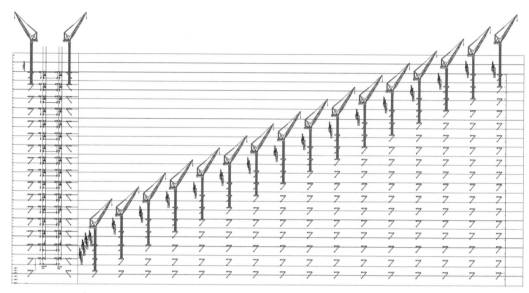

图 2.5-5　5 号、6 号动臂塔式起重机爬升规划

7. 动臂塔拆除技术

项目 1 主楼大型塔机的拆除工序，见表 2.5-4，首先外框结构施工至 47 层后用 5 号 M440D 塔机拆除 4 号 M440D 塔机。

在结构封顶后利用 5 号塔机 M440D 拆除 6 号塔机 ZSL750 塔机（在拆除 ZSL750 时需将 D3♯塔机进行截臂至 45.8m 臂长）。

最后再选用配套的以下设备组合拆除 M440D 塔机：安装 WQ160 屋面吊，安装 9 节标准节 27m，主要用于拆卸 M440D 塔机；安装 WQ50 屋面吊，安装 8 节标准节，主要用于拆卸 WQ160 屋面吊；安装扒杆，拆除 WQ50 屋面吊。

采用以上的设备组合，具有由于该型设备属于便携式屋面吊，构件重量较轻，便于安拆等优点。

动臂塔拆除工序示意　　　　　　　　　　　　　　　　表 2. 5-4

步骤一			
	5 号、6 号塔式起重最后一次爬升完成后，下道支撑固定于 57F 顶，上道支撑固定于 61F 顶。待钢结构外框筒安装完毕后，利用 5 号塔拆除 6 号塔，然后补齐 6 号塔式起重机留下的孔洞		

续表

步骤二	
	利用 5 号塔式起重机在 57F 屋面安装屋面吊 WQ160,利用 WQ160 拆除 5 号塔式起重机,然后补齐 5 号塔式起重机留下的孔洞
步骤三	
	利用 WQ160 在 57F 屋面安装屋面吊 WQ50,WQ160 自降至最低后,利用 WQ50 拆除 WQ160
步骤四	
	在 58F 梁顶安装 12m 长扒杆,利用扒杆拆除 WQ50
步骤五	
	人工解体扒杆,运至施工电梯内,通过电梯运到地面

2.5.2 平臂式塔式起重机施工技术

1. 项目背景

项目2的T1塔楼地上44层，地下3层，整体建筑高度205m，结构形式为钢框架-核心筒混合结构。钢结构工程量约11000t，钢构件主要为塔楼外框钢柱、外框钢梁、核心筒劲性钢骨柱，钢构件最大单重12t。综合考虑钢构件吊装需求、塔式起重机使用成本、运转效率、安拆难度等因素，项目2选用2台QTZ7075塔帽平臂式塔式起重机，臂长50m，端头吊重为12.6t，其中1号塔安装高度248.8m，2号塔安装高度236.8m。将1号、2号塔式起重机分别布置在塔楼东西两侧，附着点位设置在外框钢管柱上，可以降低附着长度和安拆难度，同时减少塔式起重机对建筑结构施工的影响。

2. 塔式起重机附着安装

项目2的2台平臂式塔式起重机各附着8次，最高附着点分别为42层/39层，具体附着楼层及高端见表2.5-5。

塔式起重机附着统计表　　　　　表 2.5-5

编号	附着层数	附着高度(m)	附着间距(m)	标准节数量(个)	备注
1号塔式起重机 第一道附着	3F	31	31	5.2	
1号塔式起重机 第二道附着	8F	57.2	26.2	4.4	
1号塔式起重机 第三道附着	14F	81.8	17.4	2.9	
1号塔式起重机 第四道附着	18F	99.2	24.4	4.1	
1号塔式起重机 第五道附着	21F	123.6	24.2	4	
1号塔式起重机 第六道附着	28F	147.8	29.5	5	
1号塔式起重机 第七道附着	36F	177.3	21	3.5	
1号塔式起重机 第八道附着	42F	198.3	26	4.4	
2号塔式起重机 第一道附着	5F	41	41	6.9	
2号塔式起重机 第二道附着	7F	53	12	2	
2号塔式起重机 第三道附着	11F	71	18	3	

续表

编号	附着层数	附着高度(m)	附着间距(m)	标准节数量(个)	备注
2 号塔式起重机 第四道附着	18F	99.5	28.5	4.8	
2 号塔式起重机 第五道附着	21F	118	18.5	3.1	
2 号塔式起重机 第六道附着	25F	138.5	20.5	3.5	
2 号塔式起重机 第七道附着	32F	163.5	25	4.2	
2 号塔式起重机 第八道附着	39F	189.5	26	4.4	

3. 塔式起重机附着施工

塔式起重机附着由附着环梁、附着撑杆和固定在钢构柱上的附着支座组成，如图 2.5-6 所示。

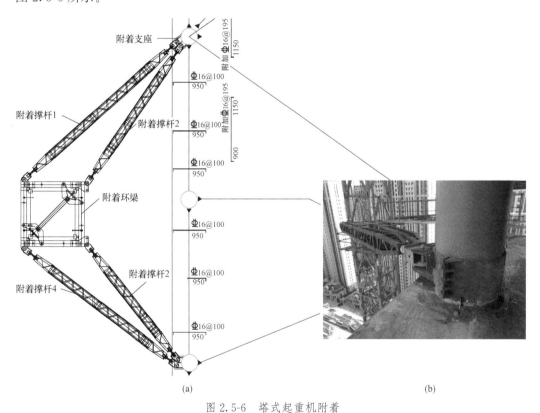

图 2.5-6　塔式起重机附着

（a）塔式起重机附着撑杆示意；（b）塔式起重机附钢管柱

附着装置锚固前应检查附着框架、附着杆及附着支座等结果应无变形、开焊、裂纹，附着杆长度符合要求，螺栓、销轴、垫铁等紧固件齐全。检验建筑物上附着部位钢管柱混凝土浇筑情况，检查附着点结构尺寸是否符合安装要求，附着点混凝土结构设计图纸应保存备查。

安装顺序：撑杆 3→撑杆 2→撑杆 4→撑杆 1。

应用经纬仪调整塔身轴线，使塔机处于以塔身轴线为中心的平衡状态，且使臂架等效于与附着方向垂直的位置。调节螺杆外侧桁架四角钢或槽钢等型钢可靠焊接。将钢管柱表面混凝土残留物或垃圾清除干净，通过附着支座与附着杆件可靠连接。附着杆件锚固完毕后再进行标准节的顶升，将标准节顶升至预定高度，紧固螺栓，将标准节固定。

塔式起重机附着安装完成后检验附着框架和标准节是否相对固定稳固，框架和标准节之间应无松动，各固定点螺栓紧固可靠，销轴无松动，垫铁、楔块等紧固件齐全可靠，符合技术规定。检查附着杆的布置方式、水平面角度和垂直面角度应符合原厂技术要求。检查附着杆各节之间、附着杆和附着支座与附着框架之间连接紧固可靠，符合技术规定。检查建筑物附着点的墙体结构应和附着支座连接牢固，螺栓、销轴等连接件紧固可靠。检测最高锚固点的塔身轴线，其垂直度偏差值在自由高度时，为 4‰，安装附墙后为 2‰。

安装每一道附着杆，都不得任意加高塔身，必须保证在附着前，使起重机的自由高度符合使用说明书中的规定。拆卸塔身时，应配合降低塔身进度拆除锚固装置，要做到"随落随拆"，在拆卸附着杆时，必须先降落塔身，使塔式起重机在拆除这道附着杆后形成的自由高度符合使用说明书的规定。附着撑杆与附着框架、连接支座之间的连接，以及附着框架与塔身顶杆的连接必须可靠。附着状态的塔机，每 3 道中间应有一道与塔身保持松弛连接状态，以减小塔身额外负荷。运行后应经常检查有否发生松动，并及时调整。

4. 塔式起重机附着拆除

（1）塔式起重机附着拆除技术

作业人员按要求佩戴好安全绳、安全头盔进入为拆卸附着杆、附着框专门搭设的平台，将安全绳按要求挂在作业平台上。

当塔式起重机降节距附着处约 3 节标准节时停止降塔，开始拆卸塔式起重机附着杆和附着框。

拆卸顺序：撑杆 1→撑杆 4→撑杆 2→撑杆 3。

先将塔式起重机水平小车移动至离塔身最近位置，用吊装绳将附着撑杆绑扎，挂在塔式起重机吊钩上，用吊钩拉紧吊索。用链条葫芦锁住靠近塔身一边的附着杆，靠建筑物另一头的附着杆件分别用两根 20m 麻绳（两麻绳的夹角为 60°左右）固定在楼层里。打下附着撑杆与附着支座的连接销轴，用链条葫芦轻轻提起附着杆，将附着杆与附着框连接处的销轴打出，从附着框的连接处慢慢移出附着杆，用塔式起重机吊钩将附着杆慢慢向上提，同时楼层边慢慢放下麻绳直至附着杆完全朝向塔式起重机顶升时起重臂的方向，用吊钩将附着杆完全提起。将附着杆放至地面，一根附着杆拆除完毕。如此循环，直到拆除其余拉杆和附着框的框梁、内支撑。

（2）塔式起重机附着核心筒外钢管柱施工注意事项

超高层钢框架-核心筒混合结构采用普通式塔式起重机并附着至外框钢管柱时，可降低外框钢结构施工作业面占用，降低塔式起重机附着杆件的长度，保证了钢管柱、型钢梁及楼承板的顺利施工，同时整体施工进度也受限于钢结构的施工进度。项目 2 的 T1 塔楼核心筒与外框钢结构采用不等高攀升施工，塔式起重机附着于钢管柱以进行核心筒和外框钢结构的吊装作业。此种施工方法如若组织不妥当，则会出现因钢结构施工进度缓慢而导致塔式起重机无法及时顶升，进而导致核心筒施工停滞，因此对施工组织的设计与实施要求极高，当采用此种施工方法时，施工方应提前做好钢结构施工的材料与人力合理配置，这是保证施工进度的关键因素，严密的施工组织安排与落实是超高层钢框架-核心筒混合结构施工顺利开展的首要保证因素。

5. 小结

项目 2 的 T1 塔楼将塔式起重机与核心筒外框钢管柱附着连接，减少核心筒内埋件数量，缩短塔式起重机附着连接杆件的长度，降低核心筒施工难度，降低塔式起重机附着费用和塔式起重机整体危险系数，加快核心筒施工进度，同时也保证了核心筒外框楼承板施工作业面，最大限度地降低对楼承板后续工序施工的影响。

2.5.3 施工电梯施工技术

项目 1 选用 3 台 SC200/200 双笼中速电梯、1 台 SC200 单笼中速电梯。2 台布置在塔楼核心筒电梯井道内，2 台布置在塔楼外侧，使用高度最高近 320m。

1. 施工电梯性能

施工电梯主要技术参数见表 2.5-6，主要配置见表 2.5-7。

施工电梯主要参数一览表 表 2.5-6

电梯编号	电梯型号	吊笼数量（个）	吊笼尺寸（$L×W×H$，m）	载重量（kg/笼）	负重速度（m/min）
1 号	SC200/200	2	2.1×1.5×2.4	2000	60
2 号	SC200	1	2.1×1.5×2.4	2000	60
3 号	SC200/200	2	3.0×1.5×2.4	2000	60
4 号	SC200/200	2	4.0×1.5×2.4	2000	45

施工电梯主要配置一览表　　　　　　　表 2.5-7

使用部位	核心筒内		核心筒外	
电梯编号	1 号	2 号	3 号	4 号
使用高度(m)	302	319.6	236	236
基础位置	电梯基坑(−20.6m)	电梯基坑(−20.6m)	地下室顶板	地下室顶板
型号	SC200/200	SC200	SC200/200	SC200/200
载重量(kg/笼)	2000	2000	2000	2000
运行速度(m/min)	中速电梯(0~60)	中速电梯(0~60)	中速电梯(0~60)	中速电梯(0~60)
吊笼数量	双笼(无司机室)	单笼(无司机室)	双笼(带司机室)	双笼(带司机室)
吊笼尺寸(m)	2.1×1.5×2.4	2.1×1.5×2.4	3.0×1.5×2.5	4.0×1.5×2.5
吊笼高度(m)	2.5	2.5	2.5	2.5
超载保护装置	具有	具有	具有	具有
呼叫装置	具有	具有	具有	具有
自动选平层系统	具有	具有	具有	具有
运行监控系统	具有	具有	具有	具有

2. 施工电梯位置

施工高峰期现场共布置 4 台施工电梯：其中 2 台位于核心筒电梯井道内(1 号、2 号施工电梯)，结构施工期间主要用于核心筒爬模上人员运输；另外 2 台位于塔楼外框东侧(3 号、4 号施工电梯)，主要用于运输水平结构施工人员及建筑材料。4 台施工电梯平面布置如图 2.5-7 所示。

3. 施工电梯基础及附着设计

(1) 1 号、2 号井道施工电梯基础

现场将施工电梯的缓冲架与导轨架分离。1 号、2 号施工电梯缓冲架位置利用原电梯底坑，如图 2.5-8 所示，2 号单笼电梯的缓冲架放置于地下四层顶板(标高为−15.800m)，导轨架立于基础底板(标高为−20.600m)上；1 号双笼电梯将缓冲架设置于地下二层顶板(标高为−6.900m)，导轨架立于基础底板(标高为−20.600m)上，中间遇板开洞，此设计充分利用基础底板承重能力有效保证施工电梯使用荷载要求。

(2). 3 号、4 号外框电梯基础设计

将施工电梯的缓冲架与导轨架分离。电梯的缓冲架放置于零层板上，导轨架立于基础底板(标高为−20.600m)上，中间遇板开洞 900mm×900mm，零层板开孔尺寸为1000mm×1000mm。3 号、4 号外框电梯基础定位及板开洞如图 2.5-9 所示。

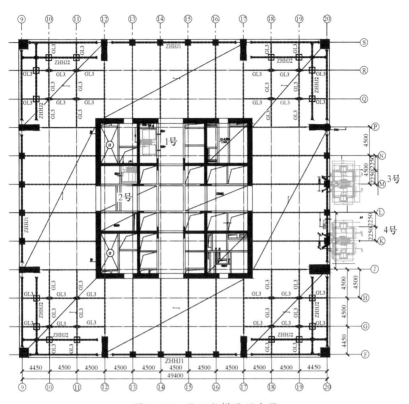

图 2.5-7　施工电梯平面布置

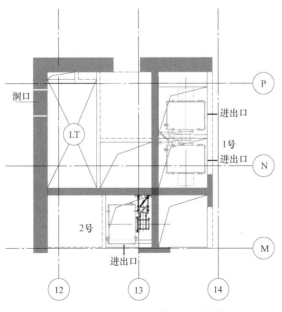

图 2.5-8　1 号、2 号井道电梯位置

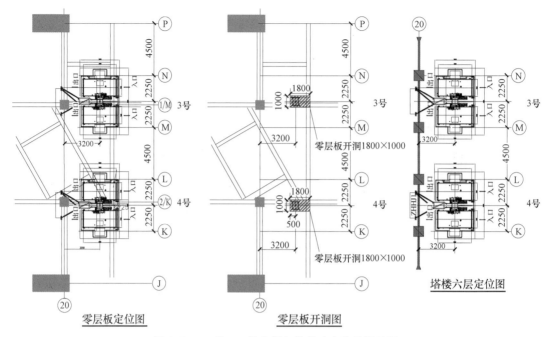

图 2.5-9 3 号、4 号外框电梯基础定位及板开洞

（3） 1 号、 2 号施工电梯的附着设计

升降机附着采用井道专用附着，附墙座的连接根据建筑物的结构特点，该电梯附着形式有如图 2.5-10 所示两种形式。

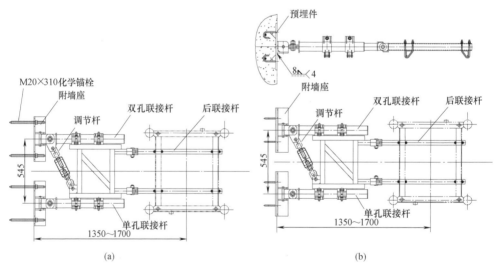

图 2.5-10 井道电梯附着做法

（a）形式一；（b）形式二

在本项目中，井道电梯附着预埋件在未进行预埋的情况下，附着采用形式一的方式，每道附着采用 4 根 M20×310 的化学锚栓固定；后面的附着均采用形式二的方式，通过焊接与预埋钢板连接的方式固定，井道电梯埋件布置，如图 2.5-11 所示。

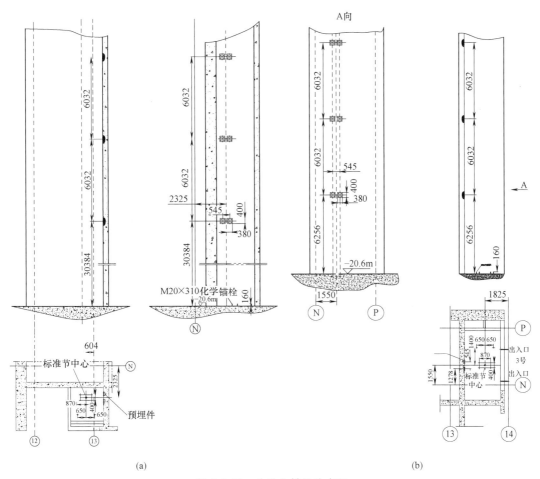

图 2.5-11　井道电梯埋件布置

（a）井道单笼电梯埋件布置；（b）井道双笼电梯埋件布置

（4）3号、4号施工电梯附着设计

根据现场实际使用工况，升降机附着采用特制附着，第1～3道附着附在地下顶板上，采用M24×180（8.8级）穿墙螺栓固定；第4～7道附着焊接在钢梁上，其中第4道附着所附钢梁为后期预制钢梁，电梯拆除后该钢梁也随之拆除；第8～31道附着采用抱柱子的形式，双头螺柱的规格为M30，长度有1250mm、1150mm、1050mm、950mm和850mm，螺栓的使用长度由安装位置的柱子尺寸决定。

4. 施工电梯的安装

以1号、2号井道电梯为例，介绍井道施工电梯的安装，主要安装顺序：基础准备→附墙化学锚栓安装、预埋处理（与结构同步进行）→底架、基础节安装→附墙架的安装→继续重型标准节安装与附墙架安装→吊笼安装→电气安装、调整→防冒顶节及限位装置安装→停层楼层防护门安装→测试→验收。

（1）吊笼的安装

将基坑内清扫干净，如有积水应抽干积水，按照布置图进行基础底架安装放线；将基础底架放置在电梯基坑内，按照放线的中心对底架定位并进行化学锚栓栽丝，在化学锚栓处底架与基坑表面之间垫入不同厚度的垫铁用以调整导轨架的垂直度；用水平仪测量导轨架的垂直度，保证导轨架的各个主管在两个方向的垂直度（1/1000）；导轨架调整垂直度，压紧6个化学锚栓；安装导轨架至零层板，每安装四个标准节需要安装一道附着，每安装一道附着要调整导轨架的垂直度。

按照技术图纸安装缓冲弹簧至地下室顶板预先开孔的边缘；将驱动装置的制动器打开；用卷扬机吊起吊笼，使吊笼准确就位并落在标准节上方的缓冲弹簧上；用起重设备起驱动装置，从标准节上方使驱动装置缓慢就位，安装传感销轴和保护销轴。

（2）将制动器复位

安装好吊笼顶部防砸层、顶护栏及在右笼电梯上安装吊杆三脚架及吊杆（双笼电梯），单笼电梯直接安装吊杆三脚架及吊杆。

吊笼安装完毕后调整齿轮与齿条的啮合间隙为0.5mm；各个滚轮与标准节主管的间隙为0.5mm。

（3）电缆安装

将供电电缆（一次线，10m）从施工电梯上的下电箱总开关接入现场提供的二级供电箱内；将电缆以自由状态盘在地下一层顶板上（双笼）或地下三层顶板上（单笼）；电缆线一端从接入吊笼下电箱，另一端通过吊笼底部的电缆臂引到吊笼内接入极限开关。

（4）电气装置检查

在调试前，按如下步骤进行调试：

1）用接地电阻测量仪测量施工电梯钢结构及电气设备金属外壳的接地电阻，不得大于4Ω；

2）用500V兆欧表测电动机及电器元件的对地电阻，不小于1mΩ；

3）检查各安装控制开关，分别打开吊笼笼上各个门，触动上下限位开关、极限开关及门限位开关，均应能够起作用；

4）校核电动机界限，吊笼上、下运行方向与操作盒方向一致。

（5）导轨架安装

将标准节两端管子接口处及齿条销子处擦干净，并加少量润滑脂，使用地牛将标准节拖入轿厢内，每次3~4节，标准节在轿厢内应垂直放置。

将电梯向上开至上限位，使吊杆高出导轨架最顶端至少2m，分别将防砸层顶门和吊笼顶门打开，使用吊杆通过吊具将标准节从轿厢内提升至防砸层顶，调整吊杆的角度并继续提升至导轨架顶端，对准下面标准节主管和齿条上的销孔，用螺栓紧固。

随着导轨架的不断提高，应同时安装附墙架，并检查导轨架的垂直度，允许偏差 100m 以内小于 90mm。

（6）配备安装标准节

对于 1 号、2 号施工电梯，其传动机构在施工电梯笼顶，且有防砸层，导轨架高度应高出最大提升高度 6~7.5m，导轨架垂直度应符合表 2.5-8 的要求。

导轨架垂直度表　　　　　　　　　　　　　表 2.5-8

导轨架架设高度 h(m)	$h \leqslant 70$	$70 < h \leqslant 100$	$100 < h \leqslant 150$	$150 < h \leqslant 200$	$h > 200$
垂直度偏差(mm)	不大于 $(1/1000)h$	$\leqslant 70$	$\leqslant 90$	$\leqslant 110$	$\leqslant 130$

（7）附着架的安装

当升降机的导轨架安装高度超过 7.5m 时，应当安装第一套附着架，该附着架距地面高为 6.256m，以后每隔 6.032m 安装一次附着架，在最大高度时，最上面一处附着架以外悬出高度不得超过 9m。本项目中第 1~第 4 道附着采用形式一，以后的附着安装均采用形式二。电梯附墙做法如图 2.5-12 所示。

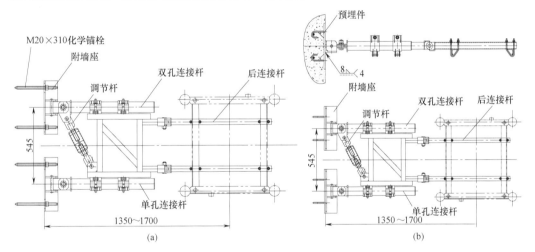

图 2.5-12　电梯附墙做法

(a) 形式一；(b) 形式二

（8）限位、极限及停层碰块的安装

上限位碰块：用笼顶操作，该碰块的安装位置应保证，当吊笼向上运行限位开关碰到限位碰块停止后，吊笼底高出最高施工层约 150~200mm，且吊笼上部距导轨架顶部距离不小于 1.8m。

下限位、下极限碰块：用笼内操作，下限位碰块的安装位置，应保证吊笼满载向下运行时，开关触及下限位碰块后自动切断控制电源而停车后，吊笼底与外笼门槛平齐，且吊笼底至地面缓冲弹簧的距离为 300~400mm，下极限碰块的安装位置应保证极限开关在下限位开关动作失灵之后制动升降机，此时吊笼不能撞缓冲弹簧。

停层碰块：本机需要在除底层站位置之外的其他四个层站位置安装停层碰块，它的安装位置应使吊笼运行到相应的层站时能准确地停止。

2.6 超高层建筑施工混凝土泵送技术

2.6.1 项目1超高层泵送混凝土施工技术

项目1由70层塔楼、4层裙房和4层地下室组成。塔楼地上70层，钢框架-核心筒混合结构，外檐高度299.65m。主塔楼C60混凝土，最大泵送高度为82.85m；C50混凝土最大泵送高度达164.25m；C40混凝土最大泵送高度达299.65m；混凝土方量约10万 m³。主塔楼 1～23 层混凝土输送泵采用中联重科 HBT60.10.75S 及 HBT110.26.390RS 高压泵，24～70 层混凝土输送泵采用两台中联重科的超高压泵：HBT110.26.390RS，功率为 2×195kW，最大泵送压力 26/16MPa。

1. 泵送设备及混凝土选型

（1）泵压理论验算

根据《混凝土泵送施工技术规程》JGJ/T 10—2011 附录 B 混凝土泵送阻力计算公式可知，混凝土泵送所需压力 P 包含三部分：混凝土在管道内流动的沿程压力损失 P_1、混凝土经过弯管及锥管的换算局部压力损失 P_2，以及混凝土在垂直高度方向因重力产生的压力 P_3。

通过理论和经验数据，得出对本工程所采用的Φ125mm 管道而言，要求泵送压力应达到 20.84MPa 以上。

（2）泵送设备选型

对于混凝土输送泵，体现其泵送能力的两个关键参数为出口压力与整机功率，出口压力是泵送高度的保证，而整机功率是输送量的保证。设备最大泵送能力应有一定的储备，以保证输送顺利、避免堵管。通过对国内外超高层泵送设备性能分析，出口压力与整机功率可以满足如此泵送高度的国产设备主要有中联重科和三一重工两家的五种型号，分别对五种型号进行方案比选，见表2.6-1。

通过方案比选并经过泵压理论验算，本工程主塔楼混凝土输送泵使用情况见表2.6-2，1～23层混凝土输送泵采用 HBT60.10.75S，24～70层混凝土输送泵采用超高压泵 HBT110.26.390RS（图 2.6-1a），功率为 2×195kW，最大泵送压力 26/16MPa，详细技术参数见表2.6-3。同时采用止回阀（图2.6-1b），防止混凝土回流。

混凝土输送泵对比表　　　　　　　　　　　　　　　　表 2.6-1

各项性能	中联重科				三一重工	
	HBT90.40.572RS	HBT90.48.572RS	HBT105.21.286RS	HBT110.26.390RS	HBT90CH-2150D	HBT90CH-2135D
最大理论混凝土输送量(低压/高压)(m³/h)	91/49	低耗环保状态：94.9/54.2；高性能状态：103/60.5	105/65	112/73	90/50	100/78
最大泵送混凝土压力(高压/低压)(MPa)	40/20	低耗环保状态：40/22.2；高性能状态：47.6/26.5	21/13	26/16	48/24	35/19
功率(kW)	2×286	2×286	286	2×195	2×273	2×273
整机外形尺寸(L×W×H)	7710×2740×2930	7863×2740×2930	7000×2200×2940	7700×2200/2300×2800	8030×2490×3050	7930×2490×2950
重量(kg)	≤14000	≤16000	8200	13000	13500	13000

混凝土输送泵使用情况　　　　　　　　　　　　　　　　表 2.6-2

输送泵型号	理论泵送高度(m)	使用部位	混凝土施工最大高程(m)
HBT60.10.75S	250	1~23 层	95.3
HBT110.26.390RS	430	24~70 层	300.65

HBT110.26.390RS 设备参数　　　　　　　　　　　　　　表 2.6-3

	项目内容	单位	参数
			HBT110.26.390RS
整机性能	最大理论混凝土输送量	m³/h	112/73
	混凝土输送压力	MPa	26/16
	分配阀形式	—	S 管阀
	混凝土缸规格×行程	mm	200×2100
	料斗容积×上料高度	L×mm	800×1410
	出料口直径	mm	φ160
动力系统	柴油机型号	—	BF6M1013ECP
	额定功率	kW	2×195
	额定转速	r/min	2300
液压系统	液压油路形式	—	开式回路
	泵送系统油压	MPa	32
	分配系统油压	MPa	19
	搅拌系统油压	MPa	14
	最高搅拌转速	r/min	32
	液压油箱容积	L	1730
其他参数	允许最大骨料粒径/输送管内径	mm	50/φ150 40/φ125
	混凝土输送管内径	mm	φ125
	外形尺寸:长×宽×高	mm	7900×2400×2800
	总质量	kg	13000

(a)   (b)

图 2.6-1   混凝土输送泵及止回阀

(a) HBT110.26.390RS 地泵；(b) 止回阀

（3）混凝土配合比优化

由于预拌混凝土的运距不同，其拌合物的停放时间也不同，故混凝土到现场坍落度损失会不相同。本工程考虑水泥、水、细骨料等多种原材因素，通过对两家混凝土配比进行控制变量法、正交试验设计法分析，确定实验室最佳配合比，然后将实验室最佳配合比投入实际生产中，通过实际泵送模拟试验，掌握坍落度和扩展度泵送损失的具体数据，根据实际泵送过程中出现的情况采取相应的措施进行调整，最终得到满足施工要求的施工配合比。并形成必要的生产施工管理措施，确保高强度等级混凝土能保质按期顺利浇筑施工。经现场实践证明，所配比的混凝土坍落度满足相关施工需求，可以有效防止泵送时过大的坍落度损失，进而避免泵送时产生堵管。

如顶升自密实 C60 混凝土，配合比见表 2.6-4。

顶升自密实 C60 混凝土配合比表   表 2.6-4

材料名称	水泥	水	细骨料	粗骨料	外加剂	掺合料	
品种规格	P.O 42.5	—	天然砂（中砂）	碎石（5~16mm）	聚羧酸减水剂	粉煤灰 F 类 I 级	矿粉 S95
每 m³ 用量(kg)	360	160	645	1005	11.4	90	120
配合比	1	0.27	1.79	2.79	0.03	0.25	0.33
碱含量(%)	0.57	—	—	—	1	2.32	0.68
碱含量(kg/m³)	2.05	—	—	—	0.11	0.31	0.41

2. 混凝土输送技术

塔楼区域采用三套管线（备用一套），详如图 2.6-2 所示，进行混凝土输送工作，布管根据混合物的浇筑方案设置并少用弯管和软管，尽可能缩短管线长度。本工程管道穿楼板沿核心筒墙体向上铺设，泵管竖向加固采用在墙内预埋钢板焊接的形式，楼层内水平泵管固定在预制混凝土墩上，泵管预留洞口尺寸 300mm×300mm，洞口加强钢筋

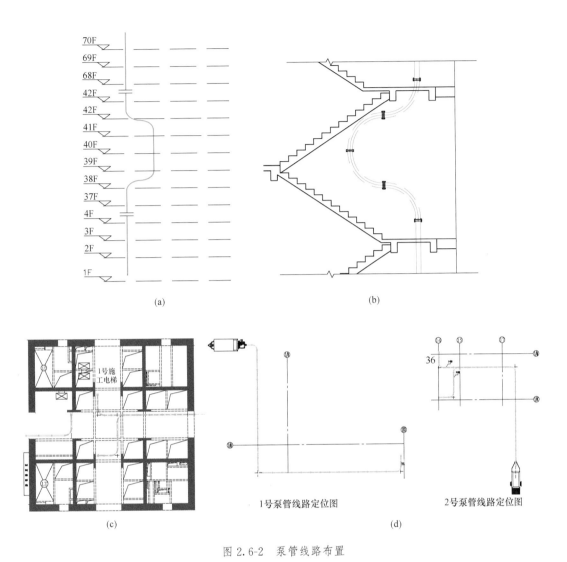

图 2.6-2　泵管线路布置

(a) 泵管线路布置；(b) 泵路调整构造做法；(c) 核心筒内首层泵管布置；

(d) 1 号及 2 号 (2-1 号及 2-2 号) 泵管线路布置

参照结构图纸总说明进行加强。为了减少泵出口 30～60m 水平管及若干弯管的管道内混凝土反压力，同时由于混凝土前端输送管的压力最大，堵管和爆管总发生在管道的初段，特别是水平管与垂直管相连接的弯管处，在泵的出口部位和垂直管的最前段各安装一套液压截止阀。两路泵管在第 38 层、42 层位置采用两个 90°弯头进行泵路调整，防止混凝土堵管。

（1）输送管布置

1）输送管加固

每根 3m 直管不少于 2 个固定点，1m 与 0.5m 直管不少于 1 个固定点，弯管应增加至 3 个固定点。同时在地泵位置搭建清洗架，用于回收残留混凝土和砂浆。

2）水平泵管

泵管节点构造详图如图 2.6-3 所示，在一层泵车出口至首层楼层内弯管上行之间的

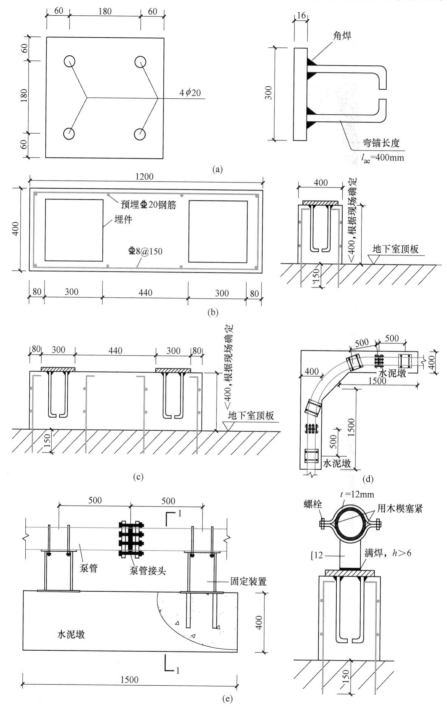

图 2.6-3 泵管节点构造详图

（a）预埋件大样图；（b）混凝土墩施工图；（c）混凝土墩大样图；

（d）水平弯管固定大样图；（e）水平输送直管固定大样图

每根 3m 水平泵管以及弯管两端通过设置 C30 混凝土墩（长×宽×高为 1200mm×400mm×400mm，长与高具体视现场地面及泵管支架间距而定）固定，并设置 300mm×300mm、厚度 16mm 的钢板预埋件以固定泵管支架，具体做法如图 2.6-3（a）所示；同时在结构楼板施工时预留插筋，保证混凝土墩与结构楼板固定牢固，避免泵送过程中泵管来回错动。

在施工现场使用 80mm×80mm 方钢焊接双层承插式可周转成型堆放架体，喷漆并放置材料标识牌，作为泵管材料堆放场地，按照施工图纸先后植筋、支模板、绑钢筋、放置预埋件、浇筑混凝土墩、焊接泵管托架、紧固固定泵管（使用橡胶皮套增加紧固力）。泵管堆放运输、泵管节点构造如图 2.6-4 所示。

(a)　　　　　　　　　　　(b)

(c)　　　　　　　　　　　(d)

(e)　　　　　　　　　　　(f)

图 2.6-4　泵管节点构造图

（a）双层承插式可周转泵管支架；（b）水平输送直管混凝土墩；（c）水平输送直管混凝土墩上支架；
（d）水平输送弯管混凝土墩；（e）水平输送直管固定；（f）水平输送弯管固定（冬期施工）

3）垂直泵管

垂直泵管通过预埋在剪力墙内部的埋件固定，如图 2.6-5 所示。核心筒混凝土浇筑

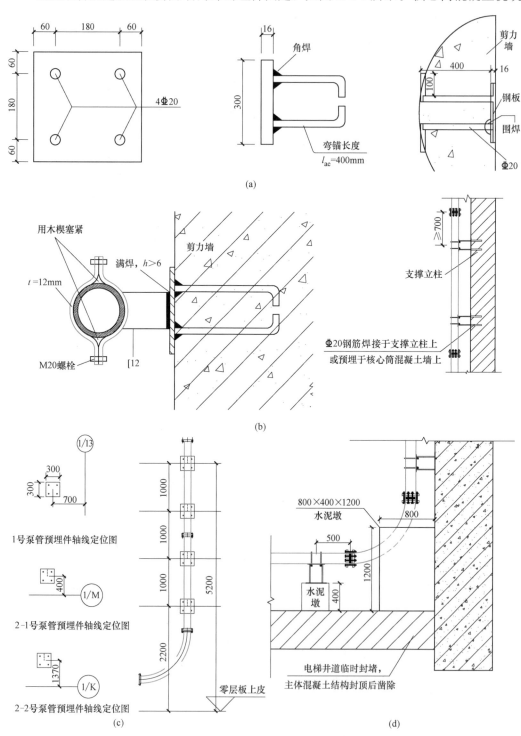

图 2.6-5　垂直泵管节点构造详图

（a）预埋件大样图；（b）竖向泵管固定形式；（c）垂直泵管预埋件定位；（d）水平转垂直处弯管固定

施工时应事先放置泵管预埋件（板），以便固定垂直高压泵管。本工程采用预埋方式将 300mm×300mm、厚度 16mm 的钢板（插焊 4 根 20mm 钢筋，长度 400mm）植于墙面上，铺设管道时将 12 槽钢焊接到预埋钢板上固定输送管，每 2 根管不少于 3 个固定点，1m 与 0.5m 直管不少于 1 个固定点，如图 2.6-6 所示。

图 2.6-6　垂直泵管及埋件施工现场图

在核心筒施工前，对含泵管预埋件、动臂塔式起重机附墙预埋件、液压爬模爬椎孔及预埋件、临时用水（含消防用水）立管埋件、施工电梯附墙预埋件等做综合规划，避免碰撞，最终形成核心筒立面埋件综合规划图。按照图纸要求，合理设置埋件位置，工程垂直泵管采用预埋方式将 300mm×300mm、厚度 16mm 的钢板（插焊 4 根 20mm 钢筋，长 400mm）植于墙面上，泵管支架与钢板焊接连接，每 2 根管不少于 3 个固定点，1m 与 0.5m 直管不少于 1 个固定点对泵管水平转垂直部门进行专项处理，如图 2.6-7 所示。

(a)　(b)

(c)　(d)

图 2.6-7　水平转垂直泵管施工现场固定方式

（a）方式 1；（b）方式 2；（c）方式 1 效果图；（d）方式 2 效果图

4）管道连接

管道连接构造如图 2.6-8 所示，高压泵管接头之间需要垫与泵管配套的橡胶圈，橡胶圈上抹黄油后，把橡胶圈压入橡胶圈槽中。高压泵管的接头处采用法兰连接，在安装法兰螺栓时，不能一次把一个螺栓拧紧，先把螺栓全部拧上，然后对称拧紧螺栓。由于安装泵管接头处的法兰螺栓需要一定的空间，为了便于现场操作，水平管布置时管底离地面至少 400mm，在布置竖向泵管时，避免泵管接头位置与楼板同一标高，用 1m 和

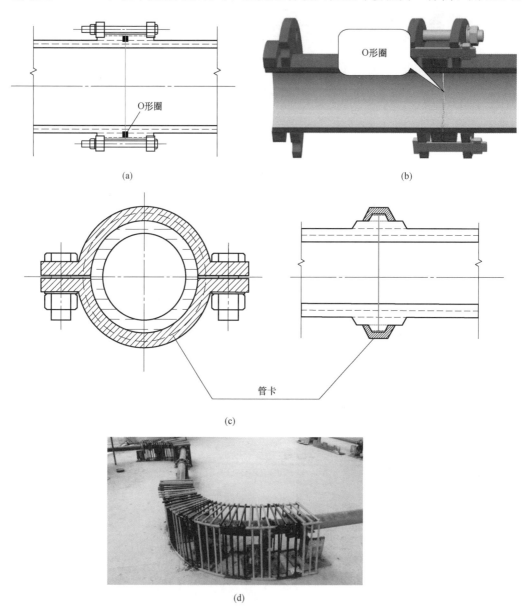

(a)　　　　　　　　　　　　　　　　(b)

(c)

(d)

图 2.6-8　管道连接构造

（a）管道采用法兰盘连接；（b）密封用 O 形圈设计图；（c）管道密封管卡；

（d）弯管处是容易发生爆管的危险部位，采用钢筋笼进行防护，避免爆管伤人

2m 长泵管调节，使接头位置设置在楼板面标高以上不少于 400mm 或楼板标高以下 1m。

在泵管使用过程中，若出现泵埋件与管卡焊接松动现象，要及时补焊；管卡螺丝松动，要及时拧紧。

（2）核心筒施工布料机设计

1）布料机概况

本工程主塔楼核心筒内布置一台半径 21m 的布料机（HGY21），能够完整覆盖钢平台施工区域，如图 2.6-9 所示。支腿所占区域范围为 4500mm×4500mm，安装在爬模平台上，随爬模体系一起爬升，用于核心筒墙体施工。

图 2.6-9　布料机布置图

2）液压爬模钢平台与布料机设计

图 2.6-10（a）中阴影区域为承重钢平台，可堆放物料（包括钢筋），荷载限制为 5kN/m²；非阴影区域为普通操作平台，为工人提供作业面，可防止少量材料，荷载限制为 3kN/m²；当 58 层以上随着层数增加而导致平台操作面继续减小时，根据情况进行调整。

（3）泵管冲洗设计

1）低区及高区泵管冲洗简介

低区（F23 层以下）泵管冲洗设计：当未浇筑的混凝土方量与泵管内混凝土方量大致相等时（管内混凝土应比未浇筑混凝土量多 0.2～0.3m³），停止混凝土罐车的卸料，待地泵料斗内的混凝土基本无剩余时，关闭液压截止阀，拆除锥管处管接头，倒出该锥管中混凝土，并清除料斗内剩余混凝土，安装两个海绵塞（海绵塞应用水充分浸泡）、一个清洗活塞（黑色橡胶柱）。安装完毕后，将锥管重新接回，扣好管夹，料斗内装满水，必须确保有足够的后续水源，打开液压截止阀，按"正泵启"，开始泵水推动清洗用具，沿管道前进。高压水将管内的混凝土顶出至浇筑区域；浇筑完成后，管内混凝土还有少量残余（约 0.2～0.3m³），停止泵送，迅速将泵管端部接入垃圾斗，然后继续泵

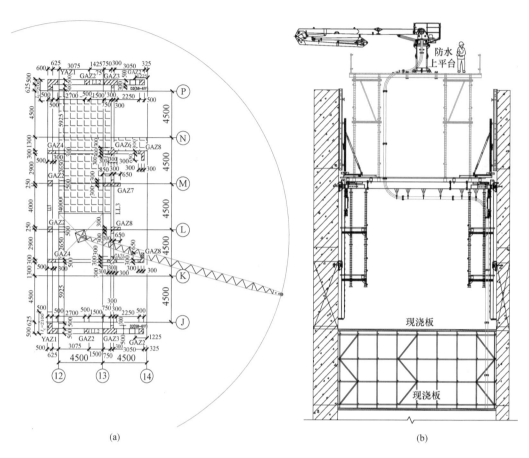

(a)　(b)

图 2.6-10　液压爬模钢平台与布料机位置关系图

（a）58～70 层布料机布置；（b）布料杆位置泵管固定方式

送，直到将泵管内的残余混凝土、海绵球及部分清水泵入垃圾斗内；泵管内水的处理有两种方式：①利用地泵的反泵功能，将管内的清水反抽回地泵场地，流入沉淀池；②关闭液压截止阀，然后将地泵处的泵管接入转换管，再打开截止阀，利用作业面的气泵将水吹回罐车，运离施工现场。

高区（F23 层以上）泵管冲洗设计：相对比低压泵送阶段的水洗流程，增加一项工作，待地泵料斗内的混凝土基本无剩余时，关闭液压截止阀，清除料斗内剩余混凝土，并卸入水泥砂浆（砂浆跟水泥的比例约为 1∶1），卸入斗料，待料斗内的水泥砂浆泵送基本无剩余时，将料斗内装满水，必须确保有足够的后续水源，打开液压截止阀，按"正泵启"，开始泵水推动清洗用具，沿管道前进。高压水将管内的混凝土顶出至浇筑区域。浇筑完成后，停止泵送，迅速将泵管端部接入垃圾斗，然后继续泵送，直到将泵管内的残余混凝土、水泥砂浆及部分清水泵入垃圾斗。泵管内水的处理同低压输送阶段。

本工程泵管清洗采用气洗与水洗相结合的方式。

2）气洗

混凝土浇筑完成后，关闭截止阀，将下方管道支撑架上的泵管与浇筑泵管下端口进行连接，在泵管上端口中塞入海绵球，将气泵口与泵管上端口进行连接，如图 2.6-11 所示，采用 1.5MPa 气泵连接转接件的气压力及混凝土自重将混凝土压入到混凝土搅拌运输车内。

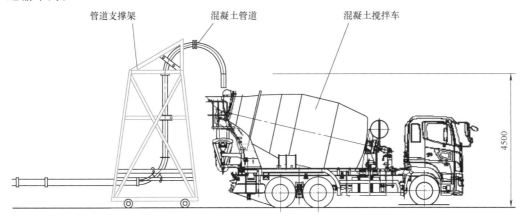

图 2.6-11　气洗泵管示意

3）水洗

在气洗的同时将混凝土输送泵清洗干净，然后重新与泵管下端口进行连接，连接后利用混凝土输送泵将水输送到泵管上端口排入料斗中（泵管上端口处应放置 2m³ 料斗），直至混凝土上端口出水为清水后为止，此时关闭截止阀，将泵管与混凝土输送泵断开，再将泵管内的水排入三级沉淀池中，以备下次洗管时使用，水洗泵管做法图如图 2.6-12 所示。

(a)　　　　　　　　　　　　　　　(b)

图 2.6-12　水洗泵管做法

(a) 水洗泵管；(b) 泵管清洗架

在地下室未施工完成前，考虑主塔楼混凝土泵送高度低，利用基坑北侧 1 号大门两侧的沉淀池，待地下室施工完成后，利用现场东侧 B1 层顶板上合适位置作为沉淀池，沉淀池设置及构造如图 2.6-13 所示。

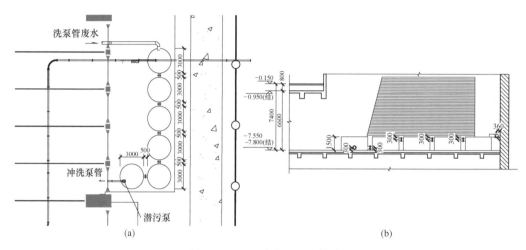

图 2.6-13　沉淀池设置及构造

(a) 沉淀池平面位置；(b) 1-1 剖面图

4）泵管混凝土再利用

用料斗将泵管内吹出的混凝土倒入混凝土罐车，运回混凝土搅拌站回收处理，再泵送清水将泵管洗净。

2.6.2　项目 2 超高层泵送混凝土施工技术

1. 项目背景

图 2.6-14　电梯井筒爬模效果图

项目 2 的 T1 塔楼地下 3 层，地上 44 层，建筑高度 205m，结构高度 203.75m，结构形式为钢框架-核心筒混合结构。核心筒外墙及电梯井筒均采用液压爬模施工，核心筒 5 个电梯井筒内的液压爬模可作为操作平台使用，利用爬模可承载的特点，同时考虑到超高层布料管吊装困难、使用时费力且危险性大，项目 2 选用可 360°旋转的 HGY15 液压布料机作为核心筒混凝土浇筑工具，HGY15 型液压布料机配重后重 3.2t，臂长 15m，覆盖半径达 18m，施工时由两个电梯井筒内的液压爬模提供支撑与爬升，如图 2.6-14 所示。

2. 电梯井筒液压爬架选型

核心筒内筒结构分为 5 个电梯井筒，电梯井筒内水平框架连梁后施工，井筒内均布置井筒液压自爬架体系。为满足筒内部施工作业面顶部安全防护、底部兜底防护、水平结构材料倒运等空间需求，爬架选用改进型核心筒井筒液压自爬架体系，如图 2.6-15 所示。此体系由桁架结构、埋件系统、导轨、各层操作平台、液压系统等组成，方便倒运。本装置结构简单、材料通用，便于自制，也便于拆装、移位，爬升方便、作业时间短。

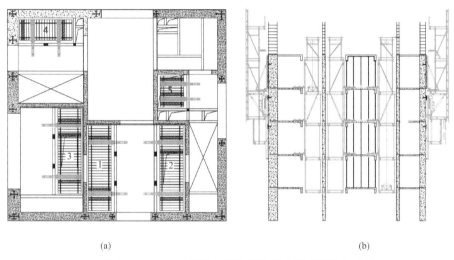

(a)　　　　　　　　　　　　　　　　　　　　　　　　(b)

图 2.6-15　T1 塔楼核心筒电梯井筒液压爬模平立面图

(a) 电梯井筒液压爬模平面布置图；(b) 电梯井筒爬模立面图

整个平台装置由槽钢、钢板等钢质材料焊接而成。包括平台梁（主梁、次梁）、平台板（钢板）、平台脚、吊环、吊锤等构件。其中槽钢、钢板的规格可根据实际工程中平台的设计荷载情况选定，平台装置的具体形状及结构尺寸参考设计。平台板在支脚位置做成活动盖板，不影响平台支脚的活动且避免混凝土浇筑等工序污染支脚。核心筒电梯井筒内钢梁滞后施工，以便于设置电梯井筒爬架；电梯井筒爬架预埋件设置在已浇筑完毕的楼板上，架体设计总高度为 17.25m，共设有 5 层平台，模板可放置爬架平台上，与架体一同爬升，同时可在爬架上开设洞口并设置电动葫芦或小型卷扬机，用于模板支撑等周转材料的垂直运输，以降低施工电梯及塔式起重机的压力，加快施工速度。液压布料机布置由 1、2 分区共同支撑。

3. 电梯井筒液压爬架液压系统选型

项目 2 的 T1 塔楼共配有 2 套液压泵站及 10 根油缸，周转使用。单个泵站功率为 5.5kW，一台泵站可同时控制 4 根油缸进行爬升。每个油缸组件里单独设置防坠舌，爬升时起到防坠作用；防坠舌设计为自动归位，爬升时，导轨梯挡由下往上通过，防坠舌往上转以确保导轨顺利提升通过；梯挡通过后防坠舌自动回落，故导轨仅可往上提升，当导轨下降时防坠舌会限制其下降。导轨上每隔 300mm 设有一个梯挡，故防护屏最大下落间距为 300mm。液压泵站式防护屏爬升时的控制台, 自带可推动的小车, 自由移动, 电梯井筒爬模液压系统如图 2.6-16 所示。

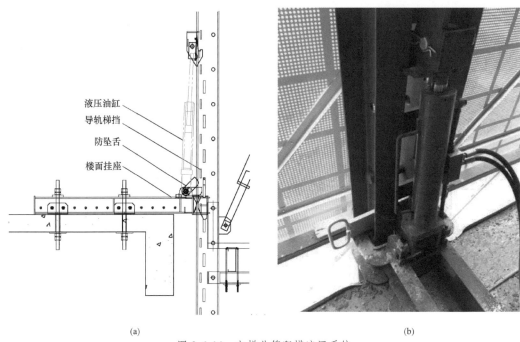

液压油缸
导轨梯挡
防坠舌
楼面挂座

(a)　　　　　　　　　　　　　(b)

图 2.6-16　电梯井筒爬模液压系统
(a) 液压系统节点详图；(b) 液压系统实物

4. 超高层混凝土泵车选型

在超高层结构施工中, 混凝土输送泵的选型需综合考虑泵送压力、输送效率等因素。项目 2 的 T1 塔楼最大泵送高度 203.75m, 核心筒最大混凝土强度等级为 C60, 外框钢管柱内混凝土为自密实 C60, 标准层单次混凝土最大浇筑量约 240m³。项目选用佳尔华 HBTS80×21A 超高压混凝土输送泵进行混凝土泵送, 输送量为 49m³/h, 可以满足使用需求。超高压泵管内径为 125mm, 塔楼首层使用架体进行固定, 首层以上通过楼板与角钢固定支撑。

5. 液压布料机选型

项目 2 的 T1 塔楼核心筒平面尺寸为 20m×20m, 选择 HGY15 型液压布料机作为核心筒混凝土浇筑的布料机械。HGY15 液压布料机配重后 3.2t, 臂长 15m, 覆盖半径达 18m, 布置在两个电梯井筒液压爬架顶, 可完全覆盖 T1 塔楼核心筒。

6. 液压爬架+液压布料机一体化施工

液压布料机固定在核心筒电梯井筒液压爬架后, 布料机泵管接通后便可实现核心筒全范围的混凝土浇筑，核心筒楼板不需再连接多余泵管，如图 2.6-17 所示。

图 2.6-17　液压爬架＋液压布料机一体化施工

7. 小结

项目 2 的 T1 塔楼核心筒通过布料机自爬升系统的应用，极大提高了核心筒混凝土浇筑的速度和质量，降低人工与泵管的使用，同时也保证了高层混凝土浇筑时的施工安全。核心筒标准层 200m³ 混凝土 12h 便可浇筑完毕，相比布料管每层能减少 4h 的浇筑时间，混凝土浇筑完成后布料机随两个井道爬模爬升进行下一层混凝土浇筑，避免了布料机的反复吊运，就此保证了核心筒混凝土浇时的施工安全，提高了核心筒主体结构的施工速度。

2.7　钢管混凝土结构顶升法混凝土施工技术

2.7.1　钢管混凝土结构概念

在型钢混凝土结构、配螺旋箍筋的混凝土结构及钢管结构的基础上出现与发展了钢管混凝土结构，这是钢管中浇灌混凝土形成的一种结构。根据形状可以分为圆形、方形、矩形和多边形。

2.7.2　特点及应用范围

相对于钢筋混凝土柱截面较小，钢管混凝土首先扩大了使用空间，减轻了自重，降低了地基基础的造价，经济效果显著，作为受压构件，其承载力可以达到钢管和混凝土单独承载之和的 1.7～2.0 倍；其次，钢管混凝土柱具有良好的塑性和抗震性能，因为该柱在循环荷载作用下的滞回曲线饱满，具有良好的吸能能力；再者，钢管混凝土柱制作简单，施工便捷，可大大缩短工期；还有耐火性能的优越性也是其重要的特点。

钢管混凝土结构除用于多高层民用建筑、公共建筑和工业厂房以及桥梁中，也经常用于各种设备支架、塔架、通廊与贮仓支柱等各种构筑物中。

2.7.3 设计理论和分析方法

钢管混凝土柱主要用作受压构件，需要了解圆形和矩形钢管混凝土柱的轴心受力性能、纯弯性能、压弯性能的设计方法。

圆形钢管混凝土柱的受压性能优于矩形钢管混凝土柱，承载力提高更多，经济性更好，但从室内布置的角度出发建筑师更愿意采用矩形钢管混凝土柱。

节点的设计，分为工业厂房中格构式钢管混凝土柱柱端节点、上下柱段变截面节点、柱脚节点的设计和构造要求，高层建筑中圆形钢管混凝土梁柱刚接节点、铰接节点和柱子对接接头的设计和构造要求，以及矩形钢管柱与钢梁和现浇钢筋混凝土梁连接的形式、构造要求等。

2.7.4 多腔室（劲性）巨柱混凝土顶升法施工技术

1. 浇筑方案对比分析

通过对人工振捣法、高抛自密实法、顶升法三种浇筑方法的对比分析，初步拟定采用顶升法进行超高层钢管混凝土的浇筑施工，该方法在以往国内外超高层建筑施工中均有成功案例，技术较为成熟。但同时也具有一定的技术难度，超高层混凝土顶升施工不仅仅是混凝土泵送高度上的简单叠加，对混凝土本身的性能、泵送设备的选择、泵管的布置、顶升口的做法等都提出一系列的要求。

2. 多腔室（劲性）巨柱混凝土顶升法施工技术重难点

随着超高层项目的普及，施工的难度也在增大，施工工艺、施工工序成为项目施工的核心技术问题。本工程涉及劲性结构与钢管混凝土形式主要见表 2.7-1。

地上结构采用钢构件与混凝土组合结构形式，这种结构施工需要钢结构专业与土建专业的密切配合，其配合不仅仅是两个专业施工队伍现场作业时的相互配合，它贯穿了整个结构施工策划、组织和实施的全过程。

主体结构钢管柱混凝土的浇筑采用高抛及顶升工艺，对于超高层建筑结构混凝土施工来说，顶升法无疑具有巨大的施工难度，泵送设备的选择、泵压的计算、泵管的布设、混凝土配比的选择、多腔室钢管柱内的混凝土密实度保证、止回阀的设计等均存在较大挑战。

钢管柱内混凝土的强度为 C60，属高强混凝土，平均每层浇筑方量为 300m³。且混凝土等级同一层上有差别，施工时应予以注意。

本工程涉及劲性结构与钢管混凝土形式　　　　　　　　表 2.7-1

钢骨混凝土柱	为劲性结构柱,分布在地下 4 层,出基础底板后的主要承重构件,钢骨截面较小,充分利用混凝土的抗压性能		
混凝土包钢管柱	外部为密集钢筋与混凝土,钢管内部回灌混凝土,钢结构与混凝土连接钢栓	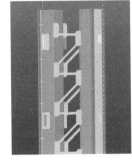	
钢管混凝土柱	是本工程中最常见的柱,外框结构均使用此类柱,8 层以下使用高抛浇筑混凝土,8 层以上使用顶升法浇筑混凝土	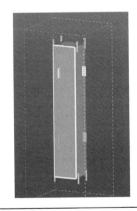	

　　受场地限制,地泵需要布置到场地内施工完毕的纯地下室顶板上,这就要求正确地选择布置地泵位置,使地泵、混凝土罐车在工作时尽可能小地对已建结构造成影响。

2.7.5　超高层高强混凝土配比选择

1. 水泥用量

超高层泵送混凝土的水泥用量必须同时考虑强度与可泵性,水泥用量过少则强度达不到要求；过大则混凝土的黏性大、泵送阻力增大，增加泵送难度，而且降低吸入效率。因此，尽量使用保水性好、泌水小的普通硅酸盐水泥，其易于泵送。

2. 细骨料

为确保混凝土的流动性满足要求，骨料有良好的级配。为了防止混凝土离析，粒径在0.315mm以下的细骨料的比例适当加大。通过0.315mm筛孔的砂，不少于10%，选用优质中砂，其可泵性好。

粗骨料最大骨料粒径与管径之比为1∶5～1∶3，针状、扁平的石子含量控制在5%以内。为了防止混凝土泵送时堵塞，粗骨料采用连续级配。

2.7.6 顶升施工流程

混凝土顶升施工工艺流程如图2.7-1所示。

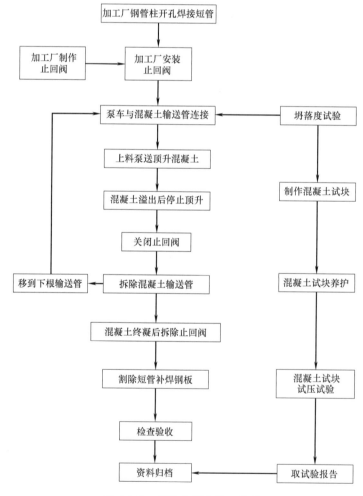

图2.7-1 混凝土顶升施工流程

2.7.7　顶升用止回阀技术

采用顶升法进行混凝土浇筑施工中，泵管与巨柱或钢管柱连接的接口设计十分关键，关系到顶升浇筑能否顺利实施。接口设计的方便与否，同样关系到泵管的拆接和浇筑时间，进而影响整个施工工期。因此为了解决混凝土泵送顶升施工中泵管与巨柱的连接问题，在参考其他工程做法的基础上，进一步深化和改进，设计了一种价格便宜、操作简便的接口，其优点是连接方便，可以显著缩短接管时间，减少现场混凝土浇筑的等待时间，保证浇筑质量。钢柱上开孔位置应保证距离楼层平面 500mm 以上。

顶升法施工工艺：钢管柱预留接口→止回阀及转接件加工制作→预留接口与转接件开 6 个 M16 螺栓孔→预留接口与转接件通过螺栓连接，止回阀夹在两者之间→浇筑混凝土时通过移动止回阀控制浇筑速度→浇筑完毕后封闭止回阀→混凝土终凝后切除预留接口，可使用止回阀做补板。

钢管柱预留接口，如图 2.7-2 所示，钢柱加工时，柱身焊接带弯头的接口，弯头伸入钢柱，接口钢管直径为 125mm。

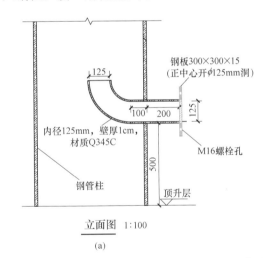

图 2.7-2　泵管顶升口预留接口图

(a) 预留接口详图；(b) 预留接口

止回阀及转接件的加工制作，如图 2.7-3 所示，止回阀采用一块长方形钢板（200mm×515mm×15mm），中间开直径 130mm 孔；转接件长 300mm，使用直径 125mm 泵管加工而成，一端与长泵管连接，另一端焊接 300mm×300mm×15mm 钢板，钢板上下两侧补焊 60mm×300mm×15mm 钢板，开 6 个 M16 螺栓孔。

预留接口与转接件通过螺栓连接，止回阀夹在两者之间，如图 2.7-4 所示，利用预留接口与转接件上预留的 M16 螺栓孔，将止回阀进行固定，拧紧螺栓。

浇筑混凝土时通过移动止回阀控制浇筑速度，浇筑混凝土时，使用大锤敲击止回

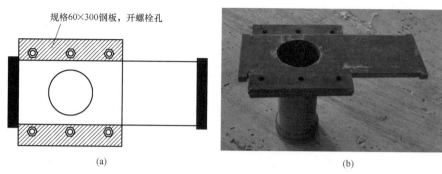

图 2.7-3 止回阀及转接件

（a）止回阀及转接件详图；（b）止回阀及转接件

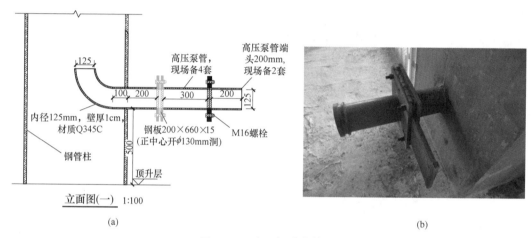

图 2.7-4 止回阀连接构造

（a）止回阀连接构造；（b）止回阀连接构造

阀，控制浇筑速度，保证混凝土浇筑质量。

浇筑完毕后封闭止回阀如图 2.7-5 所示，移动止回阀直至圆孔露出，且预留接口中无混凝土溢出为止，清除转接件中的混凝土，去掉长泵管，养护 48h。

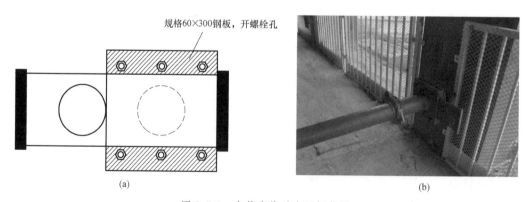

图 2.7-5 浇筑完毕后止回阀位置

（a）浇筑完毕后止回阀位置（虚线圆为预留接口）；（b）浇筑完毕后止回阀位置实物图

混凝土终凝后切除预留接口，可使用止回阀做补板；终凝后拆除转接件、止回阀，倒运至上一层重复利用。留在钢柱上的预留接口使用气体切割进行切除，部分变形止回阀做钢柱补板。

2.7.8　顶升法工艺对比

与传统方案补焊回止阀对比，优化前工艺流程为：钢管柱预留接口→预留接口与转接件开 4 个 M16 螺栓孔→预留接口与转接件通过螺栓连接，止回阀夹在两者之间→浇筑完毕后将止回阀焊在预留接口钢板上→移去转接件，补焊止回阀与预留接口钢板上下两侧→终凝后

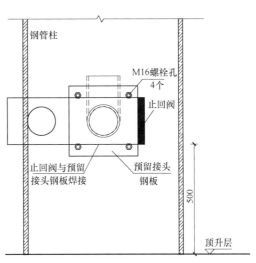

图 2.7-6　止回阀与钢板连接构造

切除预留接口，柱洞补板。止回阀与钢板连接构造如图 2.7-6 所示，止回阀顶升方案与传统方案对比见表 2.7-2，顶升与灌注方案对比见表 2.7-3。

止回阀顶升方案与传统方案对比表　　　　　　　　　　表 2.7-2

序号	项目	优化前方案	优化后方案	差异选择
1	工艺复杂	对焊接要求高，且焊接时间长，需要二次补焊	全螺栓连接，一次成活，操作简单	优化方案成活率高
2	安全控制	施工焊活为火灾危险源，6 个 M16 螺栓保证强度	排除危险源，高强螺栓避免混凝土突涌	优化方案安全可靠
3	质量控制	浇筑过程中调节止回阀以及浇筑完成后封堵预留接口，容易导致密闭性不足	全过程可调节止回阀进行质量控制，浇筑完成后封堵密实	优化方案全过程把控质量
4	绿色施工	焊活污染环境，止回阀为一次性消耗品	机械连接安全环保，止回阀可重复利用	优化方案绿色环保
5	材料人工	止回阀材料浪费严重，焊接耗费人工	多次周转材料利用率高，施工省工省时	优化方案节人省材

顶升与灌注方案对比表　　　　　　　　　　表 2.7-3

序号	项目	灌注方案	顶升方案	差异选择
1	工艺复杂	每次浇筑必须在上一层柱子焊接前完成下一层柱子	顶升时间随意	优化方案成活率高
2	安全控制	灌注混凝土固定泵管不稳定，易造成爆管	顶升泵管与钢柱连接，比较安全	优化方案安全可靠
3	质量控制	每根柱子高 10m 以上，灌注混凝土无法控制混凝土是否离析	顶升不存在离析现象	优化方案全过程把控质量

2.7.9 巨柱内腔混凝土质量检测

1. 检测方法

巨柱内腔混凝土顶升施工完毕后，待混凝土终凝后，开始对腔内混凝土进行超声波检测。超声波法是目前检测钢管混凝土密实程度和均匀性的首选检测方法，超声波检测可以根据合理布设的检测点，对钢管混凝土的密实程度和均匀性进行全面而细致的检测，它可以检测出钢管混凝土是否存在缺陷，并找出缺陷位置。

超声波检测钢管混凝土的基本原理是在钢管外径的一端利用发射换能器产生高频振动，经钢管圆心传向钢管外径另一端的接收换能器。超声波在传播过程中遇到由各种缺陷形成的界面时就会改变传播方向和路径，其能量就会在缺陷处被衰减，造成超声波到达接收换能器的声时、幅值、频率的相对变化。

超声波检测方法主要包括：波形识别法、首波声时法以及首波频率法。

2. 检测信号分类分析

巨柱腔内混凝土的质量有好有坏，接收换能器接收到的信号也随之而变，常遇到的信号可大致分为以下 3 类，见表 2.7-4。

超声波检测钢管混凝土信号分类 表 2.7-4

序号	类型	结 果
1	声时短、幅值大、频率高	表明超声波穿过的腔内混凝土密实均匀，没有缺陷
2	声时长、幅值小、频率低	表明腔内混凝土中存在着缺陷，而且缺陷的位置是在有效接收声场的中心轴线上，即收发换能器的连线
3	声时短、幅值小、频率低	腔内混凝土中的缺陷不在有效接收声场的中心轴线上，而是在有效接收声场覆盖的空间内，使声线仍然通过有效接收声场的中心轴线，声时不会改变，然而有效声场空间里的缺陷使得声能受到衰减，导致幅值变小、频率下降。 腔内混凝土中的缺陷虽然在有效接收声场的中心轴线上，但是缺陷足够小。 腔内混凝土本身并没有缺陷，但是由于换能器与钢管外壁耦合不良，也会造成幅值变小、频率下降而声时变化很小的现象。这种现象是在检测过程中由人为因素造成的，它不能反映腔内混凝土的真实情况，必须杜绝其出现

3. 检测仪器

项目 1 采用超声波系统进行钢管混凝土外部检测，相关技术要求见表 2.7-5。

超声波检测钢管混凝土技术要求　　　　　　　　　表 2.7-5

序号	项目	内　容
1	超声波检测仪技术要求	进入现场进行钢管混凝土检测的超声波检测仪应通过技术鉴定并必须具有产品合格证。 仪器应具有良好的稳定性,声时显示调节在 20～30μs 范围内时,2h 内声时显示的漂移不得大于±0.2μs
2	换能器技术要求	换能器宜采用厚度振动形式压电材料。 换能器的频率宜在 50～100kHz 范围以内。 换能器实测频率与标称频率相差应不大于±10%
3	超声波仪器检验和操作	操作前应仔细阅读仪器使用说明书。 仪器在接通电源前应检查电源电压,接上电源后仪器宜预热 10min。 换能器与标准棒耦合良好,有调零装置的仪器应扣除初读数。 在实测时,接收信号的首波幅度均应调至 30～40mm 后,才能测读每个测点的声时值
4	检测仪器维护	如仪器在较长时间内停用,每月应通电一次,每次不少于 1h。 仪器需存放在通风、阴凉、干燥处,无论存放或工作均需防尘。在搬运过程中须防止碰撞和剧烈振动。 换能器应避免摔损和撞击,工作完毕应擦拭干净单独存放。换能器的耦合面应避免磨损

2.8 爬模施工技术

2.8.1 可分段爬升液压爬模施工技术

1. 项目背景

项目 1 主楼采用钢-混凝土混合结构体系(钢管混凝土柱-钢梁-钢筋混凝土核心筒)。楼层框架钢梁与钢柱刚接连;楼面(核心筒外)采用钢筋桁架模板混凝土楼板,核心筒内部采用现浇混凝土楼板。核心筒剪力墙模板工程选择液压爬升模板技术,采用内外全爬的综合施工工艺,核心筒施工整体先于楼层钢结构安装施工 5～6 层。爬模系统在第二层墙体浇筑完成后,开始搭设,爬升至 65 层拆除。

2. 爬模选择

通过参考工程实例,对不同高度类型工程使用的模架体系进行统计、对比、归纳,并从其经济性、技术性两项指标进行分析,见表2.8-1。

本工程为 300m 超高层,使用附着式升降脚手架,施工安全得不到保障,且天津地处沿海,雨期施工风力大,封闭性不完整的脚手架高处坠落危害大,故排除爬架体系;

不同建筑高度爬模使用情况表 　　　　　　　　　　　　　　表 2.8-1

高度(m)	类型	经济性	技术性	实例
<100	全集成升降防护平台	一次投入大成本高	较爬架智能安全美观,堆载较小	应用较多
100~250	附着式升降脚手架	重复使用成本低	>150m 安全性差,堆载较小	应用较多
250~400	液压自爬模(跳模)	减少调运工作效益好	自爬安全、适用性强,堆载较高	"津塔"、各类桥体高墩等
≥400	液压爬升整体钢平台	成本高但收益明显,效益适中	仅适用于≥400m 超高层,安全承载大	上海中心大厦、中信大厦(中国尊)等

全钢式液压爬模施工成本高,运维费用高,施工操作复杂,施工工艺不成熟,若运用到 250~400m 建筑,将造成浪费;故 250~400m 最优选择为液压爬模。

3. 项目 1 液压爬模情况

（1）爬模整体介绍

核心筒剪力墙模板工程选择液压爬升模板技术,采用内外全爬的综合施工工艺,核心筒施工整体先于楼层钢结构安装施工 5~6 层;爬模系统在第二层墙体浇筑完成后,开始搭设,爬升至 65 层拆改为爬架,如图 2.8-1 所示。

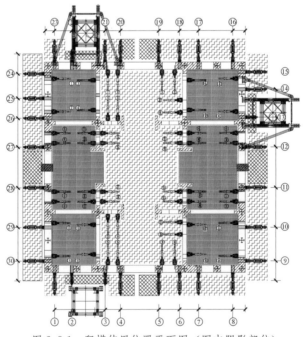

图 2.8-1　爬模使用位置平面图（图中阴影部位）

（2）爬模系统组成

液压爬模系统主要由内外支模系统、架体与操作平台系统、液压爬升系统、电气控制系统等四大部分，详见表 2.8-2，项目 1 使用的爬模主要技术参数见表 2.8-3。

爬模系统组成表　　　　　　　　　　表 2.8-2

模板系统	组拼式 86 型大钢模板、阴角模、钢背楞、对拉螺栓、螺母、垫片等
内外支模系统	外墙模板支梁、液压推模装置、可调斜撑、内墙吊模装置等
架体与操作平台系统	包括上架体、上操作平台、下架体、架体附墙装置、架体防倾调节支腿、下操作平台、吊平台、纵向连系梁、栏杆、安全网等
液压爬升系统	包括导轨、导向头、承载螺栓、卸荷板、油缸、防坠爬升器、各种油管、阀门、油管接头等
电气控制系统	包括动力、信号、电源控制箱、电气控制台等

（3）爬模装置系统参数

爬模装置系统参数表　　　　　　　　　　表 2.8-3

XHRYM-13 型全钢单侧液压爬模重要参数一览表	
项目	**参　　数**
产品型号	XHRYM-13 型全钢单侧液压爬模
支承跨度	外墙最大支撑跨度 4.9m；内墙最大支撑跨度 5.9m
高度	外墙爬模高度 15.6m；内墙爬模高度分 13.05m 与 16.5m 两种
操作平台层数	5 层（中部平台 6 层）
模板操作平台宽度	2500mm
钢筋绑扎层平台宽度	1800mm
平台离墙距离	300mm
架体参数一览表	
内外墙爬模支承跨度	≤5m（相邻埋件点之间距离，特殊情况除外）
架体高度	大单侧外墙爬模总高 15.6m（覆盖结构三层半），悬臂高度 8m；内墙钢平台爬模由于功能不同分为 13.05m 与 16.5m 两种
操作平台层数	外墙单侧液压爬模 5 层；钢平台（1）分为 5 层，宽度根据内筒大小具体确定；平台（2）分为 6 层，宽度覆盖整个井筒
操作主平台宽度	2500mm
操作上平台	1800mm
操作平台离墙距离	300mm
操作层荷载限制	上平台（2 层）≤4.0kN/m²；主平台（1 层）≤3.0kN/m²；液压操作平台（1 层）≤1.0kN/m²；吊平台（2 层）≤1.0kN/m²
其他参数	
液压缸参数	提升油缸额定顶升力：142kN；额定压力：21MPa；油缸行程：提升油缸 500mm；推模油缸 600mm
爬升机构功能	具备自动导向、升降、自动复位锁定、自动防坠、使架体与导轨互爬等功能

4. 液压爬模与其他大型机械位置关系

（1）液压爬模与塔式起重机位置关系

本工程前期设置三台塔式起重机，分别为 M440D 型两台（北侧 D4 和东侧 D5），

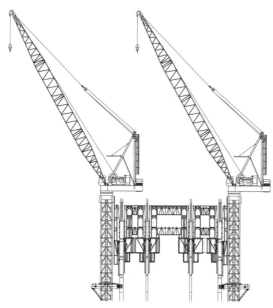

图 2.8-2　爬模与塔式起重机位置关系立面图

ZSL750 型一台（南侧 D6），结构施工至 54 层后，主体结构变化，东侧 4 号塔式起重机无法继续附着，待爬模拆改完成后，进行拆除，爬模与塔式起重机位置关系如图 2.8-2 所示。

本工程核心筒 4 号、5 号、6 号塔式起重机塔身均不小于 56m，最上一道附墙后自由端悬臂设计为至少 20m，可以满足最上一道附着始终位于架体下方，不与爬模干扰。

（2）施工电梯的布置

本工程核心筒设置两台施工电梯，如图 2.8-3 所示，一台为双笼（向东侧开门），另一台为单笼（向西侧开门）。

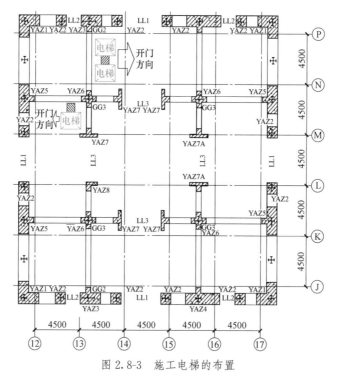

图 2.8-3　施工电梯的布置

（3）布料机节点处理

布料机型号为 HGY21，设置在外墙单侧爬模（内筒）的顶部钢平台上，保证布料机支撑点距离。

爬模提升机、布料机的钢平台所在位置应控制荷载，保证布料机位置钢平台不得堆放其他材料，关于布料机位置钢平台强度验算，计算书中有相关计算，布料机位置如图 2.8-4 所示。

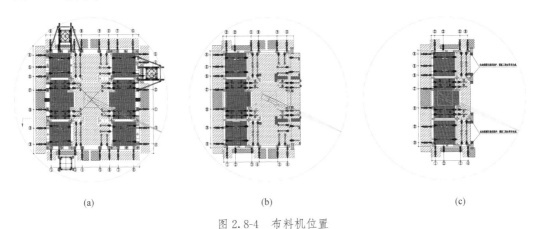

(a)　　　　　　　　　　　　　(b)　　　　　　　　　　　　　(c)

图 2.8-4　布料机位置

(a) 2～53 层布料机位置；(b) 54～57 层布料机位置；(c) 58～65 层布料机位置

5. 液压爬模施工工艺

（1）液压爬模施工工况概述

液压爬模装置是适用于现浇钢筋混凝土结构高层建筑或高耸构筑物的先进模板施工工艺。液压自动爬升模板是依附在建筑结构上，随着结构施工而逐层上升的一种模板体系，当混凝土达到拆模强度后脱模，模板不落地，依靠机械设备和支承体将模板和爬模装置向上爬升一层，定位紧固，反复循环施工。

本工程核心筒划分为两个流水段，外墙爬模在第 4、5 号机位之间、19、20 号机位之间断开，即外墙第 1～4 号机位、20～30 号机位、内墙第 1～16 号机位为一片，可单独提升；内墙第 17～40 号机位为第二片，不可放置物料，仅用于布料机的摆放；外墙第 5～19 号机位、内墙第 41～56 号机位为第三片。每片架体可单独提升，但最多差距一层。

本工程外墙采用单侧液压爬模系统，使用钢板网片进行外防护，模板推模采用全液压油缸带动方式。

（2）爬模结构分解

外墙采用单侧液压爬模系统，如图 2.8-5 (a) 所示，使用钢板网片进行外防护，模板推模采用全液压油缸带动方式（第 2、3、13、22 号的提升机位，由于塔式起重机的影响使用窄框架爬模，未设置推模油缸，此处推模依靠相邻机位处的带动，推模后及时使用悬挂葫芦预紧模板）。

内筒采用液压钢平台结构如图 2.8-5 (b) 所示，即提升机构不变，上部采用钢制桁架连接一体，并全铺脚手板（模板层不予铺设脚手板），用于物料的堆放及操作人员移动，模板则均采用吊模的方式。

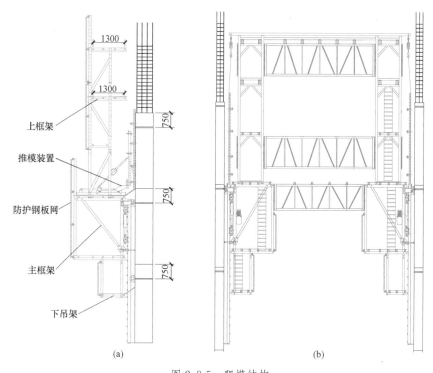

图 2.8-5 爬模结构

（a）单侧爬模结构；（b）内筒钢平台立面示意

（3）爬模安全通道及上下爬梯设计

1）爬梯的设计

本工程共设置上下直通安全通道 5 组，其中外墙爬模布置 2 组，内筒钢平台布置 3 组；另外四角独立钢平台内部均布置安全通道，共计 4 组；独立的下吊架均布置有上下通道，内筒部分共 18 组。

爬模上下通道为预制钢楼梯形式，如图 2.8-6 所示，在工厂制作、现场安装，保证

图 2.8-6 钢楼梯现场照片

安装速度及精度。除吊平台外，各层平台均设上下人孔，人孔周围设护栏，层与层之间设置梯子，梯子分爬梯和楼梯两种，楼梯设置 900mm 高扶手。

2）架体整体安全通道的设计

本工程在 3 号双笼电梯位置设置两个下吊机位，用于人员的上行与疏散。在单笼电梯位置，与内筒 5、6 号机位下方设置下吊爬梯，如图 2.8-7 所示，保证人员可以快速安全地撤离。

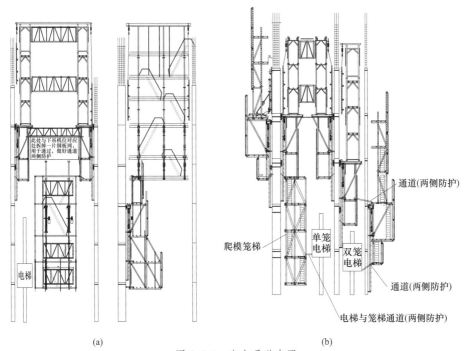

(a)　　　　　　　　(b)

图 2.8-7　安全通道布置

（4）埋件综合设计

1）多设备埋件综合分析

超高层施工过程中，核心筒外墙预埋件存在种类多、数量多、规避困难等难题；本项目核心筒涵盖了爬模、塔式起重机、钢结构埋件等，容易出现埋件碰撞问题。通过分析发生碰撞时埋件是否可调整，确定埋件调整的优先级别，见表 2.8-4。

埋件调整的优先级别分析表　　　　　　　表 2.8-4

序号	埋件类型	应用部位	调动级别
1	钢梁	主体结构	禁止调动
2	楼板钢筋	主体结构	禁止调动
3	压型钢板埋件	主体结构	禁止调动
4	穿墙螺栓孔	钢模穿孔	尽量不动
5	塔式起重机埋件	塔式起重机爬升	尽量不动
6	爬锥孔	爬模爬升	可调动
7	泵管埋件	泵管泵送	优先调动

分析：本工程尺寸最大埋件为塔式起重机埋件（900mm×1100mm），尺寸最小埋件为穿墙螺栓孔（$\phi=48$mm），因此埋件最大偏移量为550mm，钢梁、压型钢板、预埋板筋均为主体结构，不可调整；组拼式86型大钢模板面板上所开孔位置已确定，之后还要多次使用，如随意变更螺栓孔位置，则钢模板上也要重新开洞，因此尽量不动；塔式起重机埋件依据塔式起重机爬升规划确定位置，已充分考虑了埋板与主体结构、爬模各类埋件的冲突，以及塔式起重机最优吊装规划，因此尽量不做调整；如施工过程中发生埋件冲突，可结合实际按以上优先顺序调整尺寸。

2）碰撞检查

利用BIM技术对埋件进行空间位置的定位，如图2.8-8所示，并整体检查埋件的碰撞情况，依据埋件可调动程度作出调整，可以有效解决复杂空间的埋件碰撞问题。

3）液压爬模在内外墙体上的埋件设计

项目1连梁最小为800mm，梁上预埋位置最低为400mm，满足预埋要求，外墙预埋均在墙上。

外墙墙体预埋采用双预埋件，即两根$\phi40$的PVC管，穿墙螺栓使

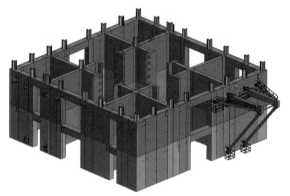

图2.8-8 BIM技术埋件综合分析模型

用双T28的高强螺栓；对于爬模第4、5、11、12、19、20、27、28号提升点位，由于墙体内部钢柱的存在，第2~38层采用固定预埋方式，第39~65层使用正常预埋。

4）外墙标准预埋

将准备好的两根PVC管通过定位筋固定绑好的墙面钢筋上，如图2.8-9所示，外墙单侧爬模机位预埋位置为楼面下返900mm处，两根预埋管间距为340mm（偏差小于±3mm），浇筑完混凝土即可使用。

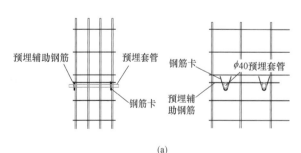

(a)

(b)

图2.8-9 外墙爬模机位预埋做法

（a）预埋绑扎方法；（b）实际预埋

5）固定预埋

采用 M30 的爬锥，先使用 M30 的定位螺栓将爬锥和埋件固定在模板上，如图 2.8-10 所示，模板固定孔位为楼面下返 900mm，间距 340mm，墙面钢筋绑扎完成后合模，待混凝土浇筑完成，卸下定位螺栓后退模，预埋完成。

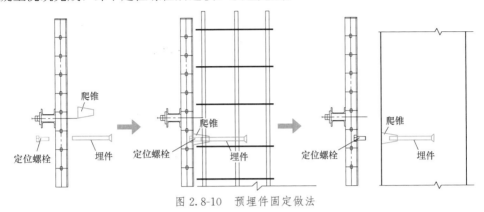

图 2.8-10　预埋件固定做法

6）内墙预埋

内墙采用单预埋件，即预埋单根 $\Phi60$ 的 PVC 管，如图 2.8-11 所示，使用单根 M48 的高强螺栓做穿墙螺栓，内墙钢平台爬模预埋位置为楼面下返 400mm，与双根预埋件做法相同。

第 3 层层高 5.1m，第 27、50 层层高 5.4m，需要预埋两次，外墙预埋点预埋高度分别为本层楼面上返 2000mm 和上层楼面下返 900mm；内墙埋点预埋高度为本层楼面上返 2000mm 和上层楼面下返 400mm。

（5）液压爬模安装技术

依照框架类型自上而下分为上框架、主框架、下吊架 3 个架体，如图 2.8-12 所示。依据操作面分为钢筋绑扎层（共 2

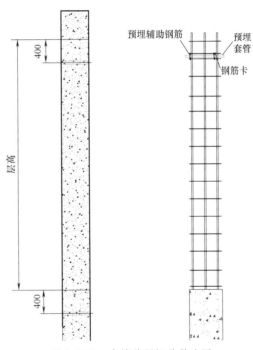

图 2.8-11　内墙单预埋件做法图

层）、模板操作层、爬模设备操作层、材料周转操作层。液压爬模首次安装流程如图 2.8-13 所示。

（6）碰撞解决

1）塔式起重机与爬模垂直安全距离的保证措施

本工程配置液压爬模一台，动臂塔 3 台（包括两台 MD440 与一台 ZSL750），一般

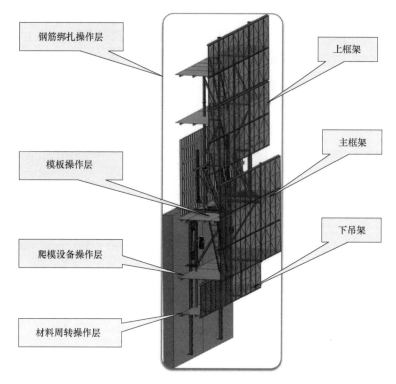

图 2.8-12　架体分层图

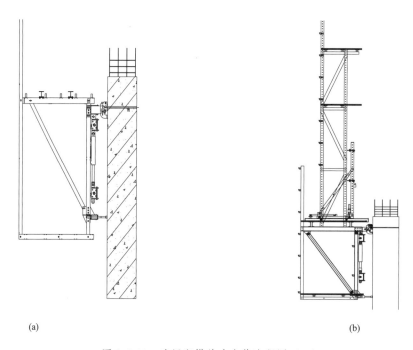

图 2.8-13　液压爬模首次安装流程图（一）

（a）主框架安装　安装附墙导向座→吊装已组装完成的主框架→安装主框架连接钢梁；

（b）上框架安装　吊装上框架，安装各操作层的连接钢梁→安装退模装置及液压系统→完善防护体系

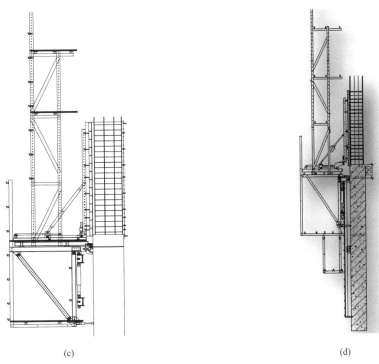

(c)   (d)

图 2.8-13 液压爬模首次安装流程图（二）

（c）首次混凝土浇筑 绑筋放线，安装固定预埋件→吊装模板，合模浇筑混凝土，
安装电控系统→拆除对拉栓，用退模装置退钢模；（d）下吊架安装 安装附墙导向座，
吊装导轨，准备提升爬模架体→拆除下部附墙座，提升爬模架体，安装底部吊架

的液压爬模平台提前于水平结构 3～10 层，滞后于塔式起重机 0.5～4 层（保证塔式起重机机械平台最低点高于液压爬模最高点至少 1.2m 的安全距离）。结合项目施工进度与资源配置情况，首先排出塔式起重机爬升规划，以控制竖向安全距离为原则，避免核心筒上埋件冲突为辅助手段，排出塔式起重机与爬模爬升综合规划图，如图 2.8-14 所示。

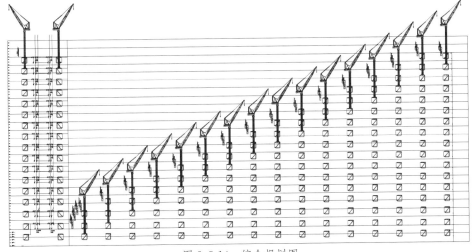

图 2.8-14 综合规划图

2）塔式起重机与爬模水平机位处理措施

本工程设置 3 台塔式起重机，由于塔式起重机与墙体位置较近，在每个塔式起重机机位处设置窄框架进行过渡，如图 2.8-15 所示，窄框架共设 3 个。

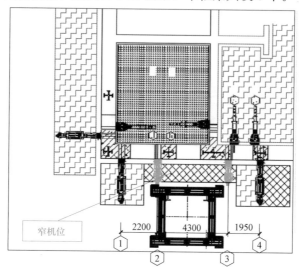

图 2.8-15　爬模窄机位

（7）顶层平台堆载要求

经过荷载计算，荷载设计中"红色菱形"（⬚）区域为严禁堆载区域，为工人作业面；"黄色之形"（⬚）区域为普通操作平台，提供操作面，可堆放少量物料，限载 3kN/m²；"蓝色口形"（⬚）区域为承重平台，可堆放钢筋物料，限载 4kN/m²，如图 2.8-16 所示。

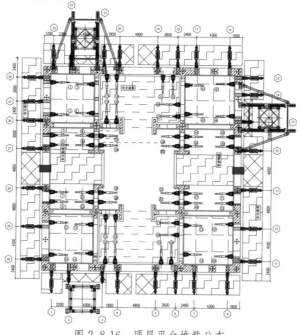

图 2.8-16　顶层平台堆载分布

（8）特殊部位的处理办法

1）核心筒外墙截面厚度变化处理方法

本工程核心筒剪力墙外墙厚度分为 1～13 层 900mm、14～27 层 800mm、28～38 层 700mm、39～50 层 600mm、51～65 层 500mm、66～68 层 300mm 共六种（69、70 层没有混凝土墙体结构），外墙变化 5 次，每次墙厚变化量为 100mm，可直接利用架体斜爬实现，具体步骤如下：

第一步：第 n 层变截面时，在第 $n-1$ 层钢筋绑扎完成后，沿外墙一周，在外墙开始变化位置布置截面 50mm×100mm 的方木，并固定，验收合格后合模板浇筑混凝土。

第二步：拆模，并将方木拆除、墙顶凹槽剔平，在第 $n-1$ 层安装附墙导向装置，提升导轨。第 n 层开始绑钢筋。

第三步：满足提升要求后，提升架体一层，模板利用液压推模装置，前推至预留凹槽中。调整模板垂直度，浇筑混凝土。

第四步：拆模后，墙体截面向内收减 100mm，安装附墙导向座，提升导轨，导轨接近第 n 层附墙座时，停止提升。旋出架体顶墙杆，使架体相对墙体逐渐倾斜，导轨亦会随架体倾斜，待导轨可穿入第 n 层附墙座时，继续提升导轨，完成提升后，将导轨顶部卸荷到附墙座翻转块上，旋转出导轨顶墙杆使其支撑到墙体上。

第五步：此时，架体为倾斜状态，提升架体一层，提升到位后，通过调节模板后支撑杆调节模板垂直度，调直后合模，浇筑混凝土。

第六步：完成架体斜爬，下次爬升前，将顶墙杆调节成正常状态。

核心筒外侧爬模斜爬步骤如图 2.8-17 所示。

2）核心筒内墙截面厚度变化处理方法

本工程内墙剪力墙厚度分为 1～13 层 500mm、14～50 层 400mm、51～68 层 300mm 三种（69、70 层没有混凝土墙体结构），内墙变化 2 次，每次墙厚变化最大尺寸为 100mm，由于内墙使用钢平台爬模，无法通过斜爬作业，本工程中使用加设垫块的方式来处理离墙距离变化的问题，即第 14 和 51 层时在钢平台第 3、4、9～12、15、16、41、42、45～48、53、54 号提升机位分别加 100mm 和 200mm 的钢垫块，如图 2.8-18 所示。

3）板后浇及钢梁节点处理

对于后浇楼板，当板钢筋直径小于Φ16 时，在核心筒墙内预埋大于该钢筋一个直径的圆钢，待核心筒混凝土浇筑完成后剔出拉直与螺纹钢焊接，单面焊 10d，相邻两根钢筋错开 34d 进行焊接，如图 2.8-19 所示。当板钢筋直径大于或等于Φ16 时，采用预埋钢筋加直螺纹套筒的形式，如图 2.8-20 所示。

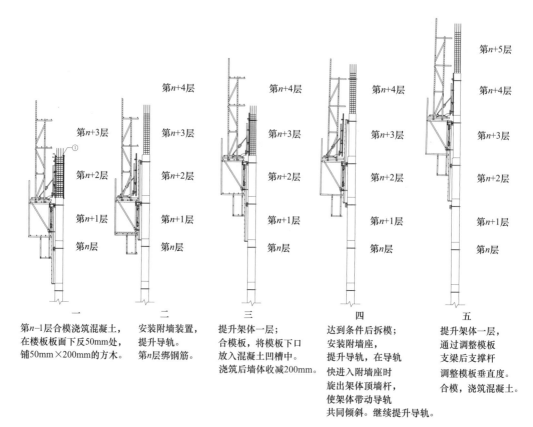

图 2.8-17 核心筒外侧爬模斜爬步骤

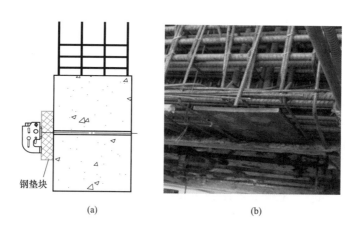

图 2.8-18 核心筒内墙截面厚度变化处理做法

(a) 做法详图; (b) 现场

板钢筋直径大于或等于Φ16时,采用预埋钢筋加直螺纹套筒的形式。

4) 架体预埋爬锥遇洞口时节点做法

单榀爬模架通过预埋爬锥与墙体连接,爬锥是重要受力构件,因此爬锥应避开洞口布置。当预埋爬锥无法避开机电专业等预留洞时,在预留的洞口设计型钢柱,通过型钢

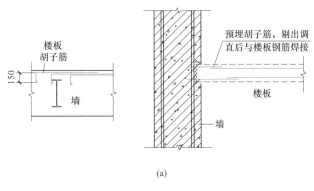

(a)

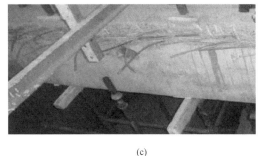

(b)　　　　　　　　　　　　　　　　　　　(c)

图 2.8-19　板后浇及钢梁节点处理详图

（a）板钢筋直径小于Φ16 节点处理详图；（b）板钢筋处理照片；（c）板钢筋处理照片

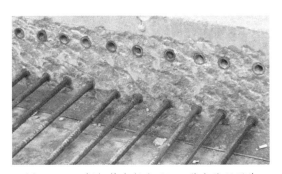

图 2.8-20　板钢筋直径小于Φ16 节点处理照片

桁架安装受力螺栓，达到传力目的，如图 2.8-21 所示。在爬模的下架体部分，附墙撑可能出现在洞口的情况，采用C20 槽钢的内侧抵住附墙支撑，槽钢外侧用膨胀螺栓固定于洞口两侧的墙体上。

6. 分段爬升技术

（1）爬升原理

爬模运行过程中，附墙件为架体提供支座，导轨为架体提供路径，顶升油缸与千斤顶提供动力，三套防坠系统与导轨的卯榫结构循环作用实现架体提升。

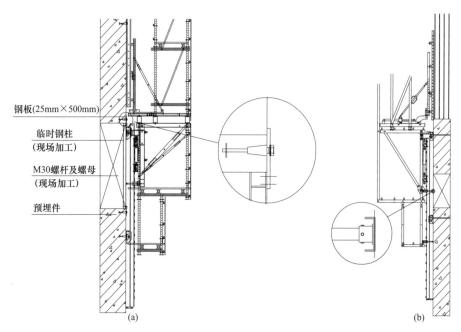

钢板(25mm×500mm)

临时钢柱
(现场加工)

M30螺杆及螺母
(现场加工)

预埋件

(a)　　　　　　　　　　　　　　　　(b)

图 2.8-21　架体预埋爬锥遇洞口时节点做法详图

(a) 爬锥遇洞口处理措施；(b) 附墙撑遇洞口处理措施

（2）优化设计原理

每套顶升油缸与防坠装置形成一个独立的牛腿支撑，外墙由 30 套顶升油缸与防坠装置支承起外架，九宫格内每个房间形成独立块体，与外部互不影响（图 2.8-22）。因此，只需断开外墙主框架连接钢梁，并加做断开后各自的防护体系即可，具体做法：将核心筒中部架体加高，使东、中、西三部分爬模系统分离，通过增加支撑梁等措施保证各部分架体整体性及独立性（图 2.8-23），实现核心筒三段流水施工。

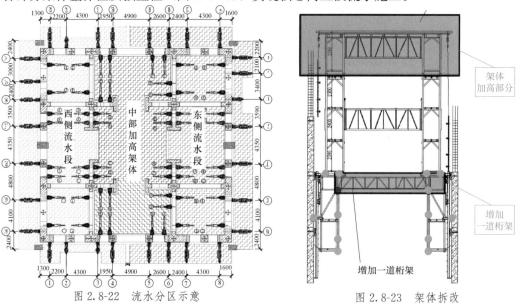

图 2.8-22　流水分区示意　　　　　　图 2.8-23　架体拆改

（3）采取技术措施

1）内筒部分增加 4 个提升机位；

2）中间筒体部分（编号 17～40 号机位）架体加高 3m，相应原标准竖向主框架立杆（80mm×80mm×5mm）截面进行调整，加工制作非标准竖向主框架立杆截面（120mm×120mm×5mm）；

3）在主框架处增加一道桁架高度 800mm 桁架（由两道变更为三道）；

4）便于上层模板操作，增加一道脚手板（3mm 厚花纹钢板）；

5）由于架体加高，增加中部三个筒体之间的连接，确保架体稳定；

6）将原设计整体外架体进行分片处理，增加断片处防护措施。

7. 爬模拆除

（1）爬模拆除原理

本工程 54 层及以上核心筒经过三次结构形式变化：54～57 层核心筒结构变为原来的 3/4，58～65 层核心筒结构仅留西侧流水段部分，65 层以上则为钢结构；液压爬模需要进行同步拆除（图 2.8-24 中阴影部分），以满足爬升需求。

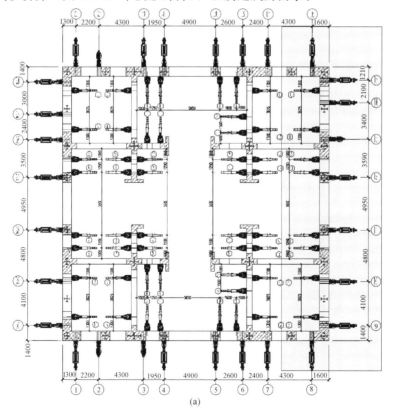

(a)

图 2.8-24　液压爬模拆除示意（一）

(a) 54 层液压爬模拆除

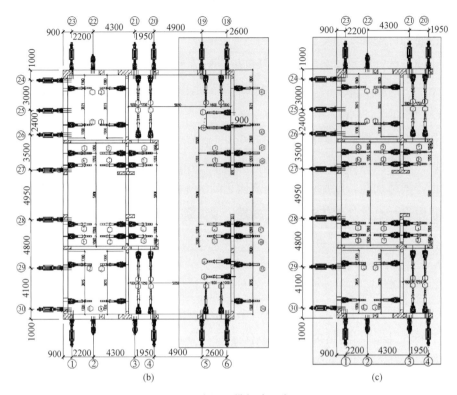

图 2.8-24 液压爬模拆除示意（二）

（b）58 层爬模拆除；（c）65 层爬模拆除

（2）爬模拆除工况

在第二层顶板位置将所有爬模提升点位安装完成，并使用桁架连接，做好防护，如图 2.8-25 所示。

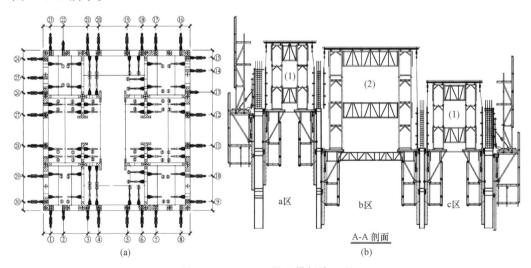

图 2.8-25 3～53 层爬模拆除工况

（a）爬模平面布置；（b）爬模立面布置

爬升至 53 层后，断开 6、7 号及 17、18 号提升机位桁架之间的连接，拆除外墙单侧爬模的第 7-17 号机位，以及内筒第 43、44、49～52、55、56 号提升机位，如图 2.8-26 所示。

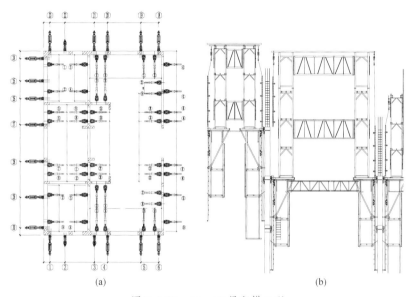

图 2.8-26　54～57 层爬模工况

（a）爬模平面布置；（b）爬模立面布置

爬升至 57 层后，断开第 4、5 号及 19、20 号机位桁架之间的连接，拆除外墙爬模第 5、6、18、19 号提升机位，以及内筒第 21～24、29～32、37～40、41、42、45～48、53、54 号提升机位，如图 2.8-27 所示。

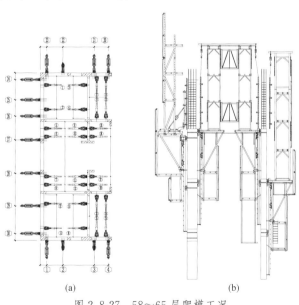

图 2.8-27　58～65 层爬模工况

（a）爬模平面布置；（b）爬模立面布置

54 层以上液压爬模拆除完毕后，钢结构高空施工作业难度大、施工危险性高，因此在液压爬模支撑体系（防坠装置及顶升油缸如图 2.8-28 所示）上搭设脚手板、双排脚手架及安全防护网，使之成为安全防护架，保证施工安全；54～57 层利用原爬模外架布置悬挑脚手架。

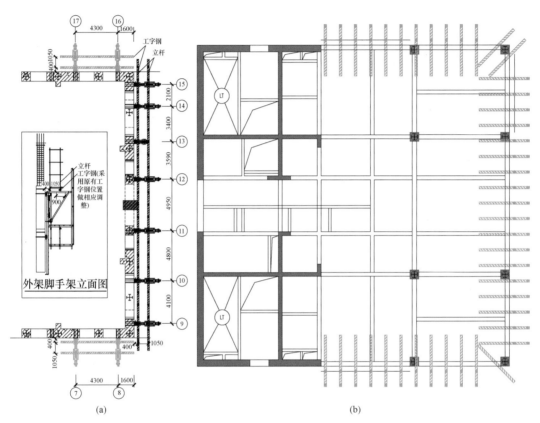

外架脚手架立面图

(a)　　　　　　　　　　　　　　(b)

图 2.8-28　58 层以上爬模工况

(a) 安全防护架；(b) 58 层以上墙体内外均设置悬挑脚手架

8. 爬架与施工电梯设计

人员从施工电梯到达钢平台处，然后从钢平台上爬模挂梯；下楼时，人员从挂梯下来到达钢平台，等待电梯到达。当核心筒墙体与梁板施工进度差小于 6 层时，直接从结构板上挂梯。

爬模系统提升一层后，安装下吊机位，用于周转施工双笼电梯上的人员，如图 2.8-29 所示。

爬模 5、6 号两个爬模机位下方安装吊笼，用于周转单笼电梯上的人员进入爬模系统施工，如图 2.8-30 所示。从 58 层开始搭设 a、b 两个机位用于周转双笼电梯上的人员。

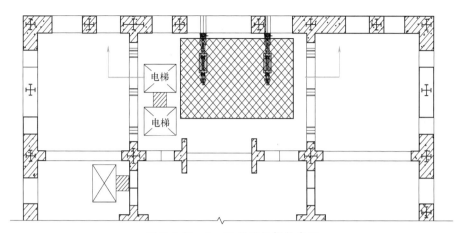

图 2.8-29　2～57 层下吊机位布置

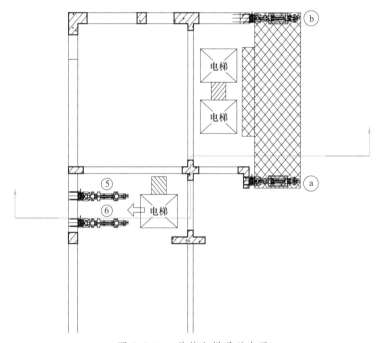

图 2.8-30　单笼电梯通道布置

9. 效益分析

　　分段爬升式液压爬模减少了核心筒施工过程中的窝工现象，液压爬模分 3 段可独立爬升、施工的体系，满足了将核心筒分为两个流水段施工，进而节约了劳动力，加快了施工进度。经计算，劳动力窝工时间可缩短 1/3，每层核心筒施工速度可加快 0.5～1d。液压爬模拟租赁日期为 360d，实际租赁日期为 300d，租赁单价为 8800 元/d，仅租赁费节省（360－300）×8800＝52.8 万元；其他的劳动力、机械设备配置等成本均有所节约。在核心筒施工前，利用 BIM 技术对墙体上各类埋件进行埋件综合分析，提前解决了预埋过程中的碰撞问题，减少了埋件开洞情况，保证了结构整体性，效益明显。

本项目的液压爬模工程在实施过程中，通过对现场爬模操作平台的优化，实现了核心筒流水施工；通过 BIM 技术进行碰撞检查，解决了各类埋件冲突；通过对比塔式起重机爬升规划，保证了爬模与塔式起重机安全距离；通过爬模改爬架，解决了超高层施工安全问题；通过本项技术的应用，大幅缩短了施工工期，减少了资源占用量，提高了爬模架体的可操性，保证了作业安全，对同类工程具有借鉴意义。

2.8.2 液压爬升铝合金模板体系

1. 项目背景

项目 2 的 T1 塔楼地上 44 层、地下 3 层，整体建筑高度 205m，结构形式为钢框架-核心筒混合结构。当超高层建筑外框为钢筋混凝土结构时，一般不宜采用不等高攀升施工，项目 2 的 T1 塔楼外框为钢结构，具备先进行核心筒施工，后进行核心筒外钢结构施工的不等高攀升条件，不等高攀升能够为多工序交叉作业提供工作面，实现超高层内多道工序同时施工、互不干扰，有利于加快施工进度。

针对模架体系选择，考虑 205m 高度使用顶升体系造价高，且不利于核心筒水平竖向结构同时施工，项目 2 的 T1 塔楼核心筒主体结构施工阶段采用了液压爬升模板及平台，其中 F1~F8 层采用散支模板进行施工，F9~F44 层采用铝合金模板进行施工。爬模架体共设置 6 层操作平台，架体设计总高度为 16.75m。其中上平台宽度为 2.5m，防止变截面处爬模进行斜爬时上平台跳板与钢筋冲突；主平台及液压平台宽度为 2.8m。铝合金模板配模时，不同标准层墙柱铝合金模板按照结构尺寸各配置一套进行周转，加固体系配置 1 套，非标准件局部配置 2 套。

2. 铝合金模板设计与深化

T1 塔楼核心筒 F1~F8 层现场采用散支模板进行施工，F8 层以上 3.6m、4.1m 标准层高模板均采用组合铝模板进行施工，F8 层以上非标层现场采用散支模板配合施工；设有爬模处的模板与爬模架体连接，核心筒外侧铝合金模板固定在爬模后移装置上，电梯井筒铝模现场使用手拉葫芦吊挂在电梯井筒爬模平台梁上，爬升时一同爬升。

3. 墙模体系设计

项目 2 的 T1 塔楼核心筒内墙模板采用接高板，内墙板标准做法为"吊脚角铝＋墙板＋楼面 C 槽"。

若"板厚＋楼面 C 槽"可凑 250mm，则采用"J42＋2700mm 墙板＋1100mm 接高

板"；若存在沉降，吊脚角铝采用 50mm 规格，底部平标高面，为"J50＋2700mm 墙板＋1100mm 接高板"；T1 塔楼核心筒外墙模板采用接高板，外墙板标准做法为"300mm 普板＋2700mm 墙板＋1100mm 接高板"，300mm 普板，且不抬升，如图 2.8-31 所示；其中梁下内墙板局部需根据实际情况调整接高模板尺寸。

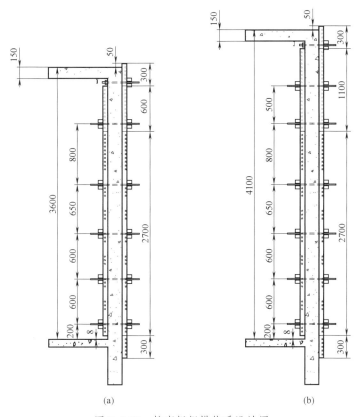

图 2.8-31　接高板铝模体系设计图

(a) 无 1100mm 接高板铝模体系；(b) 有 1100mm 接高板铝模体系

由于层高为 4.1m，故采用 2700mm 标准墙板＋1100mm 接高板＋300mm 普板。

在墙的阳角位置采用 Φ18 的螺杆斜拉固定，穿墙螺杆的标准定为横向距离 800mm 竖向高度跟背楞的高度一致。背楞的水平长度不宜大于 4000mm，长度太长和重量过重都不宜搬运。两段背楞断口处采用背楞连接器进行连接，背楞连接器的腰孔用穿墙螺杆对拉固定，在横向间距≤800mm 且竖向间距≤700mm 的前提下，在工人施工时严格按照施工规范进行安装、调校，保证墙体的竖直度及墙体的混凝土成型质量。

墙模板加固方案：背楞加固采用"内六外七"的做法，沿水平与垂直方向设置 M18 高强度对拉螺栓，水平方向标准间距 800mm，垂直方向以地面为基准内墙分为 6 排，外墙分为七排，在每排螺栓处沿水平方向设置两根钢背楞（尺寸 40mm×60mm），六道背楞高度为：200mm、600mm、600mm、600mm、800mm、550mm。

背楞断口采用槽钢（LBL500）连接，要求一、二道，三、四道，五、六道相邻的背楞断口不在同一位置上。

为加强整套模板的整体稳定性及侧向稳定性，墙体铝合金模板采用φ48×3.2mm圆钢管做斜向支撑，60mm×40mm×δ2.5mm矩形钢管做竖向背楞（刚接），斜支撑与竖向背楞用螺栓锁紧，同时使用且最大间距小于或等于2000mm。内墙加3350mm竖向背楞，便于斜撑安装调节。背楞数量同斜撑套数，斜支撑底座固定在楼板上，如图2.8-32所示。

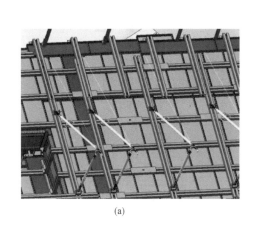
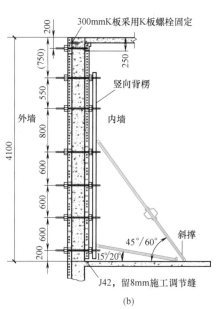

图 2.8-32　墙体铝合金模板斜撑布置

(a) 斜撑效果图；(b) 墙板穿墙孔及斜撑布置

项目2的T1塔楼采用预埋钢筋的形式进行固定斜撑，如图2.8-33所示。钢丝绳在模板与预埋钢筋两端拉紧，斜撑与钢丝绳起"一撑一拉"的效果，保证墙面的垂直度。又因楼层高度为4.1m，而斜撑高度在2m的位置，不能满足撑的效果，所以每根斜撑处均配备有一根竖向背楞，斜撑在竖向背楞处，每根竖向背楞均压住墙面上所有的横向背楞。把撑的力分布到整个模板面，而不是某一处。

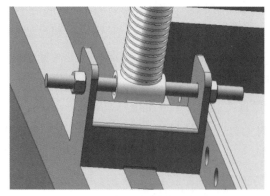

图 2.8-33　斜撑与竖向背楞连接效果图

为了准确、方便调整墙体垂直度，在墙体模板一侧安装2根以上斜支撑，斜支撑间距不大于2000mm，因为铝模的整体性比较好，用斜撑把剪力墙进行"一拉一撑"，通过预埋在楼板内的预制定型三角钢筋固定，边加固边校正，确保墙体的垂直度。墙柱根部加装压角木条（抹砂浆也可以），不仅防止柱、墙位移动，而且可以防止柱根部漏浆。

墙体变化时，铝合金最大限度使用的原理如下：墙体厚度随楼层存在缩尺情况，剪力墙墙头板需要设置同最小墙厚的墙模板，然后配合若干100mm、200mm、250mm、300mm 宽的墙模板来解决缩尺的问题。当墙厚为 1100mm 时，墙端头由五块模板拼成，宽度分别是 100mm、200mm、250mm、250mm 和 300mm。这样设置的目的是保证其他 5 种墙厚不要新增模板，模板又不会很碎。如墙厚 1000mm 时，取下 100mm 宽模板；墙厚 900mm时，取下 200mm 宽模板，换上 100mm 宽模板；墙厚 850mm时，取下 250mm 宽模板，换上 200mm 宽模板，依此类推。

图 2.8-34　缩墙模板
变化示意

T1 塔楼构造柱存在 100mm 缩截面，考虑双方成本节约，首层铝模在设计时即考虑使用小截面墙体所用模板配合拼接100mm 模板共同达到效果，在每层缩小截面时，在墙端去掉相应宽度模板以及墙角加上相应模板，如图 2.8-34 所示。

4. 梁模体系设计

梁模板按实际结构尺寸配置，模板标准宽 150mm、200mm、300mm、400mm，标准长 1100mm。梁模板型材高 65mm，铝板材 4mm 厚。

梁截面宽度小于 350mm 时，梁底设单排支撑，梁底支撑中心距离最大为 1200mm，梁底中间铺板，梁底支撑 DC100mm 宽，布置在梁底，如图 2.8-35（a）中 300mm×600mm 的纵向梁，梁底布置一个支撑头，也就是一个支撑，梁底模板采用 300mm×1100mm 的规格，支撑间距控制在 1200mm。

梁截面宽度大于等于 350mm，如图 2.8-35（a）中的水平方向梁。梁底设双排支撑，一般梁底支撑中心距离为 1200mm，梁底中间铺板，梁底支撑 DC100mm 宽，如800mm×800mm 的梁，梁底布置两个支撑头，也就是有两个支撑，两支撑之间有300mm 的横杆两道，梁底模板采用 400mm×1100mm 的规格，支撑间距控制在1200mm。此梁在 10～13 层时，截面是 800mm×800mm，即 800mm 宽、800mm 高。在 14～17 层时，截面变化为 700mm×800mm，即 700mm 宽、800mm 高。也就是变化时，梁底的宽度缩小 100mm，在配模时采用 400mm×1100mm＋100mm×1100mm 的铝合金模板并排排布，在变化层时，去掉 100mm×1100mm 的模板即可达到变化的目的，如图 2.8-35（b）所示。

梁底支撑采用可调式独立钢支撑，如图 2.8-36 所示，上杆为 Φ48×3.2mm、下杆为Φ60×3.2mm，上部的钢管间隔 120mm 的圆孔，直接配合，使用 12mm 插销进行粗调，

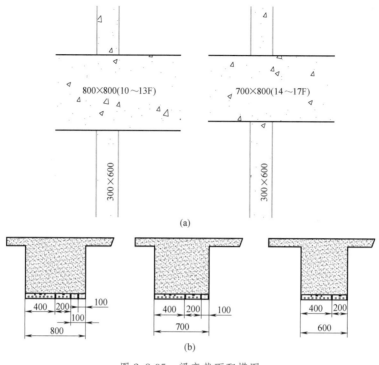

图 2.8-35 梁变截面配模图

（a）梁平面示意图；（b）梁底模配模图

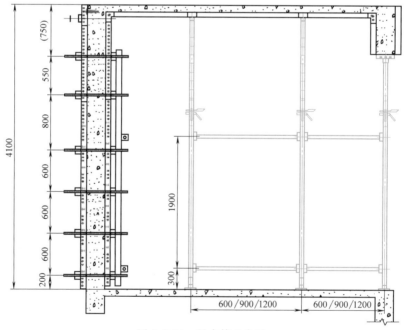

图 2.8-36 梁支撑示意图

下部钢管的外螺纹可进行微调，横杆标准尺寸为 1200mm、900mm、600mm，特殊位置局部微调。

5. 楼面体系设计

楼面顶板标准尺寸 400mm×1100mm，局部按实际结构尺寸配置。楼面顶板型材高 65mm、铝板材 4mm 厚。

楼面顶板龙骨中心距离间隔不大于 1200mm 设置一道 100mm 宽铝梁龙骨，快拆支撑头中心距离间隔不大于 1200mm 设置。

楼面板采用盘扣支撑架，支撑上杆为 $\phi 48 \times 3.2$mm，下杆为 $\phi 60 \times 3.2$mm，底座焊 120mm×120mm×8mm 钢片，支撑标准间距为 1200mm，部分较大梁底支撑间距 1000mm，局部微调。

楼面板采用盘扣支撑架，立杆间距不大于 1.2m，通过横向联系的水平杆组成稳定的支撑结构，横杆步距不大于 1600mm。立杆顶部采用可调丝杆调节支撑标高，通过丝杆与铝模板早拆头套管的插接式连接实现模板与支撑架之间的连接。

取 T1 塔楼核心筒最大楼面，竖向采用 4 排 100mm 宽的模板，中间以 1200mm 的间距均布 4 个支撑头，两支撑头之间刚好 3 块模板，每块模板的宽度 400mm，长度 1100mm，在横向方向有 1100mm（模板宽度）+100mm（连接模板）=1200mm（支撑横向间距），在竖向方向有 3（两支撑头之间的模板数）×400mm（模板宽度）= 1200mm（支撑竖向间距）。即保持支撑在两个方向都是 1200mm 的间距。

盘扣式可调钢支撑的主要杆件直径为 $\phi 60$mm，材质为 Q345B，且经过热镀锌处理，承载能力比一般脚手架钢管高。由立杆和横杆组成的支撑体系，稳定性好、轻质高强、承载能力高。架体连接形式均采用连接盘与连接头并通过楔销锁紧固定，安装速度快、精度高。

（1）立杆——结构主要承重构件之一，垂直荷载的主要传递者；由 $\phi 60 \times 3.2$ 材质 Q235B 的钢管，第一个连接盘距离底部 1.8m，其上每间隔不大于 1.8m 焊接一个连接盘，用于与横杆连接。

（2）横杆——结构主要构件之一，水平荷载的主要传递者；由 $\phi 48 \times 3.2$ 材质 Q235B 的钢管和横杆铸钢头焊接而成，在铸钢头内安装有可自动旋转的楔形插销。

（3）连接节点——横、立杆交汇连接处，由立杆上焊接的连接盘与横杆上焊接铸钢头相套，通过挂在横杆上的楔形插销与连接盘的小孔栓销楔紧，形成横、立杆之间的连接。该结构节点连接受人为因素影响小、连接紧凑、可靠，横立杆连接完全在平面内，节点计算模型误差小。

6. 楼梯体系设计

项目 2 的 T1 塔楼核心筒楼梯为双跑，楼梯模板包括踏步模、底模、底龙骨、墙模、狗牙模、侧封板等组成部分，如图 2.8-37 所示。

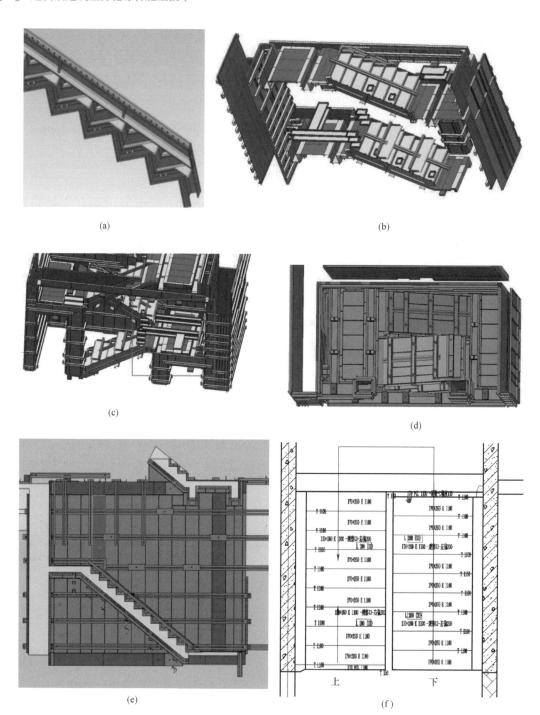

图 2.8-37　楼梯体系设计

(a) 楼梯"狗牙"示意；(b) 楼梯配模剖面效果；(c) 楼梯配模示意；

(d) 楼梯底部支撑头布置效果；(e) 楼梯间侧墙配模；(f) 楼梯踏步配模

因楼梯不设置休息平台盖板，在混凝土浇筑过程中需及时进行人工抹平。

T1 塔楼核心筒中有一个三跑楼梯，会存在奇偶层的变化，整个楼梯跑向发生改变。

楼梯休息平台不设置盖板，楼梯间设计长角铝作为撑杆，将空洞处模板连接成整体，增强模板的整体性。

7. 铝合金模板深化设计

针对项目 2 的 T1 塔楼核心筒结构特点，铝合金模板设计、生产和安装施工主要难点和要点如下：

（1）T1 塔楼核心筒外墙面采用爬升架与铝模结合，整体爬升，但是铝模采用模板拼接。解决方案：将外墙铝模和加固背楞用螺栓锁拼在一起。

（2）T1 塔楼核心筒所有剪力墙端存在型钢，铝模背楞无法拉螺杆，加固强度存在隐患。解决方案：针对大于 900mm 且没有对拉螺杆的情况，采用背楞活动连接件将背楞和模板固定在一起。

（3）T1 塔楼核心筒外墙采用整体爬升，铝模采用大模方式，外墙没有 K 板，容易出现错台现象和混凝土污染外墙面。解决方案：在铝模外墙顶部和底部，均加装角铝。

（4）楼梯踏步与梯梁之间形成小空间尖角，不便于脱模。解决方案：铝模设计时将尖角优化填实做平，如图 2.8-38 所示。

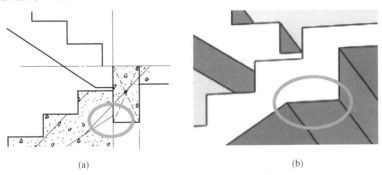

(a)　　　　　　　　　　　　　(b)

图 2.8-38　楼梯尖角优化前后对比
(a) 优化前；(b) 优化后

（5）T1 塔楼核心筒楼梯现浇，楼梯需做上三步，楼梯踏步做两级，底部做折板承接。模板效果示意如图 2.8-39 框内所示。

（6）T1 塔楼核心筒混凝土墙上设置电梯按钮盒，采用预埋施工。

（7）在楼梯平台旁，存在结构梁间距较小情况，拆模困难。

2.8.3　核心筒超高层铝模施工

1. 项目背景

项目 2 的 T1 塔楼核心筒主体结构，在施工阶段采用了液压爬升模板及平台，其中 F1～F8 层采用散支模板进行施工，F9～F44 层采用铝合金模板进行施工。铝合金模板

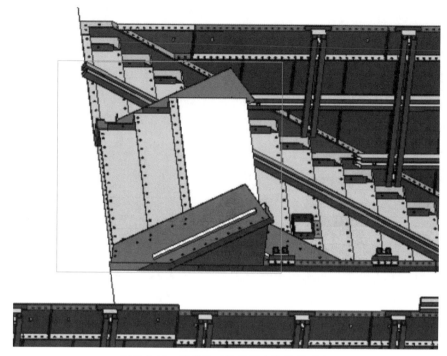

图 2.8-39　楼梯反三跑模板安装效果示意

配模时不同标准层墙柱铝合金模板按照结构尺寸各配置 1 套进行周转，加固体系配置 1 套，非标准件局部配置 2 套。T1 塔楼核心筒 F1～F8 层现场采用散支模板进行施工，F8 层以上 3.6m、4.1m 标准层高模板均采用组合铝模板进行施工，F8 层以上非标层现场采用散支模板配合施工。核心筒 20 层的避难层和 21 层的设备层的层高分别为 8.4m 与 8.2m，项目 2 为保证施工质量依旧采用铝合金模板进行施工，因标准层层高为 3.6m 和 4.1m，现场通用的模板最高是 4.8m，对此项目 2 利用现有铝合金模板，对两层高支模区域均采用两次浇筑混凝土的方式进行施工。

项目 2 标准层施工时，通用的是 4.8m 高铝合金模板，分两次混凝土浇筑，完成 8.4m 避难层与 8.2m 设备层的施工，如图 2.8-40 所示。8.4m 避难层施工时，第一次施工 4.3m 的竖向结构，绑筋合模浇筑拆模养护后进行爬模的爬升，再进行剩余 4.1m 的剪力墙及梁板的施工，8.2m 设备层施工时采用同样的施工方式，分两次 4.1m 施工。通过这种方式项目 2 用时 49d 完成了两层超高楼层的施工，相比传统模板和施工方式节约工期 16d。

2. 液压爬架设计

（1）预埋设计

根据内外筒架体形式的不同，埋件系统分为两种：墙体双埋件和楼板对穿双埋件。

墙体双埋件系统预埋件螺杆直径为 D26.5，材料为 45 号钢；受力螺栓直径为 M42，

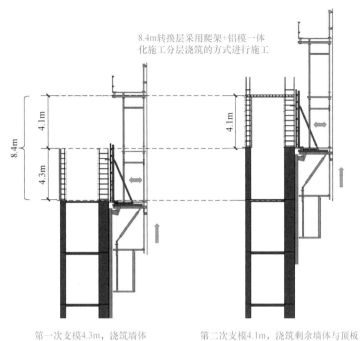

第一次支模4.3m，浇筑墙体　　　　　第二次支模4.1m，浇筑剩余墙体与顶板

图 2.8-40　核心筒超高层铝合金模板施工示意

8.8 级，如图 2.8-41 所示。模板上根据施工图纸开好爬锥孔，并在合模前将预埋件安装上。

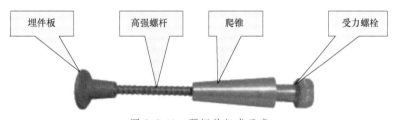

图 2.8-41　预埋件组成示意

（2）预埋件安装方式

爬模架体使用的预埋件需要利用模板进行提前预埋，固定方法是在模板拼装时，将固定预埋件的孔按照图纸标定的位置打好，外侧爬模预埋件位置为每层混凝土上表面往下返 1150mm 处。在模板就位前将预埋件用螺栓提前安装在模板的面板上，模板就位后须按照图纸检查每个埋件的位置及紧固程度，检查无误后方可进行混凝土的浇筑，浇筑完成达到拆模要求后将安装螺栓拆掉，模板后移后预埋件留在混凝土墙体中待爬模爬升后使用，如图 2.8-42 所示。

（3）架体平面设计

项目 2 的 T1 塔楼内外共布置 32 个爬架机位，其中外侧单面式爬架机位有 22 个，电梯井筒爬架机位 10 个。单个机位的设计顶升力为 10t（含自重），每个机位设置一套

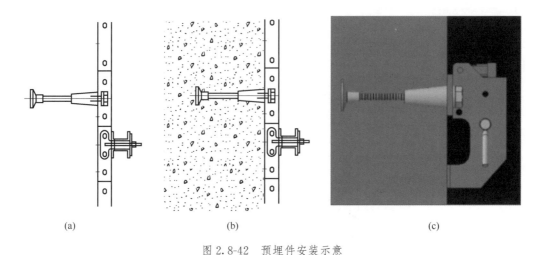

(a)   (b)   (c)

图 2.8-42　预埋件安装示意

(a) 预先安装预埋件；(b) 浇筑后退模；(c) 使用受力螺栓固定挂座

液压油缸。爬架机位平面布置时，已避开门洞口位置以及墙体内型钢柱位置。爬架预埋件第一个预埋点埋在 F1 层墙体内，F1 层混凝土浇筑完毕后开始安装液压自爬架，F2 层混凝土浇筑完毕并拆除模板后方可提升架体，标准层每次提升一层高度，单次浇筑高度超过 5.0m 时设置两层挂座，分两次连续爬升通过。整个爬架系统与核心筒作业面形成一个封闭、安全并可独立向上施工的操作空间。爬架爬升可以分段、分块或单元整体爬升。核心筒液压爬架及平台平面布置如图 2.8-43 所示。

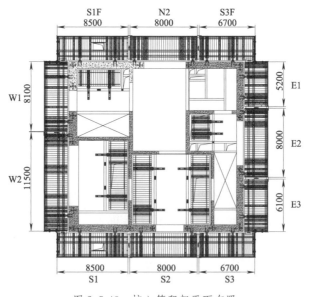

图 2.8-43　核心筒爬架平面布置

（4）架体立面设计

结合核心筒主体结构施工要求，为满足现场施工时钢筋绑扎所需平台高度需求，项目 2 的 T1 塔楼外侧爬模架体共设置 6 层操作平台，其中上平台宽度为 2.5m，防止变截面处爬模进行斜爬时上平台跳板与钢筋冲突。主平台及液压平台宽度为 2.8m，从上到下分别为：①上平台，供施工时放置钢筋等材料使用；②活动平台，供绑钢筋等施工操作使用，可按具体施工需要调节高度；③次平台，供人员过度使用；④平台为主平台，供模板后移使用兼做主要人员通道；⑤液压操作平台，爬模爬升时进行液压系统操作使用；⑥吊平台，拆卸挂座、爬锥及受力螺栓以便周转使用，架体设计总高度为 16.75m，如图 2.8-44 所示。

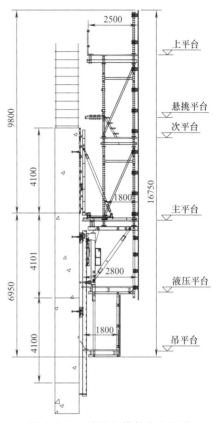

图 2.8-44　外侧爬模架体立面图

3. 爬模一体化施工

T1 塔楼核心筒模板在施工过程中采用外爬内拼，外墙铝合金模板使用插销与背楞连接成大模板，然后采用钩头螺栓连接铝合金模板的背楞与爬模后移装置固定，通过后移装置调节外墙模板垂直度及退模，并与爬模一同爬升；电梯井筒模板现场采用手扳葫芦挂于电梯井筒爬模平台梁上，与电梯井筒爬模一同爬升；其余铝合金模板通过电梯井筒卷扬机周转至下一层进行施工，如图 2.8-45 所示。

图 2.8-45　爬模施工图

4. 小结

项目 2 的 T1 塔楼 9～19 层、22～29 层、31～41 层为结构标准层，铝合金模板具有承载力高、质量轻、周转快的优点，在核心筒水平、竖向结构同时施工时优势明显。深化设计将核心筒外围铝合金模板与爬升系统连成整体，形成爬模系统，内侧模板散拼，利用结构水平洞口向上逐层倒运周转。液压爬模可大幅度承载并可以根据核心筒的结构形式进行配置分区，每个分区可单独完成爬升。采用液压爬升模板体系外挂铝合金模板，核心筒内水平模板、梁、楼梯采用铝合金模板体系，整体模板"外爬内拼"，相比于传统木模单层节约工期 3～4d，实现了平面 400m² 核心筒 5d 一层的施工速度。

2.8.4 无剪力墙位置爬架附着

1. 项目背景

项目 2 的 T1 塔楼核心筒施工时外架采用液压爬架，配合铝合金模板形成爬模体系，进行核心筒外部剪力墙与电梯井道内部剪力墙的施工，同时爬架作为操作平台使用。随着核心筒结构升高，核心筒所承受荷载变小，剪力墙布置范围逐渐缩小，导致爬架的爬锥无法按照正常的设计位置进行预埋，现场原计划施工至 43 层时便拆除液压爬架，44 层至屋顶待核心筒外钢结构完成施工后再与钢结构进行同步施工，在此情况下则会导致 T1 塔楼封顶节点推迟，为保证现场施工进度，44 层至机房顶（190.1～203.75m）继续沿用爬模进行施工，但由于有两处剪力墙从 190.1m 开始往上已经取消，项目 2 采用增加钢结构加固的方式作为爬架支撑锚固点，保证爬架爬升至结构顶，剪力墙及爬锥布置如图 2.8-46 所示。

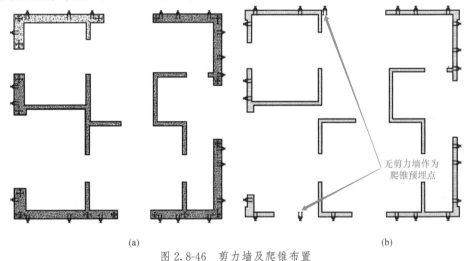

(a)   (b)

图 2.8-46　剪力墙及爬锥布置

(a) ±0～190.1m 剪力墙及爬锥布置；(b) 190.1～199.92m 剪力墙及爬锥布置

2. 液压爬架采用钢结构加固原理

通过增加钢结构给液压爬架增加着力点，主体结构至爬架的传力方式为：核心筒预埋爬锥→爬锥与受力螺栓固定挂板→挂板固定挂座→挂座固定导轨→导轨固定爬架。

经设计单位确认，T1 塔楼核心筒主体结构满足增加的钢结构受力要求。在爬锥和受力位置增加钢结构，再将原本使用爬锥与受力螺栓固定的挂板直接与钢梁或钢柱焊接锚固以完成挂板的安装，如图 2.8-47 所示，后续爬架安装施工流程不变。

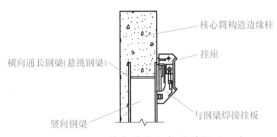

图 2.8-47　无剪力墙处爬架附着剖面示意

3. 液压爬架爬锥位置和着力点深化

通过深化设计确定爬架在无剪力墙处爬锥和着力点的具体位置，以项目 2 的 T1 塔楼核心筒单侧为例，深化得知 T1 塔楼核心筒在 190.1～203.75m 范围内存在四个标高需进行布置爬锥或着力点，分别为绝对高程 192m、193.35m、195.55m、198.6m 处，详细位置如图 2.8-48 所示。

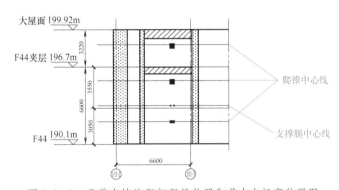

图 2.8-48　无剪力墙处爬架爬锥位置和着力点标高位置图

4. 预埋钢板

确定爬架在无剪力墙处爬锥和着力点的具体位置后，在核心筒主体结构施工时，根据深化标高完成预埋件布置，拆模后通过预埋件完成增加的钢结构焊接安装。

项目 2 的 T1 塔楼核心筒爬架在施工过程中增加的钢结构包括钢梁与钢柱，爬锥位置设置钢梁，同时在下侧安装立柱，钢梁与立柱均采用 300mm×300mm×12mm×12mm 型钢，材质为 Q235，钢梁、立柱与核心筒上布置的预埋件全部焊接，增加的通长钢梁两侧与埋件板焊接，具体如图 2.8-49 所示。

5. 小结

超高层核心筒随着楼层的升高，核心筒剪力墙厚度和布置范围均会逐渐减少，当采

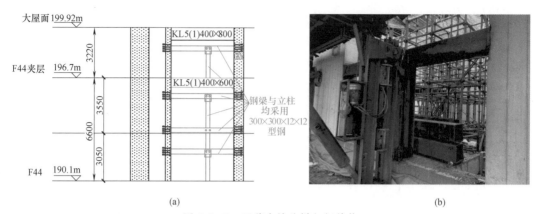

图 2.8-49 无剪力墙处增加钢结构

（a）无剪力墙处增加钢结构示意图；（b）无剪力墙处增加钢结构施工图

用爬架作为外架体系时，爬架的爬锥孔位置自施工开始后将无法改变平面定位，因此深化设计时必须核验爬锥所在位置的剪力墙是否延伸至顶，爬锥布置应避开剪力墙优化至无的情况。项目 2 的 T1 塔楼采用增加钢结构的方式来满足爬架的锚固与爬升，在爬锥缺失的位置增加钢结构以提供爬模附着点，在核心筒下层施工时，预留钢结构埋件，核心筒下层施工完毕后利用预埋件完成增设钢梁、钢柱的焊接固定，完成爬模的继续爬升至封顶，极大降低了施工难度，加快了现场的施工速度。

2.9 钢结构施工技术

2.9.1 项目背景

项目 1 工程建筑总高 299.8m，其中塔楼地下 4 层，地上 70 层，屋顶设停机坪。工程设置裙房结构，裙房结构共 4 层，总高 20.9m。钢构件总数约为 2 万件，结构用钢量约为 26000t，包括压型钢板吊装总吊次约为 2 万次。安装工期约为 18 个月。塔楼地上部分结构为混凝土核心筒＋外框刚架结构。结构在 8 层、58 层设置转换层钢桁架，塔楼结构核心筒截面由下而上进行 4 次变截面，外部钢框架进行 7 次变截面。

2.9.2 钢结构加工制作技术

1. 钢结构施工工程概况

塔楼结构为混凝土核心筒＋外框钢结构。地下室为混凝土框架结构，塔楼地下室部分为核心筒劲性十字柱＋外框箱形钢柱。主要外框柱为 8 根组合式钢柱和塔楼角部 4 根大截面箱形柱；组合式钢柱在地下四层～地下二层为双十字形（3275mm×1500mm）

外包混凝土式钢骨柱，在地下二层～地上七层为双箱形外包且内灌混凝土劲性柱（3275mm×1500mm）。

塔楼地上部分结构为混凝土核心筒＋外框刚架结构。结构在 7 层、57 层设置转换层钢桁架，塔楼结构核心筒截面由下而上进行 4 次变截面，外部钢框架进行 7 次变截面。外框柱截面由大变小，8 层以下使用最大钢柱为箱形 1500mm×1500mm×40mm×40mm，8 层以上结构组合柱变为箱形 900mm×500mm×14mm×20mm；钢梁最大截面为 H 形 1500mm×450mm×28mm×36mm。

屋顶钢结构标高 299.650m，主要采用钢框架结构停机坪，通过混凝土劲性钢柱、钢箱形柱与钢框梁及下部多道斜撑连接。

2. 特殊钢构件加工工艺

（1）地下室组合柱十字形变箱形构件制作

本工程外框钢柱主要有 8 根组合柱和 4 根大截面箱形角柱构成，地下室组合柱 GKZ1 在地下 4 层～地下 2 层为双十字形柱，在地下 1 层～7 层为双箱形组合柱，截面在地下 2 层变换，如图 2.9-1 所示。

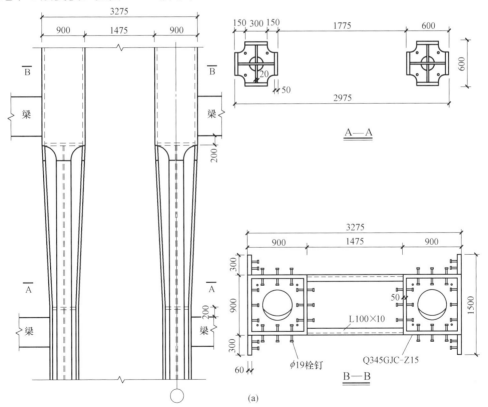

(a)

图 2.9-1　地下室组合柱十字形变箱形构件（一）

（a）地下室变截面组合柱

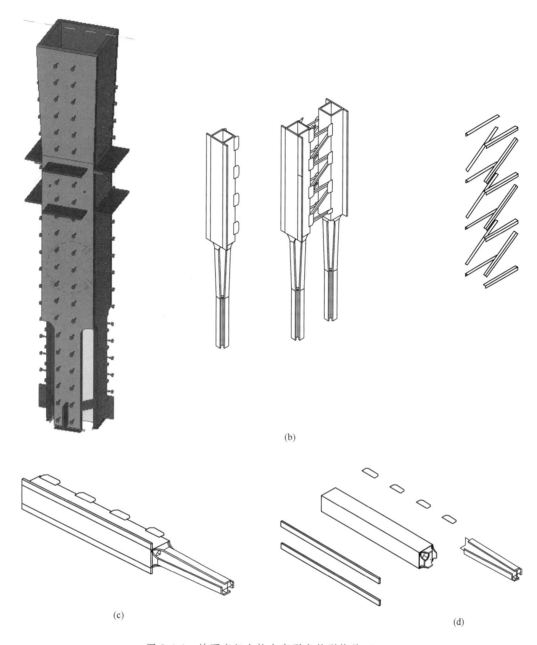

(b)

(c)   (d)

图 2.9-1 地下室组合柱十字形变箱形构件（二）

（b）地下室钢柱构造及现场焊接缀条∟100×10角钢；（c）十字形截面变箱形节点处理，
Q345GJC 钢材 50mm 厚钢板折弯处理工艺；（d）地下室变截面钢柱加工

（2）解体构件分析及施工优势

项目 1 所用的特殊构件类型，具有极大的施工优势，见表 2.9-1。

（3）转换层桁架复杂节点加工

转换层桁架由于其特殊需求，节点复杂且多变，其加工方法见表 2.9-2。

解体构件分析 表 2.9-1

解体构件类型	构件类型叙述及施工优势解析
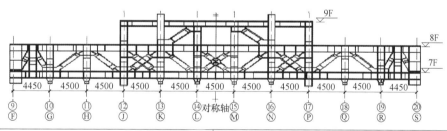	十字形腹板插入式节点连接,长度300mm,翼板、腹板采用直条切割机自动切割。 避免十字形与箱形转变处焊缝交叉,有效减小了应力集中程度和焊接施工作业难度
	翼板端部变形状下料处理,短距离厚板折弯技术是钢柱制作难点。 变形状翼板采用数控切割下料,短距离折弯采用折弯点加热(750~850℃),与1000t液压折弯设备结合,达到预要求折弯角度。再进行箱形组装

转换层桁架复杂节点分析 表 2.9-2

7 层转换处桁架 14 轴、15 轴节点分析	加工分为箱形制作和节点区域制作;构件重量 15t,将下部变截面箱形节点分段后重 13.5t,宽度变为 2.5m;拼装采用组装平台上放样技术,并采用合理焊接工艺控制变形;采取窄间隙小坡口焊接技术;CO_2 气保焊施焊时有效控制焊前温度、层间温度和后热温度,焊后消除应力,保证焊缝质量

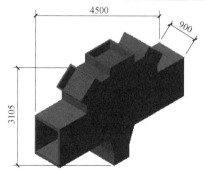

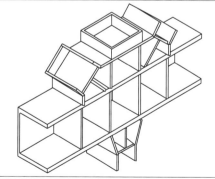

8 层转换层由 4 榀 ZHHJ1 和 8 榀 ZHHJ2 组成,主桁架 1 下弦由箱形 1200mm×900mm×60mm×100mm 组成,此节点将下部钢柱打断,通过变截面箱形节点与下部钢柱连接	此节点为变截面节点,呈箱体状,箱体内隔板板厚 45mm,数量 4 块。节点域零件板共计 22 块,最厚达到 45mm,用以实现 7 层与下部钢柱的转换

加工分为箱形制作和节点区域制作;节点区域厚板折弯采用火焰预热+液压折弯;焊接技术采取窄间隙小坡口焊接技术;CO_2 气保焊施焊时有效控制焊前温度、层间温度和后热温度,焊后消除应力,保证焊缝质量

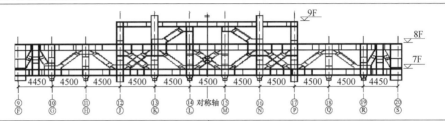

| | 8 层转换处桁架 13 轴、16 轴节点分析 |

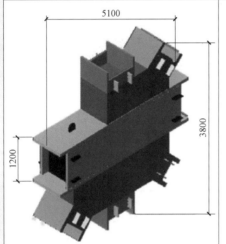

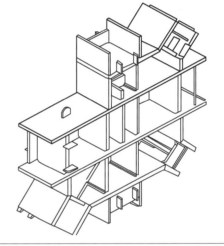

节点总重 28t,宽度 3.8m,下部节点现场焊接,分段后构件宽度控制在 2.5m,桁架上弦杆加上部节点重 17t

箱体内隔板最厚 90mm,节点域零件板共计 24 块,最厚达到 90mm,节点设置在 8 层,用以实现 8 层及 9 层受力转换

加工分为箱形制作和节点区域制作;拼装采用组装平台上放样技术,并采用合理焊接工艺控制变形;焊接技术采取窄间隙小坡口焊接技术;CO_2 气保焊施焊时有效控制焊前温度、层间温度和后热温度,焊后消除应力,保证焊缝质量

7 层转换处桁架 12 轴、15 轴节点分析

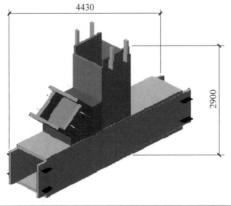

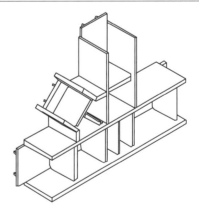

弦杆箱形 1200mm×900mm×60mm×100mm,斜腹杆箱形 900mm×900mm×90mm×90mm,直腹杆箱形 900mm×900mm×45mm×45mm

箱体内隔板最厚 90mm,节点域零件板共计 15 块,节点总重 16t,材质:Q345GJCC-Z25

续表

加工分为箱形制作和节点区域制作;构件重量 21.2t;拼装采用组装平台上放样技术,并采用合理焊接工艺控制变形;采取窄间隙小坡口焊接技术;CO_2 气保焊施焊时有效控制焊前温度、层间温度和后热温度,焊后消除应力,保证焊缝质量	

7 层转换处桁架 12 轴、17 轴节点分析

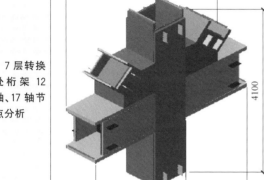

组合柱吊装采用单体吊装,两箱形间连接钢板采用在现场吊装焊接,此节点宽 4.57m,高 4.1m,总重 21.2t	此节点为转换层组合柱与桁架连接节点,箱体内隔板板厚 100mm。节点域零件板共计 22 块,最厚达到 100mm

加工分为箱形制作和节点区域制作;构件重量 14.3t;拼装采用组装平台上放样技术,并采用合理焊接工艺控制变形;采取窄间隙小坡口焊接技术;CO_2 气保焊施焊时有效控制焊前温度、层间温度和后热温度,焊后消除应力,保证焊缝质量	

7 层转换处桁架 10 轴、19 轴节点分析

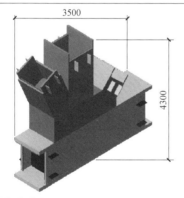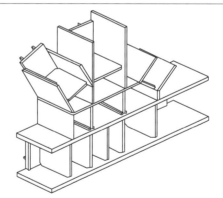

弦杆截面:箱形 1200mm × 900mm × 60mm × 100mm,使用材质:Q345GJCC-Z25,腹杆使用箱形 900mm × 900mm × 45mm × 45mm	箱体内隔板板厚45mm,数量 5 块。节点域零件板共计 20 块,最厚达到 45mm,整个节点重 14.3t

（4）桁架预拼装工艺

工厂预拼装目的在于检验构件工厂加工能否保证现场拼装、安装的质量要求,确保下道工序的正常运转和安装质量达到规范、设计要求,能否满足现场一次拼装和吊装成功率,减少现场拼装和安装误差,特别是由于本工程所有构件都为空间形状,又附带各种节点分段，为控制构件由于工厂制作、工艺检验数据等造成的误差，保证构件的安装空间绝对位置，减小现场安装产生的积累误差。

根据本工程结构特点，从保证现场安装精度的角度出发，主要对 8 层、57 层转换层桁架进行工厂预拼装，其中以 8 层转换桁架 ZHHJ1 和 ZHHJ2 的组合拼装为例，描述工厂预拼装工艺。

根据安装总体计划，制订工厂的实际预拼装计划，并依此进行桁架构件的分阶段预拼，如图 2.9-2 所示，工厂预拼装拟分成 4 个阶段进行，保证按安装节点计划顺序供货。桁架预拼装分为 4 个阶段进行，则在桁架转角方向上将存在与相邻阶段之间的交接界面接口不能进行整体预拼的情况；为此，在转角方向上采用第一阶段构件预拼装后，将其端部的钢柱留下，并以此钢柱为基准定位节点，进行第二阶段的预拼装，在转角方向上保证所有构件均经过预拼装，从而保证预拼装立体拼装要求。

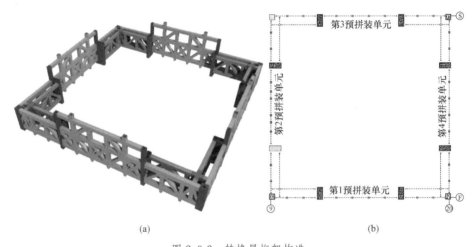

(a)　　　　　　　　　　　　　　　(b)

图 2.9-2　转换层桁架构造

(a) 8 层转换层桁架效果图；(b) 转换层桁架预拼装单元划分示意

3. 预拼装工艺

以 8 层转换层桁架中第 1 预拼装单元为例说明预拼装工艺，见表 2.9-3。

预拼装工艺布置　　　　　　　　　　　　　　　　　　　表 2.9-3

1. 预拼装胎架的设置：胎架必须按画线草图画出底线，在地面上画出预拼构件的节点线、中心线、分段位置线，并用小铁板焊牢，敲上洋冲，不得有明显晃动	2. 外框角柱、组合柱与胎架的定位：将钢柱吊上胎架，按平台上的胎架底线配以全站仪进行精确定位，定位时以胎架上的投影线为基准进行检查

续表

3. ZHHJ1 桁架下弦杆定位：将下弦杆吊上胎架进行定位，并对准平台上的中心线和两端企口线，定位必须保证分段接口处的板边差、坡口间隙等，再临时固定	4. ZHHJ1 中部弦杆定位：将中弦杆吊上胎架进行定位，并对准平台上的中心线和两端企口线，定位必须保证分段接口处的板边差、坡口间隙等，再临时固定

5. ZHHJ1 上部弦杆定位：将上弦杆吊上胎架进行定位，并对准平台上的中心线和两端企口线，定位必须保证分段接口处的板边差、坡口间隙等，再临时固定	6. ZHHJ1 直腹杆、斜腹杆定位：将腹杆吊上胎架进行定位，对准平台上的中心线、桁架的垂直度和两端企口线，定位必须保证分段接口处的板边差、坡口间隙等

7. ZHHJ2 铸钢节点（后期深化设计变更为钢板墙）定位：铸钢节点与桁架的连接是本工程 8 层转换层桁架预拼装重点，铸钢节点先与 ZHHJ1 处管口对接，通过另外两个方向的支撑固定、千斤顶微调，另外 8 个接口点全部采用全站仪检测	8. ZHHJ2 弦杆定位：桁架弦杆定位，通过吊垂保证弦杆边线与地样线精度，根据焊接工艺评定内容，预留弦杆对接坡口间隙，做好临时固定及对准接口洋冲眼标记

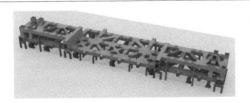 

9. ZHHJ2 腹杆定位：将 ZHHJ2 腹杆吊上预拼胎架进行定位，对准边线及两端企口线，保证腹杆与弦杆的对接坡口间隙。预拼装完成后安装定位连接板	10. 检测：预拼装后进行检测，采取"全站仪精确测量+地样复核技术"相结合方法，记录测量数据。对局部超差部位实施矫正

2.9.3 钢结构深化设计

1. 钢管混凝土柱深化设计

钢管混凝土柱涉及楼层为 B4 层～F70 层，合计数量 813 根，截面变化由 1500mm×

1500mm 递减至 500mm×500mm，混凝土强度等级：C40、C50、C60 三种，方钢管柱深化设计如图 2.9-3 所示。

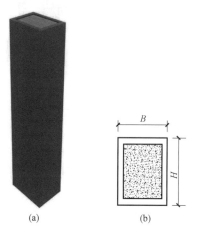

图 2.9-3　方钢管柱深化设计图

（a）方钢管柱；（b）截面深化设计

2. 矩形组合柱深化设计

矩形组合柱深化设计见表 2.9-4。

矩形组合柱深化设计　　　　　　　表 2.9-4

	所在楼层（层）	各层数量（个）	层高（mm）	混凝土强度	混凝土量（m³）
	−4	8	4500	C60	22
	−3	8	4500	C60	22
	−2	8	4500	C60	22
	所在楼层（层）	各层数量（个）	层高（mm）	混凝土强度	混凝土量（m³）
	−1	8	6800	C60	33
	1	8	5600	C60	27.5
	2~3	8	5100	C60	25
	4~7	8	4150	C60	20

续表

	所在楼层 （层）	各层数量 （个）	层高 （mm）	混凝土强度	混凝土量 （m³）
	8	8	4800	C60	14

2.9.4　钢结构施工技术

1. 矩形组合柱钢筋施工

本工程矩形组合柱截面大、钢筋密集，且主要为Φ28、Φ32 钢筋，箍筋形式复杂、间距小；矩形柱中心距离周边操作平台距离约 1.0m，如果采用传统的先套箍筋，连接主筋之后竖向移动箍筋就位，再绑扎的方法，则靠近巨柱中心一侧的箍筋无法绑扎，故合理的钢筋绑扎次序对施工尤为重要。

（1）－4~－2 层巨柱钢筋绑扎

为方便描述，将箍筋做施工编号如图 2.9-4 所示，钢筋绑扎次序见表 2.9-5。

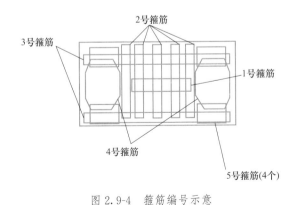

图 2.9-4　箍筋编号示意

（2）－1~7 层矩形组合柱钢筋绑扎

为方便描述，将箍筋做施工编号如图 2.9-5 所示，钢筋绑扎次序见表 2.9-6。

矩形组合柱钢筋绑扎次序示意 表 2.9-5

绑扎说明	图　　例
1. 施工钢骨（钢骨栓钉长度未进入箍筋范围,故不需考虑栓钉对钢筋绑扎的影响）	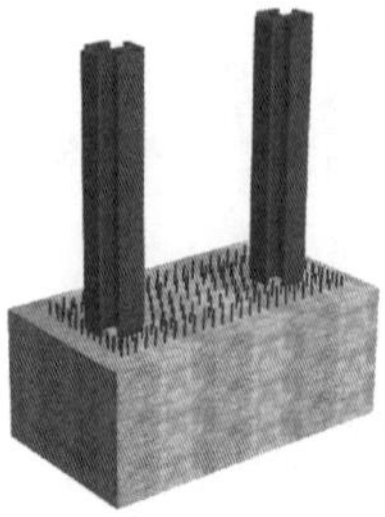
2. 进入巨柱中心区,将1号中心箍筋套入,放置在地板上,然后由内向外将图示纵筋接长	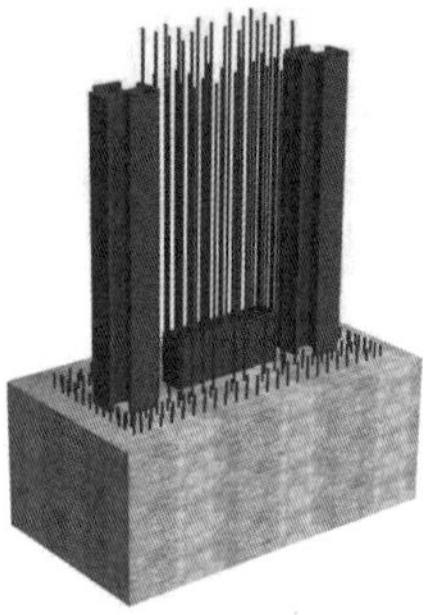
3. 将图示1号箍筋拉起绑扎到位	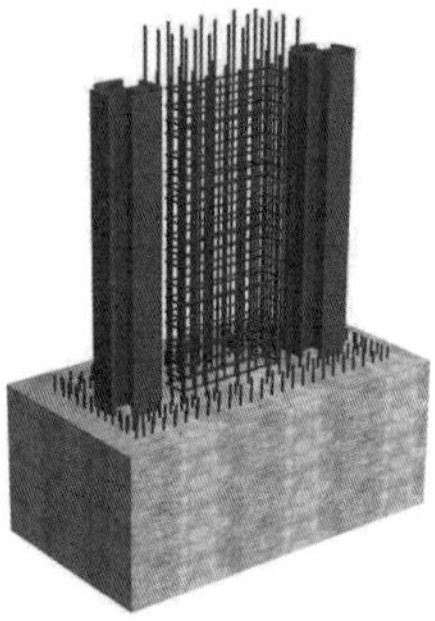
4. 将图示5个2号箍筋掰开,从一侧穿入,并与已有纵筋直接绑扎到位	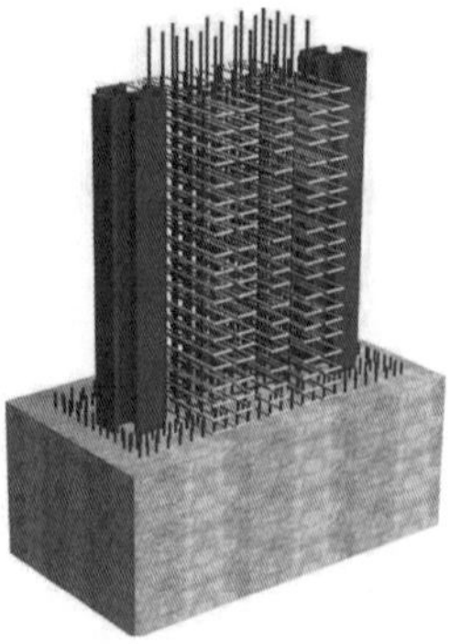

续表

绑扎说明	图　　例
5. 将图示 2 个 3 号箍筋搁置在 5 个 2 号箍筋上,用绑丝临时点式固定	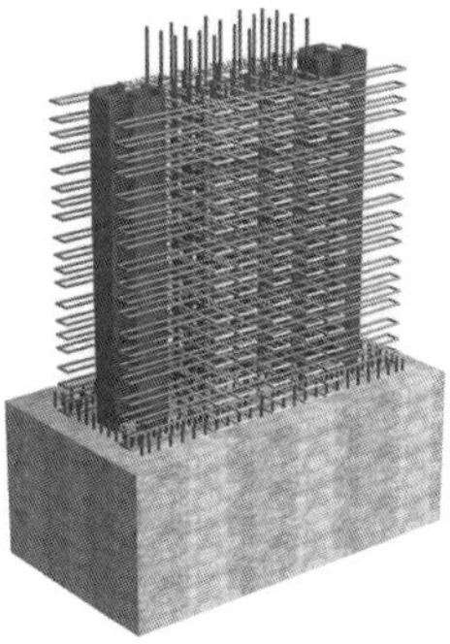
6. 将图示 2 个 4 号箍筋掰开穿过钢骨,一端与已有竖筋绑扎到位,另两端搁置在 2 个 3 号箍筋上,用绑丝临时点式固定	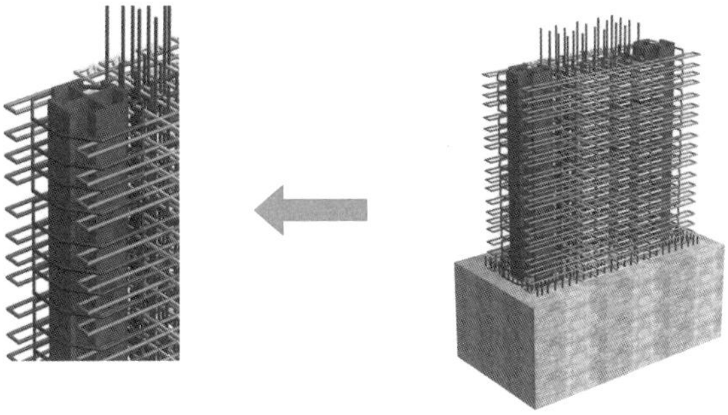
7. 将所有竖筋全部从箍筋上部插入,甩槎竖筋连接	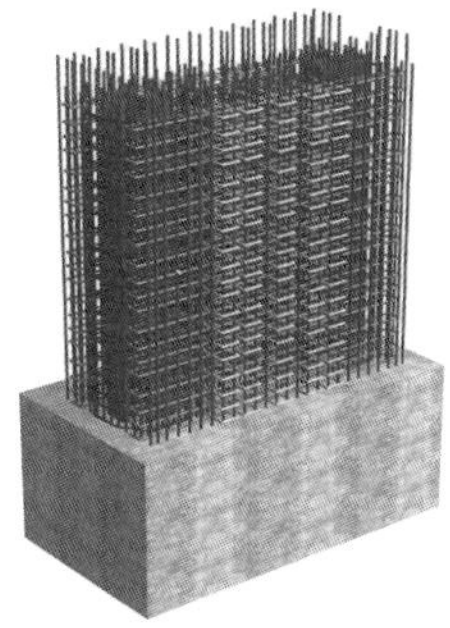
8. 将 4 个小型 5 号箍筋掰开穿入;所有箍筋绑扎固定	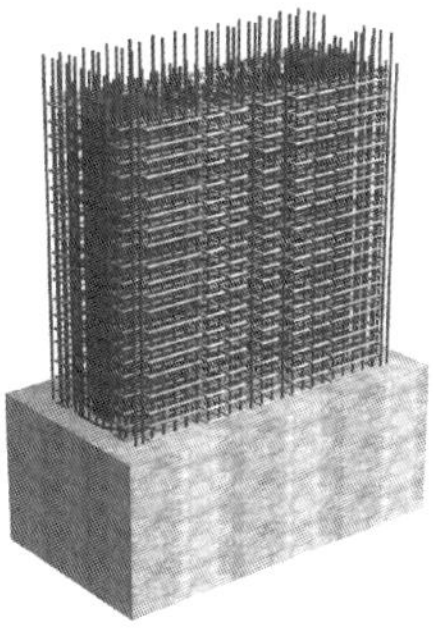

续表

绑扎说明	图 例
9. 将外围箍筋掰开套入,绑扎固定	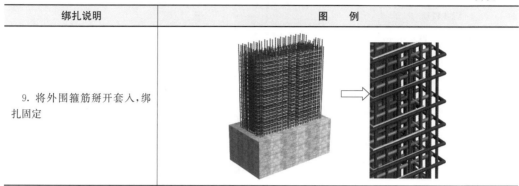

图 2.9-5 箍筋编号示意

矩形组合柱钢筋绑扎次序示意   表 2.9-6

绑扎说明	图 例
1. 施工钢管和钢骨	
2. 施工人员进入巨柱中心区,将1号、2号、3号、4号箍筋按照钢管柱栓钉间距计算数量后,搁置在钢管柱栓钉上,用绑丝临时固定(1号、2号、3号箍筋加工时宽度略加宽,便于搁置在栓钉上)	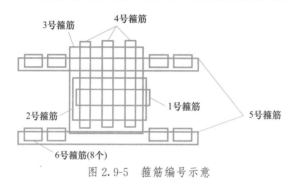

续表

绑扎说明	图　　例
3. 将中心区竖筋从上部穿过箍筋,与甩筋连接;把箍筋拉起绑扎到位	
4. 将 5 号、6 号箍筋临时用绑丝绑扎到一起,按层搁置在已绑扎箍筋上,用绑丝临时固定	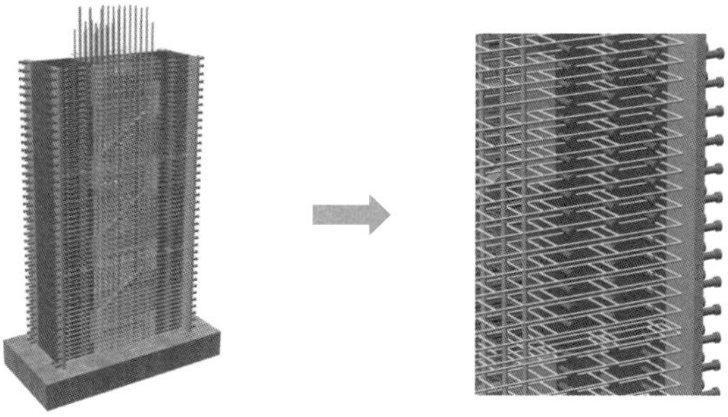
5. 将所有竖筋全部从箍筋上部插入,与甩槎竖筋连接;然后将 5 号、6 号箍筋拉起绑扎到位	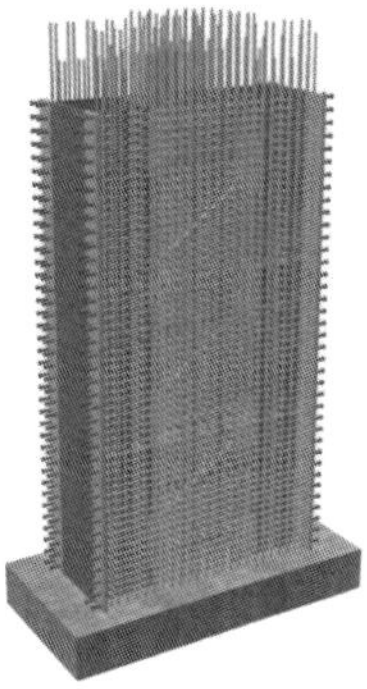

2. 矩形组合柱模板设计

由于钢结构工程比土建工程先行施工,模板支设可充分利用钢结构(钢骨)安装精度高、刚度大、稳定性好的优点,安装可拆拉顶螺栓遇钢骨时,可在钢骨上焊接拉顶螺杆,用螺栓固定木模板,不用支撑。本工程采用 WISA 面板＋木工字梁＋槽钢主背楞＋可拆卸螺栓的模板组合,如图 2.9-6～图 2.9-8 所示,此方法具有施工简便快速、效率高、成本低、安全性好等优点。

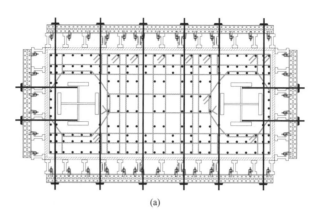

(a)

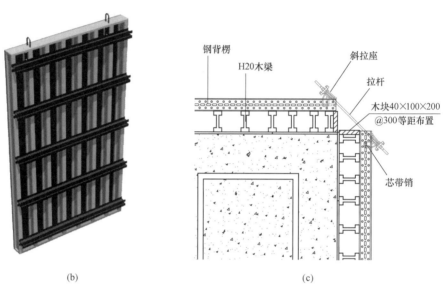

(b)   (c)

图 2.9-6　－4～－2 层矩形柱支模及螺栓布置

（a）－4～－2 层矩形柱支模及螺栓布置；（b）模板拼装；（c）阳角拉结

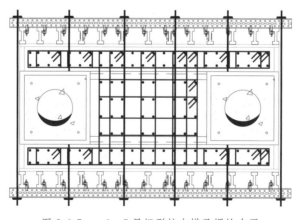

图 2.9-7　－1～7 层矩形柱支模及螺栓布置

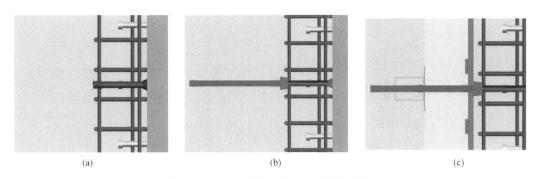

图 2.9-8　钢骨焊接可拆卸支顶螺栓做法

(a) 钢筋绑扎完成后焊接；(b) 锥形螺母、可拆卸螺杆；(c) 模板就位，拧紧螺杆

3. 矩形组合柱钢骨内外腔混凝土施工

(1) -4~-2 层矩形组合柱混凝土施工

该层段矩形组合柱为钢骨混凝土柱，按照施工部署及施工工艺要求，地下结构每层先施工竖向构件，然后施工水平构件，按照常规方法按层施工。该部位巨柱每层浇筑至梁下，再与梁板混凝土共同浇筑梁下至板顶的部位。

(2) -1 层矩形组合柱混凝土施工

该层矩形组合柱截面变为钢管混凝土形式，四周梁板为混凝土结构，具体如图 2.9-9 所示。

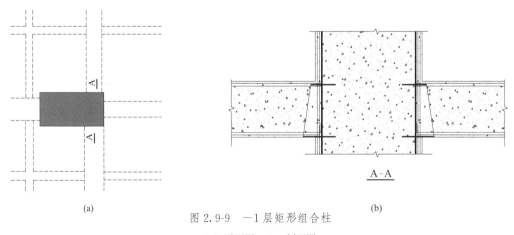

图 2.9-9　-1 层矩形组合柱

(a) 平面图；(b) 剖面图

此种情况下为了满足混凝土梁与组合柱混凝土的良好结合，满足混凝土结构施工缝留置的要求，巨柱外腔浇筑至梁下，然后再与梁板混凝土共同浇筑梁下至板顶的部位。

为了避免大体积混凝土水化升温过高，矩形组合柱内腔在外腔浇筑时暂不浇筑，在顶梁板施工完毕后再浇筑。

1~7 层矩形组合柱混凝土浇筑时，该层矩形组合柱截面形式与-1 层一致，但柱四周结构形式为钢结构梁和组合楼板，具体如图 2.9-10 所示。

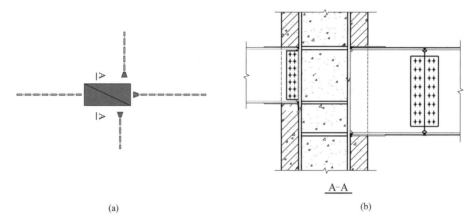

图 2.9-10 1～7 层矩形组合柱

（a）平面图；（b）剖面图

此种情况下，矩形组合柱钢管和钢骨施工完毕后，继续向上施工该层楼面钢梁。钢梁施工完毕后，进行矩形组合柱的外腔钢筋绑扎、模板安装，待组合楼板安装完毕、楼板钢筋绑扎完毕后，矩形组合柱外腔与组合楼板随层浇筑，浇筑高度至板顶标高。内腔混凝土与同层其他钢管柱同时在楼板浇筑后用顶升法施工，每次顶升 2～3 层。注意外腔混凝土与内腔混凝土浇筑要间隔开足够的时间（当测得的混凝土内外温差小于 25℃，与外界温差小于 20℃时），以避免水化升温过高。

4. 钢骨柱施工工艺

（1）钢骨混凝土柱

钢骨混凝土柱施工工艺如图 2.9-11 所示。

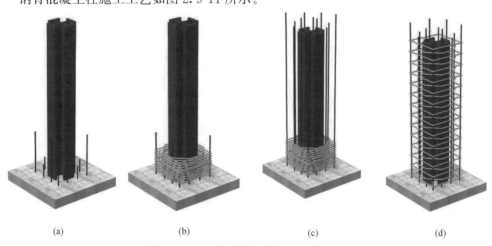

图 2.9-11 钢骨混凝土柱施工工艺（一）

（a）钢骨安装；（b）柱箍筋套入；（c）柱竖筋接高；（d）柱箍筋绑扎

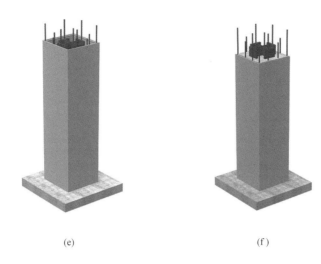

(e)　　　　　　　　　　　　　(f)

图 2.9-11　钢骨混凝土柱施工工艺（二）

（e）模板安装；（f）混凝土每层一浇筑

（2）钢骨混凝土剪力墙

钢骨混凝土剪力墙施工工艺如图 2.9-12 所示。

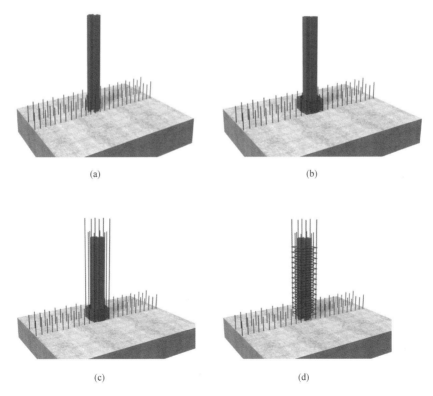

(a)　　　　　　　　　　　　　(b)

(c)　　　　　　　　　　　　　(d)

图 2.9-12　钢骨混凝土剪力墙施工工艺（一）

（a）钢骨安装；（b）暗柱箍筋套入；（c）暗柱竖筋接高；（d）暗柱箍筋绑扎

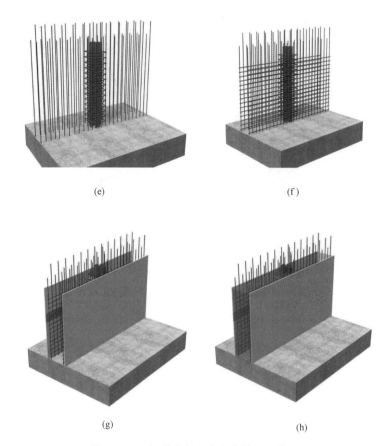

(e) (f)

(g) (h)

图 2.9-12 钢骨混凝土剪力墙施工工艺（二）

（e）剪力墙竖筋接高；（f）剪力墙水平筋绑扎；（g）模板安装；（h）混凝土每层浇筑

（3）钢骨框架梁

钢骨框架梁施工工艺如图 2.9-13 所示。

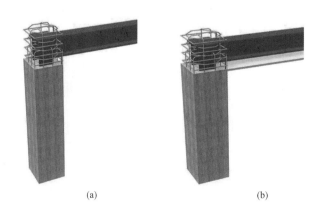

(a) (b)

图 2.9-13 钢骨框架梁施工工艺（一）

（a）钢骨安装；（b）支设梁底模

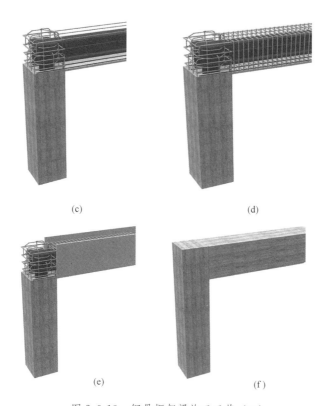

图 2.9-13　钢骨框架梁施工工艺（二）

（c）穿主筋和腰筋；（d）穿梁箍筋；（e）支设梁侧模；（f）浇筑混凝土

（4）施工注意事项

1）钢筋绑扎注意事项

型钢混凝土结构的钢筋绑扎，与钢筋混凝土结构中的钢筋绑扎基本相同。型钢混凝土结构与普通钢筋混凝土结构的区别，在于型钢混凝土结构中有型钢骨架，在混凝土未硬化之前，型钢骨架可作为钢结构来承受荷载。

为使接头处的交叉钢筋贯通且互不干扰，加工柱的型钢骨架时，在型钢模板上不仅要预留穿钢筋的孔洞，而且要相互错开。预留孔洞的孔径，既要便于穿钢筋，又不要过多削弱型钢腹板，一般预留孔洞的孔径较钢筋直径大 8mm 为宜，型钢混凝土结构钢筋绑扎工艺流程如图 2.9-14 所示。

2）混凝土浇筑注意事项

在混凝土浇筑前，钢结构必须做好埋件定位、现场对接焊、吊装等工作，在混凝土施工过程中，要精确控制钢结构定位。振动器振捣时不得与钢结构靠得太近或接触，混凝土不得直接由泵管或布料管直接下料入模，避免冲击钢构。

由于钢结构限制了混凝土的流动，且箍筋、拉筋密集，为了保证混凝土浇筑的质量，采用钢结构四面均匀布料法，用 4 个 Φ30 振动棒同时进行振捣，并始终保持振捣区

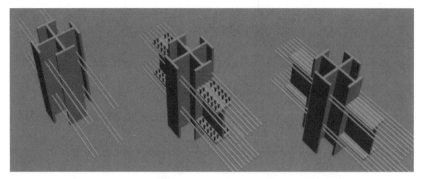

图 2.9-14 型钢混凝土结构钢筋绑扎工艺流程

域内的混凝土厚度，及时添加新混凝土，使混凝土从钢柱四侧逐渐向周围延伸，并把气泡从中排出。若采用上述方法仍然难以振捣密实，可在模板外辅以附着式振动器振捣。

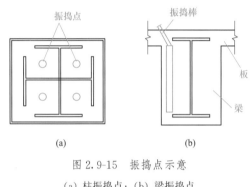

图 2.9-15 振捣点示意
(a) 柱振捣点；(b) 梁振捣点

在间隙狭小处利用钢钎等在下层混凝土初凝之前将上层混凝土捣下去，避免出现施工冷缝，如图 2.9-15 所示。

采取分层浇筑、分层振捣，每层厚度不大于 40cm（用标尺杆并辅以高能电筒照明，随时检查混凝土高度及振捣情况），振捣上层时，应插入下层 5cm。

柱上口找平：混凝土浇筑完毕后，用木抹子按标高线将柱上表面混凝土找平，浇筑面应高出标高线 10～20mm，高出部分作为施工缝的处理余量。

2.9.5 下挂双悬挂层重型转换桁架施工技术

1. 桁架简介及安装顺序

下挂双悬挂侧重型转换桁架的安装施工过程中，由于悬挂层下挂于转换桁架，导致转换桁架层构件安装下部无支撑体系，如先安装悬挂层，那么在安装转换桁架层时，桁架自重及上部荷载不可避免地使桁架下弦产生挠度，直接作用在悬挂层吊柱，使悬挂层受力与设计受力相悖；如先安装转换桁架，势必要采取诸多措施保证支顶力满足桁架结构自重及安装活荷载，危险性较大且措施费用投入较多。因此解决转换桁架安装支撑体系及保证悬挂层受力符合设计要求，是需解决的第一个技术课题；超高层转换桁架单个构件自重大，高建钢板材厚板焊接量大、施焊时间长，温度昼夜变换及焊接方式极易产生较大的残余应力，选择一种切实可行的施焊顺序，协调各工种作业减少焊接时间，释放乃至消除焊接应力是需解决的第二个技术难题；转换桁架高空散拼、高空焊接工作量大，保证作业人员安全及操作便利性是需解决的第三个技术难题。转换桁架结构示意如图 2.9-16 所示，转换桁架安装顺序见表 2.9-7。

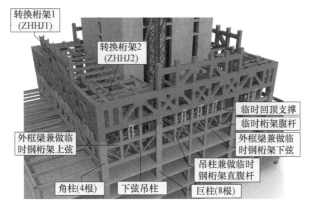

图 2.9-16 转换桁架结构示意

转换桁架安装顺序 表 2.9-7

安装顺序序列号	安装项目
1	5、6 层结构及临时桁架安装
2	6、7 层吊柱安装
3	7、8 层转换桁架安装
4	6、7 层吊柱卸载
5	8 层以上钢结构安装
6	塔楼主体安装至顶层，6、7 层吊柱安装(修正竖向变形)
7	5、6 层临时桁架卸载

2. 技术特点

(1) 最大程度利用原有结构

以悬挂层原结构外框钢梁为上下弦，以钢梁间吊柱作为直腹杆，以加设的临时斜支撑为腹杆组成临时钢桁架；临时钢桁架上弦与转换桁架下弦之间的吊柱与临时回顶支撑构成承力体系（以下简称传力体系）；转换桁架安装过程中，产生竖向向下荷载，直接作用在传力体系上，而传力体系又是以临时钢桁架为基础，可以很好地把连接转换桁架下弦的吊柱及回顶双柱上承受的荷载传递到临时钢桁架上，临时钢桁架再通过自身外框梁，将其自重及悬挂层以上荷载作用到下部巨柱及角柱上。此时的悬挂层包括传力体系和临时钢桁架，它最大限度地借助了原有结构（外框钢梁、吊柱和巨柱），巧妙地转换为安装上部主体转换桁架的支撑体系。

(2) 优化吊柱，实现"一柱两用"

悬挂层主要通过层间设置的吊柱，下挂于转换桁架下弦，吊柱最终受力状态为拉力；而施工阶段，桁架层安装又需要其下部吊柱提供的支顶力满足安装需要；针对本特点，对吊柱进行优化设计，施工阶段在吊柱上口设置与转换桁架下弦仅做连接用的长孔耳板，并加焊承力用圆孔耳板，此时吊柱与加设的临时回顶支撑形成传力体系，承接转换桁架下弦和临时钢桁架上弦，将桁架层荷载传递至临时桁架层，保证桁架安装顺利进行；桁架整体安装完毕且变形趋于稳定后，对传力体系及临时钢桁架进行卸载，再焊接吊柱，转变吊柱承力方式为受拉，达到设计的承力方式。

（3）合理的安装次序、最优的施焊顺序

安装次序主要是吊、焊分离，互不影响，进而把控质量，加快进度。如采用常规的局部支撑悬挑安装法进行施工，吊装完成一个构件焊接一个，不利于控制整体桁架精度，多工种协调难度大，增加了垂直运输设备闲置时间，影响施工进度；采用对转换桁架安装实施吊焊分离的方法，施工过程中较灵活，安装转换桁架下弦时，将整个下弦看作一个整体，实现吊、焊分离；吊装定位过程中可对单个构件进行校核，吊装完毕后可使用全站仪复核，使整体环形桁架形成闭合回路，保证了施工精度；而安装转换桁架斜腹杆及上弦时，可将单榀桁架视为一个整体，控制桁架下弦焊接作业面与上弦吊装作业面互不干扰，避免了边吊装边焊接产生的工序协调问题，加快了施工进度。

施焊顺序主要是以组合柱为基础向两侧阶梯状推进焊接。转换桁架具有厚板焊接量大、施焊时间长、温度昼夜变换及焊接方式易产生较大残余应力的特点，通过优化焊接顺序，实时监测等措施可有效减小焊接残余应力；转换桁架为上部密集小柱与下部稀疏巨柱之间的受力转换层，对其构件施焊时可以巨柱为起点向两侧阶梯状推进施焊，施焊时随焊随测，保证桁架整体安装精度；优化后的焊接方法较常规焊接方法，将焊接集中残余应力进行分散，保证应力不是集中在一点，而分散后的残余应力通过设置的"后焊缝"得到有效释放，极大地减小了焊接残余应力对桁架整体的危害。

单榀转换桁架往往重达几百吨，一次吊装成活率低、风险大、对垂直运输设备要求高，分段后吊装工作面增加，实现了塔式起重机利用最大化，节约工期；最优的施焊顺序为焊工提供了多操作面，可大幅度节约工期。结合本项目实例，单榀 ZHHJ1 重约700t，分段后的钢构件共有 344 个构件，其中最大构件重 29.2t，项目采用 1 台 ZSL750和 2 台 M440D 塔式起重机做垂直运输设备，最大吊重量 50t，满足施工需求；由组合柱向两侧阶梯状推进施焊的方法，为每榀 ZHHJ1 提供了 6 个操作面，由于施焊时 ZH-HJ 均已吊装完毕，可实现 4 榀桁架同时焊接，整个工作面共有 24 个焊接操作面，进度效果明显。

（4）借助转换桁架，搭设整体式操作平台

超高层转换桁架层多设置于结构 6~8 层，高空拼装、焊接工作量大，且超高层施工时，竖向结构往往提前水平结构 4~6 层，安全防护要求高；一般情况下，在结构上加挂施工吊篮做防护，存在工人操作影响范围小、安全防护性能差、安拆困难等缺点；

通过设置整体式操作平台减小施工难度，保证作业人员安全；采用在桁架整体吊装完成后形成的环状桁架构件上焊接穿钢管耳板，建立局部支撑，钢管穿过耳板后在构件两侧悬挑 1m 长度，搭设过人马道同时做安装操作面，与四榀转换桁架的操作面连成整体式操作平台。整体式操作平台解决了单个吊篮安全防护性差、工作人员操作面小等问题。

3. 工艺原理

（1）下挂双悬挂层施工工艺原理

下挂双悬挂层在施工过程中可分为三部分进行原理剖析：包括临时钢桁架工艺原理、传力体系工艺原理和卸载后与转换桁架下弦连接的吊柱恢复工艺原理。

转换桁架下挂悬挂层之间设置临时钢桁架，能够将转换桁架荷载通过临时桁架传递到下部巨柱及角柱上，实现转换桁架与其下部吊柱的相对独立，利用 Midas Gen 软件建立有限元模型进行计算分析，原则上钢梁采用梁单元模拟，支撑采用桁架单元模拟，计算出安装过程中临时钢桁架位移、应力及各杆件应力比。通过与规范比对临时钢桁架安装全过程中架体最大位移、临时桁架安装完成后各构件最大应力比值，得出临时钢桁架设计依据。

由于临时回顶支撑与转换桁架下弦连接的吊柱在转换桁架安装阶段承受压力，将桁架整体简化为压载，作用在传力体系上，传力体系简化为单根压杆，计算荷载作用下的压杆稳定，结合钢材抗压强度设计值，验算荷载作用下杆件截面是否满足要求，以此作为传力体系设计依据。

转换桁架下弦连接的吊柱在施工阶段承受压载，施工完毕后需恢复至设计承力方式。转换桁架安装过程中，临时转换桁架承受转换桁架自重及施工荷载，转换桁架安装完毕后，桁架自身可承受其自重和上部结构荷载，进行传力体系的卸载，撤去临时回顶支撑及转换桁架下弦连接的吊柱，卸载过程为避免支顶转换桁架的力瞬间消失，引起桁架失稳等不安全因素，使用液压千斤顶阶段性地为转换桁架提供支顶力，并缓慢卸载；传力体系卸载完毕后，卸除吊柱与转换桁架之间圆孔连接耳板，此时吊柱不受力，临时钢桁架承受悬挂层荷载，临时桁架下弦产生一定挠度；对吊柱上口与转换桁架下弦进行焊接，之后对临时钢桁架卸载拆除，悬挂层转换为吊柱承受拉力，达到设计要求。

（2）BIM 技术、预拼装技术及桁架安装初定位，提高一次拼装成功率

利用 BIM 技术进行转换桁架三维建模，对各构件进行碰撞检查及施工工况模拟，避免桁架安装后与其他专业产生冲突；广联达 BIM5D 施工工况模拟可实现桁架安装过程中人员、材料、机械设备（主要是垂直运输设备）的有效协调，避免了后续施工过程中的冲突。

采用卧造法预拼装技术，检验构件加工能否满足现场拼装、安装质量要求；转换桁架空间立体性强，通过划分预拼单元将桁架立体组织形式转换为平面散拼体系。

预拼装过程中完成桁架构件初定位，使用墨线弹出各构件中心线、轴线、与其他构件对接口位置边线，在构件端部焊接连接耳板，同时也做定位耳板。转换桁架预拼装技术及所采取的桁架构件初定措施，可减少现场拼装和安装误差，保证构件安装空间，提高一次拼装和吊装成功率。

（3）桁架构件吊装及焊接顺序优化施工工艺原理

吊焊分离的施工次序较局部支撑悬挑法安装，保证了施工吊装和焊接工序实现流水段施工，以桁架结构上下弦划分为两个流水段，每个施工段的焊接部分由于采用了由组合柱向两侧阶梯状推进施焊的作业方式，增加了工序作业面，最大化减少了两个流水段之间的自由时差；而局部支撑悬挑法安装是顺序施工，只有等构件就位方可施焊，不利于节约工期。

一般适用于超高层的动臂塔起钩速度为 105m/min，根据工程经验，距地 100m 范围内，塔式起重机吊装重型钢构件每吊时间约为 50min，且单台塔式起重机单个工作日吊装量约 100t。结合本工程施工数据统计：对于超重型钢构件（单个构件重量超过 18t），考虑塔式起重机挂钩、卸钩时间间隔，每吊时间约为 60min；对于重型钢构件（单个构件重量在 10～15t 之间），每吊时间约为 55min；对于小型钢构件（10t 以下），每吊时间约为 38min；利用统计学对桁架重量进行统计并分别赋予超重型，重型，小型钢构件 0.25、0.25、0.5 的权重，归纳得出每吊约 48min，与经验数据吻合。

结合工程实例，采用吊焊分离的安装次序，全部桁架 3000t 构件吊装完毕仅需 10d，桁架下弦焊接与上弦腹杆钢柱吊装之间存在 5d 自由时差，整个桁架安装共计 30d；若采用局部支撑悬挑法安装，在不考虑此种施工方法、工种协调难度大以及操作面只有 3 个的情况下，推算其安装时间为 10＋30－5＝35d。因此吊焊分离及由组合柱向两侧阶梯推进施焊可大幅节约工期。

（4）焊接应力控制工艺原理

理论上，在桁架安装过程中，若采用顺序施焊，焊接残余应力将沿桁架线性传递，最终应力集中于一点，造成不可恢复的较大偏差；而使用以组合柱向两侧阶梯状推进焊接施工顺序，能够有效分散应力；使用 ANSYS 应力分析软件，对不同焊接顺序情况下转换桁架内应力进行分析，分析过程中，顺序施焊法在焊接末端显示红色警示，阶梯状推进施焊在各个焊接末端显示绿色标识通过。

桁架安装过程中，即使采用由组合柱向两侧阶梯状推进施焊的焊接方式，可以有效释放并分散了厚板焊接应力，焊接后的残余应力也会导致桁架未施焊的构件接口之间出现偏差，且随着上部结构的安装，作用在完成面上的荷载会越来越大，桁架不可避免地产生挠度，进而影响构件企口线之间的对接。根据桁架单榀跨度，有计划性地留置后焊缝进行偏差调整，等桁架整体安装完毕，随着上部荷载增加，桁架变形趋于一个稳定值时，对后焊缝进行补焊。本工程在转换桁架下弦吊装完毕后，在后焊缝处粘贴透明张紧的透明胶带，桁架下弦施焊完毕后，张紧的透明胶带变松弛，由此可见后焊缝留置的必要性。

（5）钢结构优化设计原理

转换桁架厚板构件多，在保证构件承力强度、单个构件稳定性及整体桁架稳定性的前提下，采用高强钢代换强度较低的高建钢，可有效减少厚板焊接工作量，节约钢材使用，转换桁架转角处节点复杂，空间立体型接口较多，常规连接方法多采用铸钢件，自重大、接口多、焊接难度大，使用钢板墙替代铸钢件可实现散拼安装，减少接口数量并降低施工难度。

通过钢结构设计优化，采用 GJ390 替代 GJ345 钢材，降低钢材用量 310t，节省成本约 150 万元，将铸钢节点优化为钢板墙，节省节点铸造费 100 万元。

4. 操作要点

（1）施工策划

1）工厂内钢构件加工次序

根据转换桁架施工期间材料需求，确定合理的加工次序，保证施工现场钢构件的供给。依据转换桁架吊装顺序，工厂加工构件的大体次序应按照：悬挂层构件→临时转换桁架斜腹杆→临时回顶支撑→转换桁架下弦构件→转换桁架腹杆及上弦构件的加工次序依次进行。由于转换桁架层钢结构体量大，构件空间性多接口节点复杂，故应事先考虑工厂生产力，准备充足的人员、材料和机械设备，要求操作工人具有丰富的施工经验，加工原材供应有保障，加工厂预留 3d 以上的加工材料，并预备应急加工设备。

2）钢构件的运输及堆放

构件加工厂往往与施工现场有一定距离，应选择最优的运输路线，保证运输过程安全、快捷；应选择备用运输路线，保证钢构件运输"双保险"；特别的，处于市区的项目，构件运输应避开上下班高峰期及人流量较大路段；施工现场应事先规划好入场车辆行走路线，并划分好材料堆放区，且钢构件堆放应一次到位，各构件现场堆放以及构件起吊中心点的位置应遵循就近原则布置，方便塔式起重机起吊构件减少行程，避免二次倒运，同时最大限度地节省场地；对于施工场地狭小的项目，应保证现场至少有 2 天的富裕用料。

3）垂直运输设备选型及人员规划

根据塔式起重机吊装性能及构件类型，结合材料堆场距塔楼距离，确定塔式起重机选型；根据施工现场实际情况，规划塔式起重机大臂影响范围；根据施工图纸、转换桁架设计图、钢结构构件吊装量，确定垂直运输设备需求量和塔式起重机安装数量。

确定技术人员、驾驶员、交通疏导人员及桁架结构安装、焊接人员及检测人员数量。

（2）方案编制及优化

1）优化悬挂层承力，实现承力转换

以原结构悬挂层外框钢梁为上下弦，以钢梁间吊柱作为直腹杆，以加设的临时斜支撑为斜腹杆组成临时钢桁架，如图 2.9-17 所示。

图 2.9-17　临时钢桁架

临时钢桁架上弦上部为连接转换桁架下弦的吊柱，吊柱与临时回顶支撑构成承力体系（以下简称传力体系），如图 2.9-18 所示。

图 2.9-18　传力体系组成

转换桁架安装过程中，产生竖向荷载，直接作用在传力体系上，而传力体系又是以临时钢桁架为基础，可以很好地把连接转换桁架下弦的吊柱及回顶双柱上承受的荷载传递到临时钢桁架上，临时钢桁架再通过自身外框梁，将其自重及悬挂层以上荷载作用到下部巨柱及角柱上。

此时的悬挂层包括位于传力体系和临时钢桁架，它最大限度地借助了原有结构（外框钢梁和吊柱），巧妙地转换为安装上部主体转换桁架的支撑体系。

2）优化吊装及焊接工艺

项目1优化吊装顺序（图 2.9-19），将吊、焊分离（图 2.9-20），互不影响，减小多工种协作难度，加快施工进度；以桁架下弦为例：先将转换桁架下弦全部吊装完毕，

图 2.9-19 优化吊装顺序

测量验收合格后对桁架下弦进行焊接；吊装定位过程中可对单个构件进行校核（图 2.9-21），吊装完毕后可使用全站仪复核，使整体环形桁架形成闭合回路，保证施工精度。

图 2.9-20 吊焊分离

图 2.9-21 转换桁架下弦吊装及校核

吊装及施焊顺序主要以组合柱为基础向两侧阶梯状推进焊接。通过优化焊接顺序、实时监测等措施可有效减小焊接残余应力，转换桁架为上部密集小柱与下部稀疏巨柱之间的受力转换层，对其构件施焊时可由巨柱为起点向两侧阶梯状推进施焊，施焊时随焊随测，保证桁架整体安装精度。优化后的焊接方法较常规焊接方法，是将焊接集中残余应力进行分散，保证应力不是集中在一点，如图 2.9-22 所示，而分散后的残余应力通过设置的"后焊缝（图 2.9-23）"得到有效释放，极大地减小了焊接残余应力对桁架整体的危害。

单榀转换桁架往往重达几百吨，一次吊装成活率低、风险大、对垂直运输设备要求高，分段后吊装工作面增加，实现了塔式起重机利用最大化，节约工期；最优的施焊顺序为焊工提供了多操作面，可大幅度节约工期。结合本项目实例，单榀 ZHHJ1 重约 700t，分段后的钢构件共有 344 个构件，其中最大构件重 29.2t，项目采用 1 台 ZSL750 和 2 台 M440D 塔式起重机做垂直运输设备，最大吊重量 50t，满足施工需求；由组合柱

图 2.9-22　优化施焊顺序后应力传递

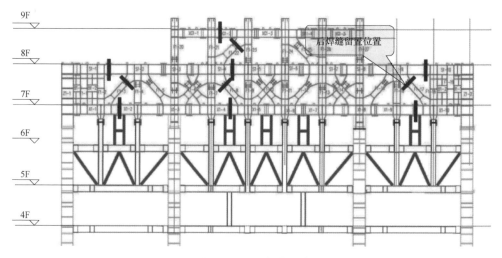

图 2.9-23　后焊缝设计

向两侧阶梯状推进施焊的方法，为每榀 ZHHJ1 提供了 6 个操作面，由于施焊时 ZHHJ 均已吊装完毕，可实现 4 榀桁架同时焊接，整个工作面共有 24 个焊接操作面，进度效果明显。

3）优化转换桁架下部吊柱，实现"一柱两用"

悬挂层主要通过层间设置的吊柱，连接转换桁架下弦，下挂于转换桁架，吊柱最终受拉力；而施工阶段，桁架层安装又需要其下部吊柱提供支顶力满足安装需要。针对本特点，施工阶段对吊柱进行优化设计，由原设计方案中仅在吊柱两侧设置用长孔耳板连接，以连接吊柱上口与转换桁架下弦，优化为在吊柱另外两面加焊承载力用的圆孔耳板，如图 2.9-24 所示。

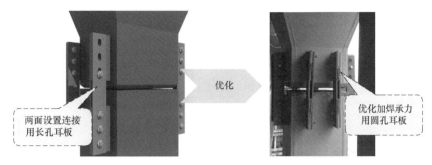

图 2.9-24 桁架下弦吊柱优化

经过优化后的吊柱与加设的临时回顶支撑形成传力体系，承接转换桁架下弦和临时钢桁架上弦，将桁架层荷载传递至临时桁架层，保证桁架安装顺利进行。

此时吊柱与加设的临时回顶支撑形成传力体系，如图 2.9-25 所示，承接转换桁架下弦和临时钢桁架上弦，将桁架层荷载传递至临时桁架层，保证桁架安装顺利进行。

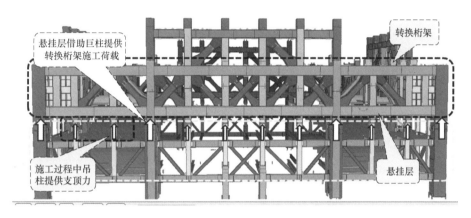

图 2.9-25 安装过程中吊柱承力状态

桁架整体安装完毕且变形趋于稳定后，对传力体系及临时钢桁架进行卸载，再对吊柱进行焊接，转变吊柱承力方式为受拉状态，如图 2.9-26 所示，达到设计的承力方式。

4）优化整体式安全操作平台

优化整体式操作平台，较常规操作平台（图 2.9-27b）增加作业面，增加平台整体稳定性，降低工人操作施工难度，保证人员安全；采用独特的设计思路，通过在桁架整体吊装完成后形成的环状桁架构件上焊接穿钢管耳板，建立局部支撑，巧妙地借用了桁架结构实现自身承力，效果显著，如图 2.9-27 所示。

5）钢结构深化设计

原设计转换桁架强度为 Q345GJ-C，厚度为 80mm、100mm；优化后转换桁架强度为 Q390GJ-C，厚度为 60mm、80mm。原设计普通钢构件强度为 Q345B，优化后强度为 Q390B，满足强度要求；通过设计优化构件截面及壁厚均有不同程度减小，如图 2.9-28 所示。

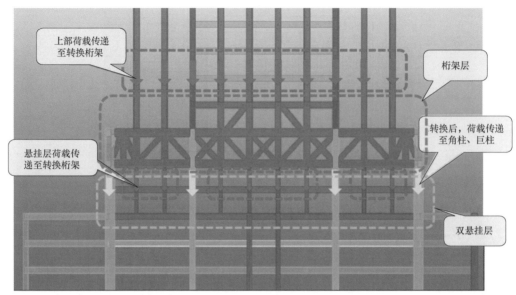

图 2.9-26　桁架安装完成后吊柱承力状态

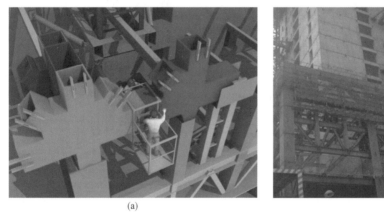

(a)

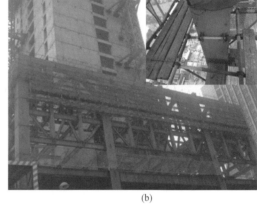

(b)

图 2.9-27　安全操作平台

（a）整体式操作平台；（b）常规操作平台

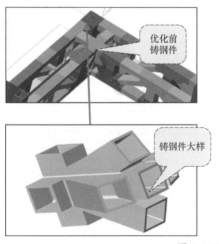

图 2.9-28　铸钢件优化为钢板墙

转换桁架转角处节点复杂，空间立体型接口较多，常规连接方法多采用铸钢件，自重大接口多焊接难度大，使用钢板墙替代铸钢件可实现散拼安装，减少接口数量并降低施工难度。

5. 主要安装阶段工况

（1）悬挂层构件安装

悬挂层构件经过施工测量定位后，可直接安装。由于悬挂层下部为外框结构梁、吊柱与临时斜腹杆组成的临时钢桁架，安装时应先安装临时钢桁架下弦及直腹杆，再进行临时桁架上弦安装，最后安装临时斜腹杆，斜腹杆与上下弦之间的连接方式为高强螺栓连接，连接前应先做螺栓材料性能测试，合格后方可大面积安装，安装效果如图 2.9-29 所示。

悬挂层上部结构为与转换桁架下弦连接的吊柱及加设的临时回顶支撑，如图 2.9-30 所示，两者组成传力体系，安装过程中应注意将吊柱进行优化，吊柱安装时其上口与转换桁架下弦之间预留足够间隙，保证临时桁架卸载后吊柱恢复至设计承力状态。

图 2.9-29　悬挂层临时钢桁架安装　　　　　图 2.9-30　传力体系安装

（2）整体式安全防护操作平台搭设

整体式安全防护操作平台搭设贯穿于整个吊装焊接整体过程，可分为三个安装阶段，如图 2.9-31 所示。第一阶段从悬挂层开始，安装完成悬挂层吊柱，即开始进行整体式安全防护操作平台的搭设，满足转换桁架下弦安装与焊接；第二阶段在第一阶段基础上进行防护网架的接高，满足转换桁架斜腹杆、X 形腹杆吊装时的安全防护需求；第三阶段在前两阶段基础上，继续加高，满足桁架上弦吊装及焊接的安全防护。

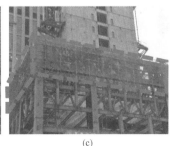

(a)　　　　　　　　　　(b)　　　　　　　　　　(c)

图 2.9-31　整体式安全防护操作平台

（a）桁架下弦施工防护；（b）桁架腹杆施工防护接高；（c）桁架上弦施工防护

（3）转换桁架吊装及焊接

1）转换桁架下弦吊装

采用分段吊装方式对转换桁架下弦进行吊装，吊装时由组合柱向两侧阶梯推进吊装。钢构件就位后，对其位置进行测量，通过墨线预弹的定位轴线、定位中线、对接口定位线，结合连接定位耳板对钢构件精准定位，通过连接耳板的焊接实现桁架下弦构件临时固定。

2）转换桁架下弦焊接

转换桁架下弦全部构件吊装完毕，整体桁架形成一个闭合环形回路，使用全站仪和GPS定位技术对桁架进行偏差检测复核，如发现较大偏差，则对桁架下弦进行局部调整安装，直至满足钢构件精度要求为止。桁架下弦的吊装和焊接实现吊、焊分离，即整体吊装完毕后进行焊接。桁架下弦焊接时，采用由组合柱向两侧阶梯状推进焊接的方式，提供多个施焊操作面。焊接过程中留设后焊缝。

3）转换桁架腹杆及上弦吊装

转换桁架腹杆及上弦吊装与桁架下弦焊接实现吊、焊分离；在下弦焊接完成的单榀桁架上进行上部转换桁架腹杆及上弦吊装，通过合理控制施工作业面，实现吊装腹杆及上弦与焊接下弦相互分离。

4）转换桁架腹杆及上弦焊接

通过合理控制施工工序，实现转换桁架腹杆及上弦吊装与焊接分离，单榀桁架吊装完成后，形成一个整体，采用由组合柱向两侧阶梯状推进焊接的方式，对单榀整体桁架进行焊接。焊接过程中留设后焊缝。

（4）吊柱与转换桁架施焊及临时桁架卸载

与转换桁架下弦连接的吊柱，在转换桁架安装完成后，拆除连接用长耳板和固定用圆孔耳板，将其受力方式由受压转换为受拉；拆除耳板过程中，为防止转换桁架失去支顶力后瞬间产生较大挠度，影响结构安全，应先使用液压千斤顶对桁架进行支顶，割除吊柱上耳板后，再将液压千斤顶缓慢卸载，以保证转换桁架安全。当转换桁架变形趋于稳定时，撤去液压千斤顶，进行吊柱塞装，将吊柱上口与转换桁架下弦之间进行焊接。

吊柱上口与转换桁架下弦塞装完毕后，吊柱还未承受拉载，此时悬挂层荷载全部由下部的临时钢桁架承受，临时钢桁架的存在保证了悬挂层外框钢梁产生较小的挠度，此时进行临时钢桁架卸载，拆除临时腹杆与悬挂层外框钢梁之间的高强螺栓，使外框钢梁产生较大挠度，此时悬挂层吊柱开始产生作用，阻止钢梁向下变形，承受拉力。卸载各阶段构件承力情况如图2.9-32。

（5）后焊缝施焊及整体式操作平台拆除

桁架整体变形稳定后进行后焊缝焊接，用以调节安装焊接过程中的偏差、应力应变等。最后拆除整体式操作平台，至此转换桁架安装完毕。

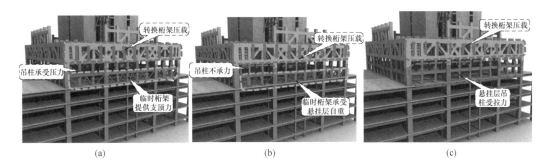

图 2.9-32　临时钢桁架卸载前后吊柱承载力情况

（a）耳板拆除前；（b）临时钢桁架卸载前，与转换桁架焊接时；（c）临时钢桁架卸载后

6. 关键部位及工序的质量管理重点

（1）厚钢板焊接质量控制

超高层转换桁架不仅厚板焊接量大，而且节点较复杂，焊接应力集中，焊后易产生裂纹，将会对整个结构的使用安全带来不利的影响，因此对于焊接技术的施工管理，特别是厚板的焊接施工控制相当重要。

（2）焊接残余应力控制

构件焊接时产生瞬时应力，焊后产生残余应力，并同时产生残余变形，这是客观规律。一般在制作过程中重视控制变形，往往采取措施来增大被焊构件的刚性，以求减小变形，而忽略与此同时所增加的瞬时应力与焊接残余应力。超高层转换桁架大部分构件均属刚性大、板材厚的构件，虽然残余变形相对较小，但同时会产生巨大的拉应力，甚至导致裂纹。在未产生裂纹的情况下，残余应力在结构受载时内力均匀化的过程中往往导致构件失稳、变形甚至破坏，因此焊接应力的控制与消除在本工程构件的制作过程中显得十分重要，应优先于构件的残余变形给予考虑。

（3）厚板焊接层状撕裂控制

层状撕裂是一种不同于一般热裂纹和冷裂纹的特殊裂纹，一般产生于钢构件角焊接头的热影响区轧层中，有的起源于焊根裂纹或板厚中心。应严格控制钢材硫含量，控制 Z 向性能，采取合理的焊接工艺。

7. 安全防护技术

（1）整体式安全防护操作平台

优化整体式操作平台：较常规操作平台，增加作业面，增加平台整体稳定性，降低工人操作施工难度，保证人员安全；采用独特的设计思路，通过在桁架整体吊装完成后形成的环状桁架构件上焊接穿钢管耳板，建立局部支撑，巧妙地借用了桁架结构实现自身承力，效果显著，如图 2.9-33 所示。

图 2.9-33　整体式安全防护操作平台

（2）安全防护外挑网安装

安全防护外挑网由上夹具、下夹具、钢丝绳及外挑网片组成，每隔 5 层在周边布设挑网，在周边钢梁上焊接耳板，挑网架与耳板铰接。安全防护外挑网如图 2.9-34 所示。

（3）马道或钢梁上安全防护

施工现场借助建筑结构或脚手架上的登高设施实现登高作业，桁架安装时在外框部分设置过人走道，走道以结构钢梁为基座搭设钢板，形成施工马道，保证操作人员安全。梁面上需行走时，其一侧的临时护栏横杆可采用钢索，当改为扶手绳时，绳的自由下垂度不应大于 $L/20$，并应控制在 100mm 以内，如图 2.9-35 所示。

图 2.9-34　安全防护外挑网

图 2.9-35　过人马道及扶手绳

（4）其他安全防护

其他防护措施如安全防护爬梯、水平防坠网等，如图 2.9-36 所示。

(a)

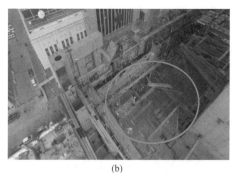

(b)

图 2.9-36　安全防护爬梯、水平防坠网防护实例图

（a）安全防护爬梯；（b）水平防坠网

8. 效益分析

本技术为项目 1 工程 8 层转换桁架安装提供了极大效益，经济效益见表 2.9-8、社会效益见表 2.9-9。

转换桁架经济效益分析表

表 2.9-8

方法	项目		
	节省人材机	成本节约	方法特点
采用 GJ390 替代 GJ345 钢材	降低钢材用量 310t	节省成本约 150 万元	承载力和稳定性均满足要求,减少了厚板焊接量、节约成本
铸钢节点优化为钢板墙	减少人工使用	节省节点铸造费 100 万元	保证受力稳定前提下,将空间立体多接口大构件复杂节点进行优化,实现高空散拼,降低了吊装焊接难度
优化吊装顺序	节省工期 5d	折合成本 40 万元	加快施工进度

转换桁架社会效益分析表

表 2.9-9

内容	方法特点
优化整体式安全操作平台	保证了施工过程安全零事故,降低了工人施工难度
钢材用量减少,降低焊条用量	减少了 $PM_{2.5}$ 排放量
按期高质量完成施工	获得了业主、监理单位一致好评,为企业树立了良好企业形象;为国内转换桁架下挂悬挂层结构施工质量控制提供施工经验,创造了社会价值
临时桁架	实现钢构件重复利用,符合绿色施工要求

2.9.6　钢结构施工过程中的变形分析与控制技术的研究与应用

1. 厚梁焊薄柱局部焊接应力影响研究

因本项目标准层钢柱板厚为 20mm，框架梁翼缘为 28mm。目前国家规范的焊接工艺将导致焊接热影响区过大，在现场或工厂焊接过程中，焊缝施焊区域原材状态已全部熔透，理论上该部位钢柱钢材强度提升、塑性降低，整体结构因木桶效应安全度降低，需要通过试验，以选取最合理的坡口方式和施焊工艺，使该区域材料材质达到正常的设计标准，对结构影响最小，保证整体结构品质。

2. 巨型 SRC 柱复杂节点 BIM 深化设计技术

巨型 SRC 柱与混凝土梁主筋、箍筋及钢柱纵筋、箍筋构成的钢筋群相互碰撞、没有合理操作空间及符合现场操作要求的操作方法，将直接导致现场无法施工，在节点深化设计过程中应用 BIM 技术及本项目"巨型 SRC 柱与钢筋连接相关规则"进行钢结构构件的深化并出具典型节点指导钢筋连接说明书，确保现场安装的顺利。

3. 巨型 SRC 柱施工过程调差技术

因结构内外筒不同步施工且在核心筒上外附外爬 M440D 塔式起重机，因此在结构深化设计时采用有限元分析软件模拟各个施工状态，以取得施工时内外筒之间的高差，并和现场施工过程实际测量值相结合，对构件长度及牛腿标高进行调整，保证结构设计与实体一致。

2.10 多梁交叉施工技术

2.10.1 项目背景

项目 2 商业裙房地上 7 层，地下 3 层，建筑高度 42.5m，建筑造型复杂，外圈呈弧形，内设圆形采光井，存在大面积曲面结构。且因商业裙房功能的要求，整体设计原则为少构件、多空间，因此导致商业裙房整体框架柱分散且数量占比较少，结构斜交梁多，局部达到 9 条梁，钢筋排布困难，同时框架柱内又布置型钢柱，梁内还有型钢梁，导致节点施工困难，柱节点附近斜梁钢筋表面高度理论排布已超过楼面完成面标高 100mm 左右，图纸设计无法实现。对此，项目 2 通过对钢骨柱优化与增加钢筋混凝土环梁的方式完成多梁相交的施工，降低梁筋叠加排布高度。

2.10.2 优化钢筋与钢构连接节点

当框架柱内布置有劲性钢构且无斜交梁时，优化钢筋与梁柱内劲性钢构连接方案，如图 2.10-1 所示，深化梁筋位置，通过钢柱腹板上打孔穿筋、钢柱焊接搭筋板焊接钢筋、钢柱焊接套筒连接钢筋、钢筋绕开劲性钢骨柱的方式满足梁筋在框架柱内劲性钢骨处的锚固要求。

2.10.3 增加钢筋混凝土环梁

当框架柱内布置有劲性钢构且有斜交梁时，优化钢筋与梁柱内劲性钢构连接方式已无法满足梁筋锚固长度，且多梁相交时即使框架柱内无劲性钢构同样会出现钢筋排布困难、梁筋叠合排布高度超出设计板面标高的情况，在这种情况下项目 2 优化了多梁相交处钢筋的施工方案，如图 2.10-2 所示，将多梁相交处优化为柱上增加环梁代替增加柱帽，梁筋进环梁后开始算锚固，扩大梁筋锚固区域，从而为钢筋的锚固与排布提供了合理的空间，大大降低了施工难度，提高了工作效率。

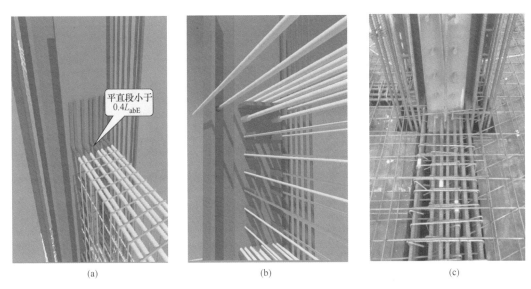

图 2.10-1　钢构连接节点优化对比

（a）原劲性结构节点图；（b）优化后劲性结构节点图；（c）优化后施工现场实景

图 2.10-2　梁节点优化设计及施工图

（a）原多梁交汇节点图；（b）优化后多梁交汇 BIM 模型；（c）环梁施工钢筋绑扎；（d）环梁施工拆模效果

2.11 超高曲面墙体隔墙板施工技术

2.11.1 项目背景

项目 2 商业裙房内隔墙采用 200mm 厚蒸压轻质加气混凝土板（以下简称 ALC 隔墙板），ALC 隔墙板是以水泥、石灰、砂为原料，由经过防锈处理的钢筋增强，经过高压蒸养而制成的无放射性、无污染的多孔无机环保墙体材料。ALC 隔墙板质轻，最大生产长度 6m，可现场锯、刨、切割、开槽，规格尺寸标准，可在墙面只刮腻子，故可减少抹灰工序，加快施工速度。项目 2 商业裙房地下一层层高 7.3m，超过了 ALC 隔墙板的最大生产长度，常规的钢结构加固方法施工速度慢、施工成本高，同时也增加了施工安全隐患，因此，项目 2 使用在 ALC 板底部增加砌筑导墙以及浇筑圈梁的方法完成施工。

2.11.2 超高曲面墙体 ALC 隔墙板施工

1. 制作排板图，曲面墙体倒角深化

根据施工蓝图深化每堵隔墙板材的块数、位置、高度形成排板图，遇曲面墙体时进行曲面墙体的 ALC 隔墙板倒角深化，如图 2.11-1 所示，以此作为板材到场后倒角切割的施工依据。

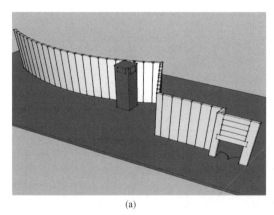 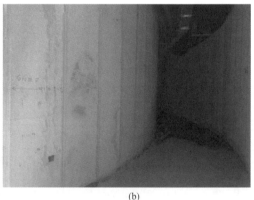

(a)   (b)

图 2.11-1　曲面墙体倒角深化图

（a）曲面墙体 BIM 深化效果图；（b）施工完成照片

2. ALC 隔墙板运输

ALC 隔墙板通过塔式起重机或吊车吊运至卸料平台后，人工倒运至施工所在区域。

楼层内平面运输采用液压升降车及专用板材运输设备进行平面运输。ALC 隔墙板垂直运输、层间水平运输如图 2.11-2 所示。

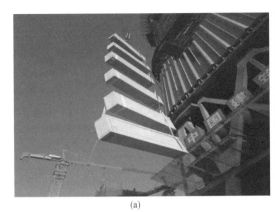

(a)　　　　　　　　　　　　　　　　　　(b)

图 2.11-2　ALC 隔墙板运输

(a) ALC 板垂直运输图；(b) ALC 板层间水平运输

3. 曲面墙体板材倒角切割

ALC 隔墙板倒运至施工现场后，根据排板时完成曲面墙体倒角深化结果，在板材上进行弹切割线，弹线完成后逐块进行板材竖向倒角切割。

根据排板图在地坪和梁柱上弹出板材的安装线、水平控制线，用以控制整个墙面的垂直度、平整度以及门窗洞口的标高，定位放线后，经由验收后方可进行施工。

4. 超高墙体底部地台砌筑做圈梁

ALC 隔墙板最大生产长度 6m，在超高隔墙 ALC 板安装前，根据现场放线采用原设计隔墙材料进行砌筑，顶部做圈梁压顶以保证 ALC 隔墙板安装时的底部强度，由此降低所需安装板材的高度，待圈梁混凝土强度达到设计强度后进行隔墙板的安装，超高墙体底部做地台节点，做法如图 2.11-3 所示。

5. ALC 隔墙板安装

(1) 砂浆搅拌

板材安装前，预先搅拌好安装所使用的专用粘结砂浆和修补砂浆，专用粘结砂浆及修补砂浆的使用应符合使用说明。

(2) 板材安装顺序

ALC 隔墙板安装：将 U 形卡件用射钉枪固定于结构梁或顶板上，按顺序安装隔墙板，板材安装从一侧向另一侧安装，安装第一块板和转角处时用管卡代替 U 形卡固定板材。

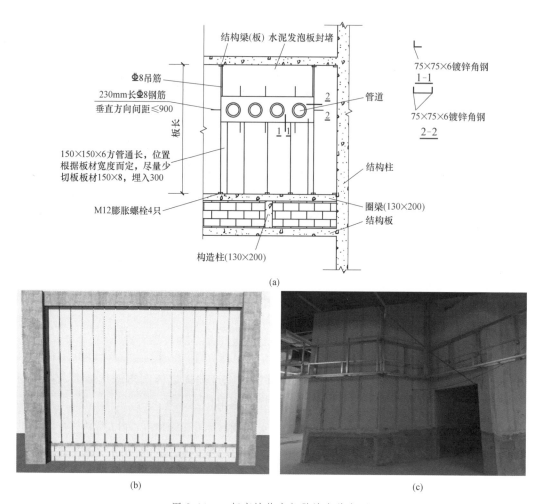

图 2.11-3　超高墙体底部做地台节点图

（a）超高墙体底部做地台节点图；（b）超高墙体底部做地台深化 BIM 图；（c）超高墙体底部做地台施工

（3）板材就位

ALC 隔墙板安装就位后，底部用木楔临时固定，ALC 隔墙板与圈梁顶保留 10～20mm 左右缝隙用木楔垫缝。调整墙板垂直度，检查 ALC 隔墙板平整度。

（4）板材拼缝

相邻两块 ALC 隔墙板的垂直拼缝处，采用专用胶粘剂进行满粘（冬期施工可采用干挂式装配），板缝之间自然靠拢，采用撬棍上下撬动板材，使两块板材之间的砂浆充分挤出，黏接更加牢固。

（5）洞口安装方式

门窗洞上口条板采用横装板的安装方式，两侧用 M10 对穿螺杆进行固定。上口最上端的一块板，采用 2 个管卡固定于结构层。门口两侧的板材预先按照门洞标高，裁切大于 100mm 的 L 形切口，并将横向门头板固定于两侧的板上，如图 2.11-4 所示。

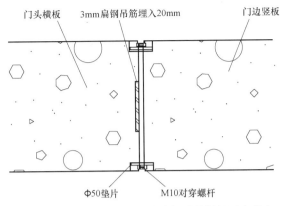

图 2.11-4　门窗洞口上部横装板对拉螺栓固定节点

（6）特殊洞口安装方式

宽度大于 1500mm 的门洞口（防火门洞口也适用上述情况），门窗洞上口条板采用横装板的安装方式，两侧用 M10 对穿螺杆进行固定。上口最上端的一块板，采用 2 个管卡固定于结构层。门洞口需用 60mm×6mm 扁钢三面焊接加固，扁钢与门口三面的板材采用钢筋销钉固定，销钉的间距@300mm，梅花布置。

（7）内墙转角处、丁字墙

采用 φ6 或 φ8、L＝200～400mm 销钉加强（根据墙厚），沿墙高共 2 根，分别位于距上下各 1/3 墙高处。

2.11.3　主要材料要求

1. ALC 隔墙板

板材进场后，需要确认其种类、尺寸和外形等产品质量，是否达到了设计要求。板材的搬运与存放应注意以下事项：

（1）板材质地疏松易于损坏，所以尽量减少转运。

（2）为防止板材在转运中受损，故在转运中应采取绑扎措施。

（3）板材易于吸湿吸水，为防止水分进入，堆放时不得直接接触地面。

2. 粘结砂浆

粘结砂浆要求：水泥等级不宜大于 42.5 级；砂应符合砌筑砂浆用砂的要求；水中不应含有对钢筋和砂浆产生不利影响的有害杂质；砂浆的标准配合比为水泥：砂＝1：3，为方便施工，其流动性应达到 50～70mm。

3. 修补砂浆

一般由 ALC 板的制造厂家为 ALC 板施工而配制。

2.11.4 ALC 隔墙板施工注意事项

安装时的含水率应控制在 20% 以内，因安装地区空气干燥，故可不考虑空气因素，只防止板材储存及运输过程的水分进入。

凡是穿过或紧挨 ALC 墙板的管道，应严格防止渗水、漏水。

在 ALC 墙板上钻孔、切锯时，均应采用专用切割机等工具，不得任意砍凿。在墙板上切槽时不宜横向断槽；当横向断槽时，槽深不得超过 20mm，槽宽不得超过 30mm。

墙板拼缝间灌缝砂浆应饱满，粘结面不得小于板侧总面积的 60%。板缝宽度不得大于 5mm。在板缝内的填充砂浆完全硬化以前，不得使板受到有害的振动和冲击。若上述要求处理不到位，则会导致 ALC 隔墙板出现裂缝问题，具体可能出现的裂缝种类与预防处理措施如下。

1. 相邻 ALC 隔墙板之间的缝隙防裂措施

ALC 隔墙板加工防裂槽，板缝防裂槽用抗裂砂浆粘贴 8～10cm 的耐碱玻纤涂塑网格布。关于防裂槽：由于工人施工质量的不确定性，以及考虑热胀冷缩等原因，因此板缝需要粘贴网格布。鉴于粘贴网格布会使板面高起 3～4mm，为避免后续工序的处理（色差和板缝棱），在每块板的板缝处加工出深 3～5mm、宽度为 50mm 的槽，粘贴网格布时把网压入该槽即可，施工完成后可使板缝处板面与其他板面平整。

2. ALC 隔墙板与梁与柱之间的缝隙防裂措施

在 ALC 隔墙板与梁与柱交接的板缝处，由于 ALC 隔墙板上已经具有 50mm 防裂槽，梁和柱上也应有对应的防裂槽，以便处理 ALC 隔墙板与梁柱的板缝裂纹问题。

3. ALC 隔墙板与地面、楼层顶板和卫生间返台之间的缝隙防裂处理

（1）ALC 隔墙板与楼层地面之间的板缝，按安装工艺采用常规处理方式即可。由于板材安装完成后，地面还需要做找平、贴砖等处理，因此板与地面的接缝处会隐蔽起来。

（2）在卫生间部分板与卫生间返台的接触面缝隙的外层，应注意加强处理。

（3）ALC 隔墙板与楼层顶板之间的板缝也应内填塞防裂砂浆、外挂网格布以防裂。

4. 关于门口过梁板防裂的处理

作为特殊位置的板缝，由于要经历户内门和入户门来回开关的撞击，导致门上边的过梁板板缝容易出现裂纹现象。一般处理方式有三种：

（1）加强过梁板与门两侧竖板的连接，选择较好的板材分割方式。

（2）过梁板与竖板下部的接缝处板缝采用斜 45°网格布包裹法，或满挂网格布法。

（3）过梁板采用现浇预制下翻梁法。如更进一步，门框板过梁板也全部采用现浇预制法处理，以达到安全防裂的目的。

2.11.5　小结

ALC 隔墙板相比砌块墙的施工速度快，ALC 板可根据图纸二次设计再实行生产计划，因此到达施工现场的是可以直接进行现场组装拼接的成品，又因为每块板重量很轻，故工人安装施工速度很快；而加气砌块因是标准通用材料，还需准备砌筑砂浆，故与 ALC 板比较，安装速度明显要慢很多。

项目 2 商业裙房地下一层层高 7.3m，采用下部做地台、上部安装 ALC 板的施工方法，完成超高墙体 ALC 板，安装方量达 4500m³。超高曲面墙体利用 ALC 板材的预制精度高、可加工性良好的特点，结合混凝土加气块以及圈梁构造柱的使用，可以减轻劳动强度，缩短施工工期，施工进度快，操作简捷，省时省工。

2.12　超高层建筑施工临水临电施工技术

2.12.1　临水工程施工技术

1. 临水工程施工概况

项目 1 工程建筑物总高度为 300.65m，临时用水水源位于施工现场北侧大门位置，业主提供 DN100 水源，市政水压 0.3MPa。

施工期供水与消防布设原则：管路独立、水箱共用、中转加压。在施工临时用水方案中重点做好竖向和水平生产和消防管路设计，塔楼临水系统布置如图 2.12-1 所示。施工过程中随结构同步进行消防和生产供水管路和设备的安装。施工过程中实行临时消防设施标准化管理，建立健全的现场临时消防管理制度，保证超高层项目临时消防安全。

本工程现场临时用水给水系统包括生产、生活和消防用水。

现场总体临时供水量及管径计算见表 2.12-1。

2. 现场生产消防给水管网布置

（1）室外消防管道布置

室外消防管道采用 DN100 焊接钢管，沿场区道路布置成环状，埋地敷设。现场外围布置室外地上式消火栓 8 套，布置间距不大于 120m，保护半径满足消防规范要求。在室外消防环管上每隔 50m 预留 DN25 阀门，提供室外施工用水需要。

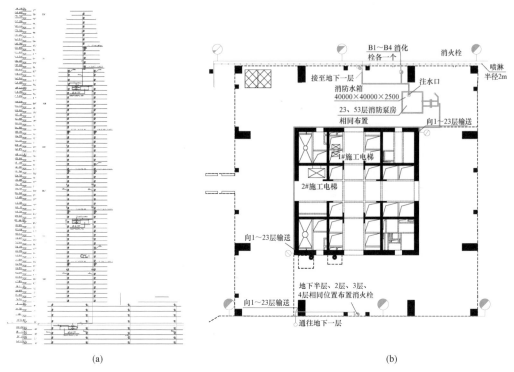

(a)　　　　　　　　　　　　　　(b)

图 2.12-1　塔楼临水系统布置图

（a）塔楼临水系统图；（b）塔楼临水平面布置图

现场临时供水量及管径计算表　　　　　　　　表 2.12-1

序号	用水类型	各用水量计算	备注
1	工程用水	工程用水量 q_1 采用公式 $q_1 = K_1 \sum Q_1 N_1 K_2 / (8 \times 3600)$ 计算，取用水量最大的地下室楼板混凝土浇筑阶段进行计算，即 $q_1 = 1.05 \times 1200 \times 200 \times 1.5/(2 \times 8 \times 3600) = 6.56$ L/s	K_1——未预计的施工用水系数，取 1.05； Q_1——每班计划完成工程量，按每班浇筑 1200m³ 混凝土； N_1——施工用水定额，混凝土采用预拌混凝土，仅考虑混凝土自然养护，耗水量取 200L； t——每天养护工作的班数（班），取 $t=2$； K_2——现场施工用水不均衡系数，取 1.5
2	消防用水	消防用水量 q_2 计算，本工程施工场地面积小于 25hm²，故 q_2 取 15L/s	—
3	施工现场总用水量	施工现场总用水量 Q 计算，因 $q_2 > q_1$，故 $Q = q_2 = 15$ L/s	$d = \sqrt{4 \times Q/(3.14 \times V \times 1000)}$ d——配水管直径（m）； v——管网中水流速度（m/s），取 2.0m/s； $d = \sqrt{4 \times 15/(3.14 \times 2 \times 1000)}$ $= 0.0997$m

（2）室内管网布置

本项目建筑物总高度为 300.65m，根据《建筑设计防火规范》GB 50016—2014 规定，室内消火栓栓口处的出水压力大于 0.5MPa 时，应设置减压设施；静水压力大于 1.0MPa 时，应采用分区给水系统。拟采用四个分区：

1）B04 层~F4 层，作为一个分区，由市政消火栓外网提供消防给水；

2）F5~F22 层，作为一个分区，由设在室外的临时消防水箱间提供水源；

3）F23~F52 层，作为一个分区，由设在 F23 层的临时消防水箱间提供水源；

4）F53~F70 层，作为一个分区，由设在 F53 层的临时消防水箱间提供水源。

（3）消防水箱布设

消防水箱间设置消防水箱、消防泵以及施工用变频水泵。由消防水箱引出一根 DN100 管，通过消防泵、变频泵提供给施工用水与消火栓系统用水。

室外消防水箱是由室外消防外网提供的，在室外消防管网上引出一根 DN100 的焊接钢管接至地下一层消防水箱。F5 层以上消防水箱水源由地下一层消防水箱提供，通过临时消防加压水泵将水源提升到 F23 消防水箱。临时消防加压水泵通过泵出口的电接点压力表实现控制。临时消防水箱入水口设置隔膜式浮球阀，确保水箱水满后不会溢出。每个消防水箱设置一个 DN50 的快速泄水阀。

室内消火栓管道采用 DN100 焊接钢管，消火栓采用 DN65 栓头（单栓），主楼按照 F5~F57 层每层设 2 根主管（DN100）带 2 个消火栓设置，F58~F70 层每层设 1 根主管（DN100）带一个消火栓设置。裙楼及车库另增设 3 根消防立管；水龙带采用麻质水龙带，长 25m；水枪口径Φ19。消火栓支管上设置一个 DN25 的施工用水预留口，为室内养护及湿作业提供施工用水，消防设施设置示例如图 2.12-2 所示。

(a)

(b)

图 2.12-2　消防设施设置示例

（a）各楼层消火栓；（b）临水给水泵房

3. 水力计算

通过水力计算复核任意作用面积内喷水强度，应不低于设计及规范要求，根据项目特点，选取系统最不利点进行计算，计算过程见表 2.12-2。

水力计算表   表 2.12-2

层数	水力计算
B04~F4	由室外管网提供消防、施工给水，室外管网由市政提供，工作压力 3kg/cm² 系统最不利点为 F4 层（标高+15.8m），静水压为 1.31kg/cm²（3−1.58−0.11=1.31）。 系统最不利点工作压力能够满足消防规范要求（消火栓工作压力不小于 1.3kg/cm²）。 系统 B04 层（标高−20.3mm），静水压为 4.92kg/cm²（3+2.03−0.11=4.92）。系统最低点工作压力能够满足消防规范要求（消火栓工作压力大于 5kg/cm² 时要设减压装置）
F5~F22	消防水泵计算： 扬程 $H = H_1 + H_2 + H_3 = 91.15 + 10.5 + 13 \approx 115 mH_2O$ 流量 $Q = 10L/s = 36m^3/h$（按每层 1 个消火栓>5L/s 流量考虑） H_1 最不利端消火栓至泵房地面高度 mH_2O H_2 水枪喷射水压（mH_2O），根据设计规范，取 $13mH_2O$ H_3 管路损失压头（mH_2O），计算得 $10.5\ mH_2O$
	消防水箱： 按照 36m³ 设计，可以保证 0.5h 的消防用水量，考虑到此为临时消防系统，可以满足消防要求
	减压阀设置： 系统从泵房地面至 $Z \approx 91.5 + 13 − 50 = 54.15m$，即 13 层处消火栓出口压力超出消防规范 5kg/cm² 的要求，需要采取减压措施，减压阀阀前压力 5.0kg/cm²，阀后压力设定为 1.3kg/cm²。 这样可保证 F5~F22 层系统任何一处消火栓口压力都满足设计要求
F23~F52	消防水泵设计： 扬程 $H = H_1 + H_2 + H_3 = 124.15 + 13 + 14 \approx 151 mH_2O$ 流量 $Q = 10L/s = 36m^3/h$（按每层 2 个消火栓=10L/s 流量考虑） H_1 最不利端消火栓至泵房地面高度 mH_2O H_2 水枪喷射水压（mH_2O），根据设计规范，取 $13mH_2O$ H_3 管路损失压头（mH_2O），计算得 $14mH_2O$
	消防水箱： 按照 18m³ 设计，可以保证 0.5h 的消防用水量，考虑到此为临时消防系统，可以满足消防要求
	减压阀设置： 系统在 $Z \approx 219.45 + 13 − 50 = 182.45m$，即 43 层处消火栓出口压力均超出消防规范 5kg/cm² 的要求，需要采取减压措施，减压阀阀前压力 5.0kg/cm²，阀后压力设定为 1.3kg/cm²。 系统在 $Z \approx 182.45 + 13 − 50 = 145.45m$，即 34 层处消火栓出口压力均超出消防规范 5kg/cm² 的要求，需要采取减压措施，减压阀阀前压力 5.0kg/cm²，阀后压力设定为 1.3kg/cm²。 系统在 $Z \approx 145.45 + 13 − 50 = 108.45m$，即 25 层处消火栓出口压力均超出消防规范 5kg/cm² 的要求，需要采取减压措施，减压阀阀前压力 5.0kg/cm²，阀后压力设定为 1.3kg/cm²。 这样可保证系统 F23~F52 层任何一处消火栓口压力都满足设计要求
F53~F70	消防水泵设计： 扬程 $H = H_1 + H_2 + H_3 = (299.8 − 223.6) + 13 + 11.43 = 100.63 mH_2O$ 流量 $Q = 10L/s = 36m^3/h$（按每层 1 个消火栓>5L/s 流量考虑） H_1 最不利端消火栓至泵房地面高度 mH_2O H_2 水枪喷射水压（mH_2O），根据设计规范，取 $13mH_2O$ H_3 管路损失压头（mH_2O），计算得 $11.43mH_2O$

续表

层数	水力计算
F53~F70	**消防水箱：** 按照 $18m^3$ 设计，可以保证 0.5h 的消防用水量，考虑到此为临时消防系统，可以满足消防要求
	减压阀设置： 系统在 $Z \approx 299.8+13-50=262.8m$，即 62 层处压力超过 $5kg/cm^2$ 的要求，需进行减压处理，减压阀阀前压力 $5.0kg/cm^2$，阀后压力设定为 $1.3kg/cm^2$。 系统在 $Z \approx 262.8+13-50=225.8m$，即 53 层处压力超过 $5kg/cm^2$ 的要求，需进行减压处理，由于只有一层消火栓压力超过 $5kg/cm^2$ 的要求，该处消火栓采用减压稳压消火栓。 这样可保证系统任何一处消火栓口压力都满足设计要求

4. 排水工程设计

（1）室外雨水排水

现场沿场区周边设置 300mm（宽度）×300mm（深度）雨排水沟，在施工现场主出入口附近设置洗车池和三级沉淀池，主要满足土方运输车、混凝土泵车及混凝土罐车出场的清洗，同时可将池内经沉淀后的清水用于现场路面喷洒降尘，起到节约用水的目的。雨期按照现场实际场地情况考虑设计雨水回收利用，用于路面降尘和厕所冲洗等。

地下结构施工阶段，基坑内雨水、废水通过潜污泵提升，就近排入排水沟，经沉淀处理后排入市政雨水管网。

（2）室内雨水排水

本工程施工期间室内设置独立的临时雨水排放系统；塔楼分别在 54 层、58 层、64 层、66 层屋面设置临时雨水斗，雨水支管与雨水立管相连，70 层屋面雨水从外墙排至 66 层屋面；雨水支管采用 $DN150$ 焊接钢管，雨水立管采用 $DN200$ 焊接钢管，焊接连接；塔楼雨水立管每十层设一个消能弯，抵消超高层雨水下落重力势能；雨水横干管设在首层顶板下面，从首层引出就近排入雨水沟，经雨水沟排至市政雨水管网；裙房屋面雨水在边坡设置临时雨水斗，从外墙引出就近排入雨水沟，经雨水沟排至市政雨水管网；雨水立管在每五层设置一个 $DN100$ 三通堵头，管道试压和冲洗排水经雨水立管排入室外（下雨情况严禁私自打开）；正式雨水管道系统提前插入施工，正式雨水管道系统施工完毕后，即将临时雨水管道系统拆除。

2.12.2 临电工程施工技术

1. 临时供配电设计

施工现场临时用电遵循"分段设计、分段供电"的原则，在临时用电施工组织设计中根据施工各阶段用电机械设备计算用电负荷，做好竖向和水平供电方案设计。施工过程中随主体结构同步进行竖向和水平临电电缆敷设、临电电箱和其他临电设备的安装。

保证现场供电满足地下、结构施工、装修施工等各施工阶段的用电需求。供电容量计算
见表 2.12-3，现场一级配电箱分配布置见表 2.12-4。

供电容量计算表 表 2.12-3

总供电容量计算公式	$P=1.05(K_1\times\sum P_1/\cos\psi+\Phi\times K_2\sum P_2+K_3\sum P_3+K_4\sum P_4)$ 式中 P——供电设备总需要容量(kVA)； P_1——电动机额定功率(kW)； P_2——电焊机额定容量(kVA)； P_3——室内照明容量(kW)； P_4——室外照明容量(kW)； $\cos\psi$——电动机的平均功率因数，取 0.75； Φ——电焊机使用不均衡系数，取 0.5；K_1 取 0.5，K_2 取 0.5，照明用电按动力用电的 10% 考虑
总供电容量计算	$K_1\times\sum P_1/\cos\psi=0.5\times1286.3/0.75=857.5$kVA $\Phi\times K_2\sum P_2=0.5\times0.5\times3430=857.5$kVA $P=1.05\times[(890.9+857.5)+(930.9+857.5)\times10\%]=1981$kVA 电源容量 1981kVA 的负荷电量，可满足施工用电的要求

现场一级配电箱分配布置 表 2.12-4

序号	一级箱	电缆规格型号	供电范围
1	AP1	NH-VV22-4×185+1×95	施工电梯、塔楼 B4～B1 施工用电
2	AP2	NH-VV22-4×185+1×95	塔式起重机、材料加工场、裙楼 B4～B1 用电
3	AP3	NH-VV22-4×185+1×95	钢结构焊接、20 层～35 层施工用电
4	AP4	NH-VV22-4×185+1×95	塔楼 4 层～19 层施工用电
5	AP5	NH-VV22-4×185+1×95	塔式起重机、塔楼 1 层～4 层施工用电
6	AP6	NH-VV22-4×185+1×95	施工电梯、塔楼 B4～B1 施工用电
7	AP7	NH-VV22-4×185+1×95	裙楼 1 层～4 层施工用电
8	AP8	NH-VV22-4×185+1×95	裙楼 B4 层～B1 层施工用电
9	AP9	NH-VV22-4×185+1×95	塔式起重机、裙楼 1 层～4 层施工用电
10	AP10	NH-VV22-4×185+1×95	施工电梯、钢结构加工施工用电
11	AP11	NH-VV22-4×185+1×95	钢结构焊接、36 层～51 层施工用电
12	AP12	NH-VV22-4×185+1×95	钢结构焊接、52 层～70 层施工用电

2. 供电方式及配电线路选择

（1）供电方式

现场临时用电采用 TN-S 供电系统，三级配电，二级保护。现场放射式多路主干线
送至各用电区域，然后在每个供电区域内再分级，以放射式或树干式构成配电网络，并
在配电柜及一级配电箱处做重复接地，塔楼临时用电垂直线路如图 2.12-3 所示。主体
施工时，电缆预留长度随结构提升。在地下室结构施工阶段外墙预留防水套管，以解决
室外总柜与室内一级配电箱连接的问题。室内电缆通过敷设桥架进入核心筒强电竖井，
从而保证高区正常施工用电。

现场室内照明采用 36V 低压照明系统，地上部分低压照明系统如图 2.12-4 所示，
塔楼施工至 30 层以上后，需在塔式起重机和建筑物四角安装航空障碍照明。

二级配电箱

二级配电箱(塔式起重机、电梯)

三级配电箱

编制说明:

1.主楼整体结构施工时,主楼竖向临电配电箱
柜布置按照此图施工。

2.二级配电箱布置在1层、23层、38层、58层。
图中标注二级配电箱及三级配电箱随现场需
求和结构进度配备并逐步向上提升至本图所
示位置。

3.竖向临电电缆敷设在强电竖井内的桥架预
留洞中,临电三级箱均安装在各楼层强电竖井内。

4.电缆造型见图中标注。

图 2.12-3　塔楼临时用电垂直线路图

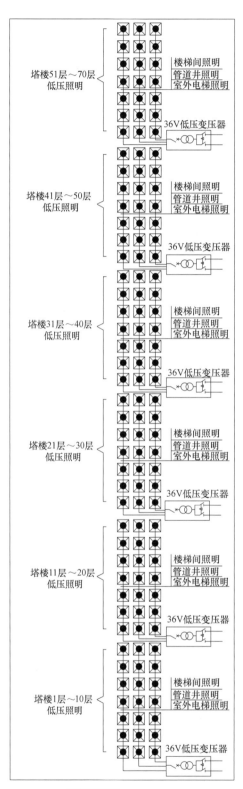

塔楼低压照明

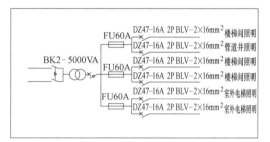

塔楼低压照明箱

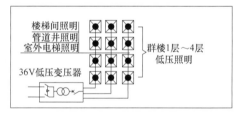

群楼低压照明箱

群楼低压照明

编制说明：
1.塔楼低压照明共设置6台低压照明箱；每台低压照明箱供竖向楼梯间、管道井及室外电梯照明；每台照明箱设置6个回路，每个回路灯的个数不超过25个，楼梯间、管道井及室外电梯采用角钢支架绝缘瓷瓶架空敷设；低压照明箱的电源取自各层二级箱。
2.裙楼地上部分设置一台低压照明配电箱，分6个回路供楼梯间照明。

图2.12-4 地上部分低压照明系统图

（2）配电线路选择

通过计算确定配电线路，计算过程见表 2.12-5。

配电线路计算表

表 2.12-5

敷设路由	载流量计算	电缆规格型号
总配电柜至 AP1	$I_{A-1}=\dfrac{K\sum P}{\sqrt{3}U\cos\psi}=\dfrac{(0.5\times326)\times1000}{\sqrt{3}\times380\times0.75}=330.2(A)$	NH-VV22-4×185+1×95
总配电柜至 AP2	$I_{A-2}=\dfrac{K\sum P}{\sqrt{3}U\cos\psi}=\dfrac{(0.5\times327.4)\times1000}{\sqrt{3}\times380\times0.75}=331.6(A)$	NH-VV22-4×185+1×95
总配电柜至 AP3	$I_{A-3}=\dfrac{K\sum P}{\sqrt{3}U\cos\psi}=\dfrac{(0.5\times0.5\times608.5)\times1000}{\sqrt{3}\times380\times0.75}=313.9(A)$	NH-VV22-4×185+1×95
总配电柜至 AP4	$I_{A-4}=\dfrac{K\sum P}{\sqrt{3}U\cos\psi}=\dfrac{(0.5\times300)\times1000}{\sqrt{3}\times380\times0.75}=303.9(A)$	NH-VV22-4×185+1×95
总配电柜至 AP5	$I_{A-5}=\dfrac{K\sum P}{\sqrt{3}U\cos\psi}=\dfrac{(0.5\times324)\times1000}{\sqrt{3}\times380\times0.75}=328.2(A)$	NH-VV22-4×185+1×95
总配电柜至 AP6	$I_{A-6}=\dfrac{K\sum P}{\sqrt{3}U\cos\psi}=\dfrac{(0.5\times306)\times1000}{\sqrt{3}\times380\times0.75}=310(A)$	NH-VV22-4×185+1×95
总配电柜至 AP7	$I_{A-7}=\dfrac{K\sum P}{\sqrt{3}U\cos\psi}=\dfrac{(0.5\times360)\times1000}{\sqrt{3}\times380\times0.75}=364.7(A)$	NH-VV22-4×185+1×95
总配电柜至 AP8	$I_{A-8}=\dfrac{K\sum P}{\sqrt{3}U\cos\psi}=\dfrac{(0.5\times360)\times1000}{\sqrt{3}\times380\times0.75}=364.7(A)$	NH-VV22-4×185+1×95
总配电柜至 AP9	$I_{A-9}=\dfrac{K\sum P}{\sqrt{3}U\cos\psi}=\dfrac{(0.5\times327.4)\times1000}{\sqrt{3}\times380\times0.75}=331.6(A)$	NH-VV22-4×185+1×95
总配电柜至 AP10	$I_{A-10}=\dfrac{K\sum P}{\sqrt{3}U\cos\psi}=\dfrac{(0.5\times324)\times1000}{\sqrt{3}\times380\times0.75}=328.2(A)$	NH-VV22-4×185+1×95
总配电柜至 AP11	$I_{A-3}=\dfrac{K\sum P}{\sqrt{3}U\cos\psi}=\dfrac{(0.5\times0.5\times608.5)\times1000}{\sqrt{3}\times380\times0.75}=313.9(A)$	NH-VV22-4×185+1×95
总配电柜至 AP12	$I_{A-3}=\dfrac{K\sum P}{\sqrt{3}U\cos\psi}=\dfrac{(0.5\times0.5\times608.5)\times1000}{\sqrt{3}\times380\times0.75}=313.9(A)$	NH-VV22-4×185+1×95
至楼层二级配电箱	$I_{A-13}=\dfrac{K\sum P}{\sqrt{3}U\cos\psi}=\dfrac{100\times1000}{\sqrt{3}\times380\times0.75}=202.6(A)$	VV-4×95+1×50
至消防泵电源箱	$I_{A-14}=\dfrac{K\sum P}{\sqrt{3}U\cos\psi}=\dfrac{80\times1000}{\sqrt{3}\times380\times0.75}=162.1(A)$	NH-VV22-4×70+1×35
至 1 号塔式起重机专用箱	$I_{A-15}=\dfrac{K\sum P}{\sqrt{3}U\cos\psi}=\dfrac{74\times1000}{\sqrt{3}\times380\times0.75}=150(A)$	VV-4×50+1×25

敷设路由	载流量计算	电缆规格型号
至2号、3号塔式起重机	$I_{A-16}=\dfrac{K\sum P}{\sqrt{3}U\cos\psi}=\dfrac{53.4\times1000}{\sqrt{3}\times380\times0.75}=108.2(A)$	VV-4×35+1×16
至室外电梯	$I_{A-17}=\dfrac{K\sum P}{\sqrt{3}U\cos\psi}=\dfrac{66\times1000}{\sqrt{3}\times380\times0.75}=133.7(A)$	VV-4×50+1×25
至三级配电箱	$I_{A-18}=\dfrac{K\sum P}{\sqrt{3}U\cos\psi}=\dfrac{50\times1000}{\sqrt{3}\times380\times0.75}=101.3(A)$	VV-4×35+1×16
至照明配电箱	$I_{A-19}=\dfrac{K\sum P}{\sqrt{3}U\cos\psi}=\dfrac{40\times1000}{\sqrt{3}\times380\times0.75}=81(A)$	VV-5×16

3. 钢结构高峰用电线路选择

本工程钢结构施工高峰主要在安装8层及58层转换层桁架,现场焊接量极大,并持续一定周期,为了满足此阶段施工工期,保证完成转换层桁架厚板焊接施工,临时用电设计对该阶段进行了线路配置。

（1）钢结构主要用电设备配置表

钢结构施工主要用电设备配置表   表2.12-6

序号	设备名称	单位	数量	功率(kW)
1	熔焊栓钉机	台	3	60
2	半自动切割机	台	10	15
3	直流电焊机	台	25	30
4	CO_2焊机	台	40	40
5	碳刨机	台	4	60
6	角向砂轮机	台	6	3
7	电焊条烘箱	台	5	3
8	手提焊条保温箱	台	5	3

（2）钢结构用电容量计算

钢结构用电容量计算表   表2.12-7

总供电容量计算公式	$P=1.05(K_1\times\sum P_1/\cos\psi+\phi\times K_2\sum P_2+K_3\sum P_3+K_4\sum P_4)$
	式中 P—供电设备总需要容量(kVA);
	   P_1—电动机额定功率(kW);
	   P_2—电焊机额定容量(kVA);
	   P_3—室内照明容量(kW);
	   P_4—室外照明容量(kW);
	   $\cos\psi$—电动机的平均功率因数,取0.75;
	   ϕ—电焊机使用不均衡系数,取0.5;
	   K_1取0.5,K_2取0.5,照明用电按动力用电的10%考虑

总供电容量计算	$K_1 \times \sum P_1/\cos\psi = 0.5 \times 288/0.75 = 192\text{kVA}$ $\phi \times K_2 \sum P_2 = 0.5 \times 0.5 \times 2680 = 670\text{kVA}$ $P = 1.05 \times (192 + 670) = 862\text{kVA}$

（3）钢结构载流量计算

$$I_A = \frac{K\sum P}{\sqrt{3}U\cos\psi} = \frac{0.6 \times 862 \times 1000}{\sqrt{3} \times 380 \times 0.75} = 1047.8(\text{A})$$

根据钢结构设备用电载流量计算，选择 3 台一级配电箱为钢结构施工用电，每台一级配电箱电源载流量为：

$$I = I_A/3 = 1047.8/3 = 349.3(\text{A})$$

查电缆载流量表，选用 NH-VV22-4×185+1×95 铜芯电缆。

第3章　绿色建造综合施工技术

《绿色施工导则》（建质〔2007〕223 号）对绿色施工的概念做了界定：工程建设中，在保证质量、安全等基本要求的前提下，通过科学管理和技术进步，最大限度地节约资源与减少对环境负面影响的施工活动，实现"四节一环保"，即：节能、节地、节水、节材和环境保护。在建筑工程施工过程中，绿色施工并不是独立存在的，而是在传统施工工艺、工法的基础上加入了对绿色建筑的思考，旨在减少建设行为对周围环境的负面影响，通过技术与管理等创新来实现"高效节能、低耗环保"。国务院先后出台了多份关于"碳达峰、碳中和"的重要文件，要求推广绿色建造方式，更加迫切地促进建筑业绿色发展。

项目 1 为达到绿色建造的要求，在建筑节能设计方面，对原有设计方案进行深化及优化，选择更符合绿色建筑理念的材料、设备。在施工过程方面，制定了 5 大项共 49 条量化目标，采用"四新技术"，积极应用自动化、智能化设施设备，强化过程管理，最终达到了绿色施工的目标。

3.1　节能设计

3.1.1　节能设计概述

1. 节能设计概况

项目 1 采用的外墙保温形式为外保温；设计按规定性方法进行节能设计。

达到的设计节能率：本工程节能设计达到规定的节能标准，节能率不小于 50%，建筑的体形系数为 0.13。

本工程的非供暖空间部位：地下车库、设备用费、管井、电梯井、走道等。

2. 节能设计做法（表 3.1-1）

节能设计做法表　　　　　　　　　　　　　　　　　　　　　　表 3.1-1

保温材料和墙体材料热工性能参数			
选用保温材料	导热系数 $\lambda[W/(m^2 \cdot K)]$	干密度 (kg/m^3)	燃烧性能等级
矿物纤维喷涂	0.044	≥100	A 级
岩棉板	0.040	140～160	A 级
岩棉带	0.048	100	A 级
无机不燃保温砂浆	0.070	250～350	A 级
蒸压砂加气混凝土砌块	0.160	≤625	A 级
低密度岩棉	0.050	60～100	A 级
水泥膨胀珍珠岩	0.210	600	A 级

3. 节能设计登记表（表3.1-2）

节能设计登记表　　　　　　　　　表 3.1-2

围护结构部位	传热系数 λ/[W/(m²·K)]		选用做法传热系数 k [W/(m²·K)]	做法说明
	体形系数 ≤**0.30**	0.30<体形系数 ≤**0.40**		
屋面	≤0.55	≤0.45	0.39	110mm 厚岩棉板
外墙（包括非透明幕墙）	≤0.60	≤0.50	0.44	300mm 厚蒸压砂加气混凝土砌块（B06）用于裙房外墙部位/100mm 厚蒸压砂加气混凝土砌块（B06）用于裙房局部梁、柱等热桥部位
底面接触室外空气的架空或外挑楼板	≤0.60	≤0.50	0.52	80mm 厚岩棉板
非供暖空调房与供暖空调房间的隔墙或楼板变形缝	1.5	1.5	隔墙:1.03/1.47/1.42 楼板:1.41/1.41 变形缝:1.05/0.85	200mm 厚蒸压加气混凝土砌块/30mm 厚无机不燃保温砂浆（用于梁柱部位）/800mm 厚钢筋混凝土墙 35mm 厚无机不燃保温砂浆/20mm 厚矿物纤维喷涂（用于非供暖地下室顶板） 200mm 厚蒸压加气混凝土砌块墙用于砌块墙变形缝处/50mm 厚低密度岩棉用于钢筋混凝土梁、柱变形缝处

3.1.2　节能工程深化设计图例

项目 1 根据以往的施工经验，组织图纸会审，对高耗能的设计提出相关会审意见，同时对绿色施工及《绿色建筑评估体系》LEED 施工方案组织方案交底。部分节能工程深化结果如图 3.1-1 所示。

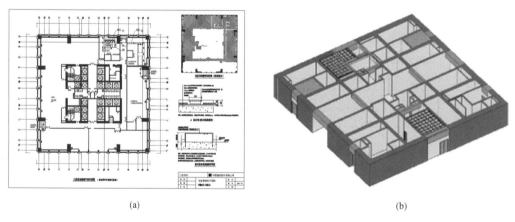

(a)　　　　　　　　　　　　　　　　(b)

图 3.1-1　节能工程深化设计图（一）

（a）设备房间基础及地面深化设计；（b）空调机房隔声降噪深化设计

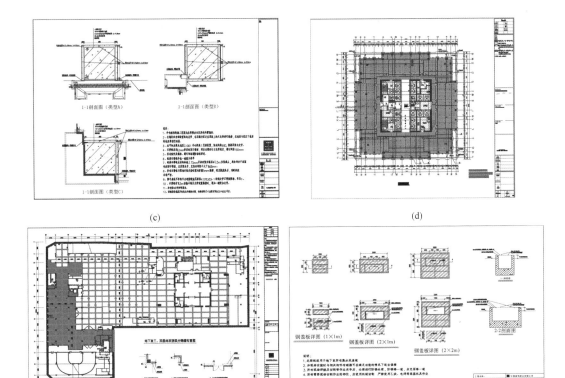

图 3.1-1　节能工程深化设计图（二）

（c）楼层钢柱外包装饰面设计；（d）普通楼面隔声防火地面设计；

（e）地下室地面分隔缝设计；（f）地下室集水坑盖板深化设计

3.2　相关绿色施工目标及量化控制目标

项目 1 施工中，在确保工期的前提下，贯彻环保优先为原则、以资源的高效利用为核心的指导思想，追求环保、高效、低耗，统筹兼顾，实现环保（生态）、经济、社会综合效益最大化的绿色施工模式，制定的目标见表 3.2-1。

绿色施工过程量化控制目标　　　　　　　　表 3.2-1

序号	名称		目标
1	环境保护	扬尘控制	1. 主要道路硬化率 100%。 2. 无风时，土方工程：目测扬尘高度低于 1.5m；结构、安装与装饰作业：目测扬尘高度低于 0.5m。 3. 对现场进行围挡。 4. 减少运输遗撒对环境影响。 5. 控制废气排放。 6. 控制烟雾排放

续表

序号	名称		目标
1	环境保护	噪声控制	1. 结构阶段,昼间 70dB(A)、夜间 55dB(A);装修阶段,昼间 60dB(A)、夜间 55dB(A)。 2. 选择低噪声设备。 3. 强噪声设备搭隔声棚。 4. 控制夜晚施工强度,从生源上降低噪声影响
		光污染控制	1. 现场采用防眩灯照明。 2. 对建筑物外围直射光线围挡,有效控制光源对周围区域光污染
		污水控制	1. 执行《污水综合排放标准》GB 8978。 2. 沉淀池、隔油池、化粪池设置 100%,专人定期清理;雨污分流率 100%,污水达标排放。 3. 设雨水收集系统,将雨水有组织排入排放井,用雨水降尘,多余雨水排至市政雨水管网收集再利用。 4. 实验室养护用水经沉淀排到市政管网,严禁现场乱流
		土壤保护	1. 对临时用土地,施工完成后及时恢复原貌。 2. 减少临建占地。 3. 多种绿色植物。 4. 防止有毒物质泄漏污染地面
		建筑垃圾控制	1. 建筑垃圾减少 40%,再利用率达到 40%;生活垃圾分类率 100%,集中堆放率 100%,定期处理;回填土石方、路基、临设砌筑及粉刷利用挖方 100%。 2. 严禁现场焚烧垃圾;严禁年检不合格车辆进出现场,运输易扬尘物质车辆覆盖率 100%、车辆冲洗率 100%
2	节材与材料资源利用		1. 绿色、环保材料达 90%;就近取材达 90%;有计划采购 100%;建筑材料包装物回收率 100%。 2. 机械保养、限额领料、建筑垃圾再利用制度健全。 3. 临建设施回收利用率 90%;临设、安全防护定型化、工具化、标准化达 80%。 4. 采用双掺技术,节约水泥用量 5%。 5. 管件合一脚手架、支撑体系使用率 100%。 6. 运输损耗率比定额降低 30%。 7. 材料损耗率比定额降低 30%。 8. 采用"四新技术",高效钢筋使用率 90%、直径大于 20mm 的钢筋连接直螺纹使用率 90%;加气混凝土砌块使用率 90%;减少粉刷面积 80%。 9. 模板、脚手架体系周转率提高 20%;模板周转次数提高 50%。 10. 周转材料回收率 100%,再利用率 80%。 11. 混凝土、落地灰回收再利用率 100%;钢筋余料再利用率 60%。 12. 纸张双面使用率 80%,废纸回收率 100%。 13. 利用网络化办公,尽量做到无纸化办公
3	节水与水资源利用		1. 分包、劳务合同含节水条款 100%。 2. 施工现场办公区、生活区的生活用水采用节水器具配备率 100%。 3. 施工现场对生活用水与工程用水计量率 100%。 4. 利用施工降水、先进施工工艺,循环用水节水 30%。 5. 商品混凝土和预拌砂浆使用率 100%

续表

序号	名称	目标
4	节能与能源利用	1. 生活区和施工区应分别装设电表计量,计量率100%;主要耗能设备耗能计量考核率100%。 2. 节能灯具使用率100%。 3. 国家、行业、地方政府明令淘汰的施工设备、机具和产品使用率0%。 4. 施工机具共享率30%。 5. 运输损耗率比定额降低30%
5	节地与施工用地保护	1. 合理布置施工场地,实施动态管理,分三个阶段规划现场平面布置。 2. 施工现场布置合理、组织科学、占地面积小且满足使用功能。 3. 临时设施占地面积有效利用率不低于90%,场内绿化面积不低于临时用地面积的5%。 4. 商品混凝土使用率100%。 5. 职工宿舍采用租赁方式,管理方便,满足使用要求。 6. 土方开挖减少开挖面积15%

3.3 绿色建造相关技术措施

3.3.1 环境保护控制措施

1. 绿化保护

项目对于施工现场周边环境进行绿化处理,并定期进行喷淋养护措施;现场设置绿色施工宣传标志,讲解绿色施工的程序步骤,部分绿化保护如图 3.3-1 所示。

(a)　　　　　　　　　　　　　　　　　(b)

图 3.3-1　现场绿化保护措施

(a)　场地绿化;(b)　绿色施工宣传面板

2. 扬尘控制

针对土方开挖、爆破作业等施工过程,采用瞬时爆破水袋降尘系统(图 3.3-2)等针对性、创新性的措施，控制扬尘污染。结构施工阶段采用安全网封闭，有效控制楼内扬尘扩散。

图 3.3-2　瞬时爆破水袋降尘系统

施工现场采用雾化设备，配备洒水设备，专人负责洒水。施工周围场地进行硬化处理及裸土覆盖，出入口处设有洗车设施，保持出入车辆的清洁。在场地规划时考虑周围环境特殊，扬尘控制严格，采用全自动喷淋技术，每日早、中、晚进行各进行 1 次喷淋降尘，有效降低了工地扬尘高度，如图 3.3-3 所示。使得在高扬尘的土方工作时期，始终让扬尘始终控制在 1.5m 以下。

(a)　　　　　　　　　　　　　　　　(b)

图 3.3-3　现场扬尘控制措施

(a) 围墙周边喷淋绿化喷淋；(b) 基坑及场地周边喷淋系统

3. 噪声控制

对施工车辆加强管理，要求做到出入低速行驶，不鸣喇叭；现场加强噪声监测，在施工现场周围设噪声监测点，进行定期与不定期相结合的噪声监测，使噪声控制在规定范围内。施工现场设置封闭式围挡，隔绝于场内噪声，部分噪声控制措施如图 3.3-4 所示。

图 3.3-4　现场噪声控制措施

（a）噪声监测点；（b）噪声指示牌；（c）泵房设置吸声板；（d）低噪声振动棒

4. 建筑垃圾处理

项目对施工方案进行优化处理，尽可能减少建筑废弃物的产生，并采取有效措施，对建筑废弃物的回收再利用。对垃圾进行分类处理尤其针对有毒有害垃圾单独存放，垃圾桶应分为可回收利用与不可回收利用两类，并定期清运，严禁现场焚烧垃圾。部分建筑垃圾处理措施如图 3.3-5 所示。

图 3.3-5　现场建筑垃圾处理措施

（a）废旧模板回收再利用；（b）碎石土方类建筑垃圾处理后用作路基

5. 污水排放控制

在施工现场应针对不同的污水，设置相应的处理设施：排水沟渠、化粪池、沉淀池、隔油池，将雨水、污水分流排放。组织相关人员进行污水排放检查，实时监控水质，确保污水排放达到国家标准的要求。部分污水排放控制措施如图 3.3-6 所示。

图 3.3-6 现场污水排放控制措施

(a) 现场设置可周转排水明沟；(b) 成品玻璃钢化粪池；(c) 可周转沉淀池；(d) 可周转隔油池；

(e) 专业污水采集检测；(f) 现场 pH 试纸检测

6. 光污染控制

对照明灯调整合理的灯光照射方向，严格控制灯光亮度并设有灯罩减少灯光扩散，如图 3.3-7（a）所示；选用节能型灯具，在保证施工现场施工作业面有足够光照的条件下，尽量减少对周围居民生活的干扰；钢结构焊接作业采用遮光罩、遮光布，如图 3.3-7（b）所示；建筑幕墙玻璃采用中空 Low-E 玻璃，对光线有着较低的反射率。

(a)　　　　　　　　　　　　　　　　(b)

图 3.3-7　现场光污染控制措施

（a）带灯罩节能灯；（b）焊接遮光围挡

7. 有害气体排放控制

对施工现场进出场车辆及机械设备，要求其有害气体排放应符合国家年检要求；严禁焚烧各类废弃物；对有害气体进行严密监控；施工现场电焊全部采用低尘低毒焊条，大部件焊接尽量在工厂加工，如图 3.3-8 所示。

(a)　　　　　　　　　　　　　　　　(b)

图 3.3-8　现场有害气体排放控制措施

（a）THY-51B 气体保护碳钢药芯焊丝；（b）有害气体检测记录

8. 设施保护

在项目施工前对周围地下各种设施进行详尽的调查，做好保护计划，保证施工场地周边各类管道、管线、建筑物、构筑物的安全运行，对项目的建筑周边及成品进行相应的保护措施。

3.3.2 节材与材料资源利用措施

在施工中对施工方案进行优化，选用绿色材料，积极推广新材料、新工艺，促进材料的合理使用，节省实际施工材料消耗量。

1. 商品混凝土等主材的资源利用

基础底板使用过程混凝土浇筑使用串管技术节约费用约 19 万元，如图 3.3-9 所示。

图 3.3-9　混凝土浇筑示意

2. 钢构施工材料利用

转换桁架采用工程预拼装及构件模块化施工，节约焊接时间及安装时间 8d，如图 3.3-10 所示。

图 3.3-10　钢结构模块化施工

配备 3 套装配式卸料平台周转使用，每台周转次数 20 次，如图 3.3-11 所示。

图 3.3-11　装配式卸料平台

3. 定型化提升设备助力材料利用（图 3.3-12）

（a）

（b）

（c）

图 3.3-12　定型化提升设备

（a）塔式起重机拼装装配式施工电梯笼；（b）塔式起重机操作平台；（c）分段爬升式液压钢平台

4. 现场钢筋二次利用（图 3.3-13）

(a)   (b)

图 3.3-13　钢筋二次利用

（a）废旧钢筋做成穿墙螺杆；（b）钢筋专业化加工及配送

5. 铝模板节材措施（图 3.3-14）

(a)   (b)

图 3.3-14　铝模板早拆体系

（a）核心筒梁铝模板早拆体系；（b）核心筒水平结构铝模板早拆体系

6. 定型化可周转材使用（图 3.3-15）

图 3.3-15　现场与材料资源利用措施（一）

（a）安全质量宣讲台；（b）定型化钢筋加工棚；（c）液压爬模上可周转企业标识；（d）定型化上人马道；
（e）定型化防砸棚；（f）标准化临建板房；（g）可周转厕所；（h）定型化卫生间

(i) (j)

图 3.3-15 现场与材料资源利用措施（二）

(i) 可周转上人马道；(j) 可周转定型化护栏

3.3.3 节水与水资源利用措施

（1）根据现场确定生活用水定额为 30L/人，工程用水定额为 12t/万元产值。

（2）现场用水实施申请制，发布用水用电管理制度规范现场用水。

（3）根据天津市用水定额，结合项目特点，项目绿建目标定额为 8.1 元/m³，办公区、生活区及生产区分别设置水表进行计量，并且每月对各个区域的用水量分别进行统计，同时定期派指定人员对"三区"进行水表数据统计，形成台账。

（4）签订的劳务分包合同及专业分包合同中，将节水指标纳入合同条款，节约用水。

（5）施工现场办公区、生活区的生活用水采用节水系统和节水器具，保证节水器具使用率 100%，如图 3.3-16 所示。

图 3.3-16 水泵采用预拼装节能变频控制系统

（6）施工现场建立可再利用水的收集处理系统，使水资源得到梯级循环利用。

3.3.4　节能与能源利用措施

施工现场 100%采用 LED 灯，新能源灯、冷光源灯等节约光源。地下室、楼梯间及裙房照明采用 36V 低压照明，爬模上及施工现场照明采用时控开关。

消防泵房使用变频水泵，采用远传压力表自动控制水泵启闭。使用太阳能热水器充分利用太阳能。

3.3.5　节地与施工用地保护措施

1. 施工场地布置合理并实施动态管理

成立项目平面布置小组，合理布置施工场地，实施动态管理，分多阶段对平面布置进行有效管理，如图 3.3-17 所示。施工现场布置合理、组织科学、占地面积小且满足使用功能。地下结构及地上框架部分采用流水段施工，部分采用塑料模板体系，提高周转材料周转次数，节约资源。

二次结构及装饰装修材料直接运送至作业面，减少了现场库房用地；二次结构、防火涂料施工完成后，装饰装修机电小件材料随电梯运至各作业面进行施工。

2. 合理设计场内交通道路

建筑周围布置环形道路，施工现场加工厂、材料堆场等布置靠近已有交通线路或即将修建的正式或临时交通线路，考虑最大限度地缩短运输距离。材料堆放必须根据总平面图规划的位置按品种、分规格堆放整齐、设置标识牌，并合理设计材料堆放架。材料堆场遵循就近施工原则避免二次转运；道路与材料堆放区设置连续封闭可周转围挡，保证用地规范得当。

3. 永临结合

施工现场临时道路布置与原有及永久道路兼顾考虑，并充分利用拟建道路为施工服务。同时，道路按照永久道路和临时道路相结合的原则布置。采用北侧、西侧、南侧永久道路在施工现场形成环形通路，减少道路占用土地。

本工程用地按安全文明示范工地的要求进行规划，不影响周边地貌环境。现场施工道路与永久性建筑相结合。工地四周地表排水系统齐全、畅通。

4. 循环重复使用

实现土地的多重利用与复原，临时办公和生活用房应采用结构可靠的多层轻钢活动

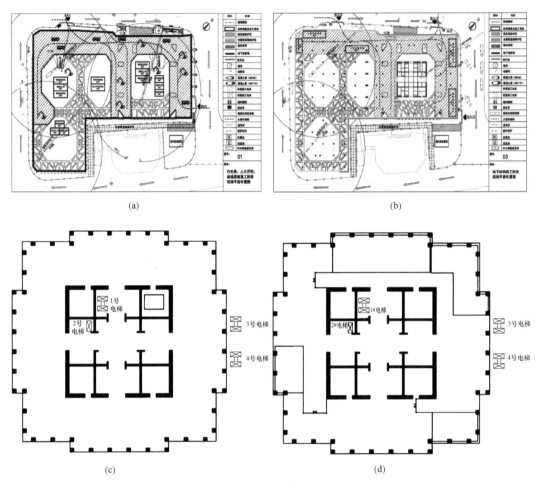

(a)　　　　　　　　　　　　　　　(b)

(c)　　　　　　　　　　　　　　　(d)

图 3.3-17　平面布置管理

(a) 使用栈板合理平面布置；(b) 分阶段平面布置；(c) 塔楼区材料堆放平面布置；(d) 塔楼区机电材料堆放平面布置

板房、钢骨架多层水泥活动板房等可重复使用的装配式结构。

3.4　绿色施工效果分析

3.4.1　环境保护的目标和成果

环境保护的目标和成果对比表　　　　　　　　　　表 3.4-1

	主要指标	目标值	实际完成值
环境保护	噪声控制	昼间≤70dB(A)；夜间≤55dB(A)	昼间≤65dB(A)；夜间≤48dB(A)
	扬尘控制	1. 土方作业：目测扬尘高度小于 1.5m； 2. 结构施工：目测扬尘高度小于 0.5m； 3. 安装装饰：目测扬尘高度小于 0.5m	1. 土方作业：目测扬尘高度 1.2m； 2. 结构施工：目测扬尘高度 0.4m； 3. 安装装饰：目测扬尘高度 0.4m

续表

环境保护	光污染控制	施工现场光污染控制指标为不影响周围居民的正常生活	光污染控制得当,做到周边居民零投诉
	水污染控制	污水排放"pH 值达到 6～9",施工降水必须经过三级沉淀	排放污水的 pH 值在 6.3～8.7
	建筑废弃物控制	1. 每万 m^2 建筑垃圾产生量不大于 400t; 2. 建筑废弃物再利用率和回收率达到 50%; 3. 有毒、有害废弃物分类率达 100%	1. 每万 m^2 建筑垃圾产生量不大于 384t; 2. 建筑废弃物再利用率和回收率达到 56%; 3. 有毒、有害废弃物分类率达 100%

3.4.2　节材与材料资源利用成果

1. 绿色、环保材料达 70%,就近取材达 90%,有计划采购 100%,建筑材料包装物回收率 90%。

2. 机械保养、限额领料、建筑垃圾再利用制度健全。

3. 临建设施回收利用率 83%,临设、安全防护定型化、工具化、标准化达 80%。

4. 材料损耗率比定额降低 25%。

5. 模板、脚手架体系周转率提高 20%,模板周转次数提高 50%。

6. 周转材料回收率 100%,再利用率 80%。

7. 混凝土、落地灰回收再利用率 95%,钢筋余料再利用率 60%。

8. 纸张双面使用率 80%,废纸回收率 100%。

9. 利用网络化办公,尽量做到无纸化办公。

3.4.3　节水与水资源利用成果

(1)节水与水资源利用成果

1)施工现场总用水量计算(表 3.4-2)

现场总用水量计算表　　　　　　　　表 3.4-2

序号	用水名称	用水定额	工程量	用水量
1	砌筑工程全部用水 q_1	250L/m^3	17867m^3	4467m^3
2	抹灰工程全部用水 q_2	30L/m^3	395566m^3	11867m^3
3	混凝土养护 q_3	300L/m^3	130321m^3	39096m^3
4	冲洗模板 q_4	5L/m^3	130321m^3	652m^3
5	浇砖 q_5	250L/千块	620 千块	155m^3
6	抹面 q_6	6L/m^3	48404m^3	290m^3

施工总用水量为 $Q=K_1 K_2 \sum Q_i$,其中 K_1 为未预计的施工用水系数,取 1.2;K_2 为用水不均衡系数,取 1.5。

主体阶段总用水量为:

$Q_1 = 1.2 \times 1.5 \times (39096 + 652) = 71546 m^3$

二次结构阶段总用水量为：

$Q_2 = 1.5 \times 1.2 \times (4467 + 155) = 8320 \text{m}^3$

装饰装修阶段总用水量为：

$Q_3 = 1.5 \times 1.2 \times (11867 + 290) = 21883 \text{m}^3$

总用水量 $Q = 101749 \text{m}^3$

2）生活区用水量计算（表 3.4-3、表 3.4-4）

生活区用水量计算表 表 3.4-3

序号	用水名称	用水定额(L/人×次)
1	生活用水(洗漱、饮用)	30
2	食堂	20
	总用水定额	50

总水量 $Q = K_4 NP$，其中 K_4 为施工现场用水不均衡系数，取 1.5；N 为现场人数，P 为用水定额。

各施工阶段用水量计算表 表 3.4-4

序号	用水名称	用水量(m³)
1	主体阶段生活区平均 120 人	$Q_1 = 1.5 \times 120 \times 50 \div 1000 \times 750 = 6750$
2	二次结构阶段生活区平均 260 人	$Q_2 = 1.5 \times 260 \times 50 \div 1000 \times 300 = 5850$
3	装修阶段生活区平均 330 人	$Q_3 = 1.5 \times 330 \times 50 \div 1000 \times 350 = 8663$
	总用水定额	$Q = 21263$

（2）可再利用水量计算

1）潜水基坑涌水量 Q_1

计算得：$Q_1 = 38 \text{m}^3/\text{d}$

2）层间潜水基坑涌水量 Q_2

计算得：$Q_2 = 1090 \text{m}^3/\text{d}$

基坑总涌水量 $Q_总 = Q_1 + Q_2 = 1128 \text{m}^3/\text{d}$

工程要求在 15 天内降水水位达到预定目标，100d 内维持水位在基槽下 0.5m，300d 内维持水位在结构底板以下，当结构达到抗浮重量后，停止抽水。15d 内，基坑降水除供现场降尘、冲洗机械等用水外，其他多余水量直接排入市政排水系统，在 300d 内基坑的维持降水量在 300m³/d 左右。

则可利用的基坑降水量为 $Q = 300 \times 300 = 90000 \text{m}^3$

3）雨水水量

工程场区所在区域（天津地区）属典型温暖带半湿润半干旱大陆性气候区，夏季炎热多雨，冬季寒冷干燥。多年平均降水量 640mm，降水量季节性变化大，年降水量

80%以上集中在汛期（6～9 月份），可利用雨水量为 30000m³。

4）试验水量

项目 1 施工完成后，消防系统、空调系统、给水系统、排水系统要进行试压、管道冲洗及闭水等试验，按照施工经验及现场水量测定，整个工程试验用水量在 10000m³ 左右。

5）可再利用水量

$Q=0.3\times(90000+30000+10000)=39000\text{m}^3$

（3）节水与水资源利用成果（表 3.4-5）

节水与水资源利用成果汇总表

表 3.4-5

序号	节水措施	节水说明	节约水量(m³)
1	采用混凝土薄膜养护	与不采用混凝土薄膜养护的工程相比,每天养护次数减少 1 次,节约总养护用水量的 66%	6516
2	剪力墙涂刷养护液养护	采用此措施省去了洒水养护用水量,节约总养护水量的 100%	3420
3	采用节水型大便器	与传统大便器 9L 相比可每次节约用水量 3L	840
4	定期检查用水器材及管网,保证不渗不漏,节约用水	采用此措施与未采用此措施的项目相比,平均每月减少漏水次数 0.2 次,平均每次漏水量取 0.3m³	3.06
5	收集利用雨水、管道试压及基坑降水	可利用系数取 0.3	39000

（4）总用水量比较（表 3.4-6）

总用水量汇总表

表 3.4-6

序号	施工阶段	区域	目标用水量(m³)	实际用水量(m³)
1	主体结构	生活区	6750	5943
		施工区	71546	49121
2	二次结构	生活区	5850	5125
		施工区	8320	7213
3	装饰装修	生活区	8663	7921
		施工区	21883	11547
	总用水量	生活区	21263	18989
		施工区	101749	67881
节水器具利用率		—	100%	100%
非传统水使用量				39000
非传统水占总用水量比例			30%	31.7%

3.4.4　节能与能源利用结果

（1）为保证生产、生活、办公用电能耗的节能控制，采取定期计量、核算的方式，将目标值和实际值对比分析。

1）万元产值目标耗电分析（表 3.4-7）

万元产值目标耗电汇总表　　　　　　　表 3.4-7

序号	施工阶段及区域		万元产值目标耗电(kW·h/万元)
1	整个施工阶段		65.6
2	桩基、基础施工阶段	59	施工用电：54.06
			办公用电：2.47
			生活用电：2.47
3	主体结构施工阶段	75	施工用电：60.2
			办公用电：2.58
			生活用电：12.4
4	机电安装和装饰阶段	63	施工用电 53.2
			办公用电：4.9
			生活用电：4.9
5	节电设备(设施)配置率		大于 90%

2）万元产值实际耗电分析（表 3.4-8）

万元产值实际耗电汇总表　　　　　　　表 3.4-8

序号	施工阶段及区域		万元产值实际耗电(kW·h/万元)
1	整个施工阶段		44
2	桩基、基础施工阶段	36	施工用电：33.5
			办公用电：1.2
			生活用电：1.3
3	主体结构施工阶段	52	施工用电：40.71
			办公用电：1.9
			生活用电：9.09
4	机电安装和装饰阶段	41	施工用电 33.5
			办公用电：3.2
			生活用电：4.3
5	节电设备(设施)配置率		100%

（2）根据本工程 LED 灯使用情况，对 LED 灯照明以及普通灯泡照明进行了各项对比，见表 3.4-9。

LED 灯照明以及普通灯泡照明对比表　　　　　　　表 3.4-9

序号	类别	照明度	施工造价明细	预计周转次数	施工造价(元/m²)	备注
1	普通灯泡照明	由于电损等原因，普通灯泡勉强能达到照明要求	1000m² 建筑面积需要照明点 100 处，普通灯泡 2 元/个	使用寿命 8000 小时，预计周转次数 1.3 次	25.5	1. 普通灯泡易损坏，需多次更换； 2. LED 灯泡高效转换，减少发热，光线温和，保护眼睛节省能源，寿命更长； 3. LED 灯比普通灯泡照明安全隐患小
2	LED 灯泡照明	完全满足照明要求	1000m² 建筑面积需要照明点 100 处，LED 灯泡 5.5 元/个	使用寿命 100000 小时，预计周转次数 3 次	4	

3.4.5 节地与施工用地保护措施成果

节地与施工用地保护措施主要针对办公区、生活区、作业区等区域见表 3.4-10。

节地与施工用地保护措施成果汇总表　　　　　表 3.4-10

序号	项目	目标值	实际值	采取的措施	合计节约
1	施工现场办公、生活区面积	4050m²	800m²	工人生活区就近施工现场租赁设立,不占用施工现场;办公区和生活用房采用对周边地貌环境影响较小,适合于施工平面布置的二层轻钢活动板房,可多次重复利用,运输与拆卸简单方便	总计节约用地 4510m²,解决场地狭窄等施工难题,提高现场用地利用率
2	生产作业区面积	1500m²	1080m²	施工现场材料仓库、材料加工房等布置靠近现场临时交通线路,缩短运输距离。部分库房、加工房设置在狭小角落	
3	施工绿化面积与占地面积比率	5%	4.3%	—	
4	原有建筑物、构筑物、道路和管线的利用情况	—	—	利用原有道路 840m²	
5	场地道路布置情况	双车道宽度≤6m,单车道宽度≤3.5m,转弯半径≤15m	双车道宽度 6m,单车道宽度 3.5m,转弯半径≤6m	施工道路按照永久道路和临时道路相结合的原则布置	
6	钢结构作为主要构件堆场面积利用率	3t/10m²	5t/10m²	利用钢构件垫格,及对构件型号、尺寸、位置统计,进行堆放区划分	
7	对临近现场特殊性保护文物古建筑 1 保护	1.0mm/d	0.3mm/d	对古建筑 1 设置沉降观测点按时进行统计,在其周围进行双液注浆	

第4章　BIM虚拟建造及信息化管理应用

超高层建筑对于勘察设计、建造技术、施工水平、运营维护等各方面的要求极其严格，进度、安全、技术、质量、成本、协调等问题是超高层施工的巨大挑战，BIM 技术的出现为解决以上问题提供了方法。超高层建筑施工背后离不开 BIM 技术的强大支撑，自 2003 年 BIM 技术引入国内，并衍生出广联达 BIM5D 等具有更高集成度、更强大功能的软件平台，已经在建筑行业广泛地应用。

项目 1 组建 BIM 工作小组，采用 Revit、Tekla、Rhino、广联达 BIM5D 等软件进行建模及综合运用，以全过程全专业建模为基础，开展了方案交底可视化、深化设计、三维点云技术、进度管理等 15 项工作。在使用软件平台的同时，引入智能化设备，将软件平台与智能化设备融合使用，取得了经济、进度、质量、安全等方面显著的效益。

4.1　BIM 技术软硬件配置

4.1.1　软件配置

项目采用 Revit、Tekla、Rhino、广联达 BIM5D 等软件进行建模及综合运用，见表 4.1-1。

项目采用的软件及功能　　　　　　　　　　　　　　表 4.1-1

软件名称	软件功能
Revit	创建土建、机电等 BIM 模型
Navisworks	模型整合、专业间碰撞检查、工序模拟、漫游等
Rhino	创建幕墙及装饰模型
Tekla	创建钢结构模型
Fuzor	漫游演示、动画
Ansys	钢结构分析
广联达 GCL 等	土建、钢筋算量
广联达 BIM5D	BIM 综合管理应用
斑马进度计划	连通计划与模型，从而进行进度管理
BPIM	工程管理的综合操作平台
SolidWorks	研发与销售机械设计，用于对支架的受力分析校核

4.1.2　部分软件功能评估（表 4.1-2）

部分软件功能评估表　　　　　　　　　　　　　　表 4.1-2

名称	最有效功能
广联达土建算量软件	1. 导入 CAD 二维图纸建立三维模型，通过三维可视化方式将复杂节点清晰展现，易于读图。 2. 根据建立的模型和选择的地方清单，能够自动生成工程量，实现了建模算量一体化

续表

名称	最有效功能
BIM5D	1. 可以实现理论劳动力的自动计算，从而通过理论劳动力曲线判断进度计划是否合理，并有针对性地进行调整。理论劳动力曲线在给实际劳动力配置提供参考的同时，还可以与现场实际劳动力进行对比分析，得到更接近实际的劳动力定额，为企业定额的建立收集第一手资料。 2. 可以对土建与机电、机电各专业间构件进行自动碰撞检查，大大减少了人工进行碰撞检查的工作量和难度。通过对检测到的碰撞点进行深化设计、消除碰撞，从而减少现场的返工现象，为工程管理带来直接经济效益。 3. 变更计算可以将变更前后的模型进行自动比对，从而标识出变更位置，方便了对图纸设计变更的管理，同时可以自动计算出变更前后的工程量变化，便于商务部门的核算与报价。 4. 可以根据录入的施工进度信息生成相应的三维进度模型，并列表生成各项施工任务的预计开始与完成时间，形成了进度预警。 需要改进的功能：模型导入 BIM5D 后，相应的轴线无法导入，致使在 BIM5D 中进行模型分区时，不能精确定位，造成自动计算相应工程量时有所偏差
斑马进度计划	1. 可以逐条将施工计划通过栋号、楼层、分区类型、工作面类型、构件类型等属性与相应构件进行一一关联，完成计划与模型的挂接，形成计划与模型的四维管理。 2. 可以将施工计划与对应的工种与理论工效进行挂接，以便自动生成理论劳动力曲线，从而对进度计划进行合理性分析。 3. 可以将施工计划与对应的前期准备工作(配套工作)进行挂接，从而对工程进度管理的各个环节进行精细管控
BPIM	1. 可以录入劳动力工效、机械、材料等基础数据，形成适用于项目的"字典"，便于后续进度、成本数据以下拉框形式录入。 2. 可以及时录入施工日报，便于对现场劳动力、机械、材料、进度、质量、安全地跟踪管控。同时施工日报的进度数据可以同步至 BIM5D、斑马进度计划，形成综合管理。 3. 可以通过综合管理模块对每项施工任务的前置工作(配套工作)进行编制、分派、处理与监控，实现了对各部门日常工作的渗透管理
Revit	1. 负荷计算功能可以在施工前期对设计院下发的相关参数进行二次校核，从而在满足实际使用功能的前提下，有效地避免了材料浪费的情况发生。 2. 材料统计功能可以准确地统计各不同施工阶段的现场实际材料使用情况，有效地解决了施工过程中的成本控制问题。 3. 模型建立功能，可以建立整体模型，更加直观地表现了现场复杂空间下的布局关系。 4. 出图功能可以实现三维模型的直接出图
Navisworks	1. 碰撞检查及审阅功能。 2. 漫游功能。 3. 协同设计功能。 4. 进度模拟。 通过运用 Navisworks 软件的漫游、碰撞检查及进度模拟功能，可以准确定位碰撞点并通过漫游的展示，使得业主更加直观地看到后期安装完成后的现场情况。进度模拟功能有效地解决了现场工序搭接的问题，模拟计划与实际进度的偏差对工程实际所产生的影响
SolidWorks	1. Solidworks 支架受力分析功能。 2. Solidworks 工程图出图功能。 Solidwork 软件可以通过对支架仿真的建模以及仿真模拟，表达出设计支架是否符合后期管线安装后的受力要求，并通过其自身的出图功能指导支架的预制加工工作

4.1.3 硬件配置

配备高性能图形工作站 4 台、移动工作站 7 台。

4.2 BIM 技术应用点

4.2.1 全过程全专业建模

针对项目 1 土建、机电、钢结构等专业进行模型建立，如图 4.2-1 所示，为后期 BIM 技术应用打下良好基础。同时对大型机械，如液压爬模、塔式起重机等建立了精细化模型。

(a)　　　　　　　　　　　　　　(b)

图 4.2-1　塔楼 BIM 模型

（a）土建模型；（b）钢结构模型

4.2.2 方案交底可视化

利用 BIM 技术建立虚拟样板 40 余种，如图 4.2-2 所示，利用施工过程动态模拟、细部节点详图并配以录音讲解，以视频动画的形式进行方案展示，以此降低工人理解难度，缩短交底时间，减少因交底不清造成的施工错误。在基础底板大体积混凝土施工方案、液压爬模施工方案、塔式起重机安装施工方案等交底中起到了良好的效果。

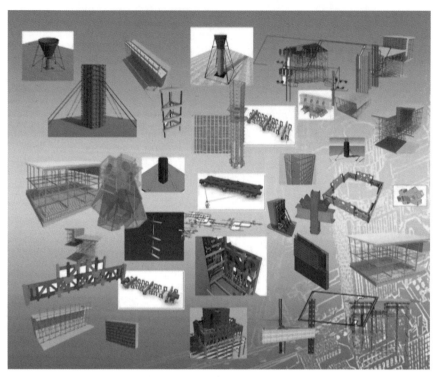

图 4.2-2 虚拟样板汇总

4.2.3 机电管线全过程 BIM 深化设计

（1）管线综合

利用 BIM 管线综合排布技术，进行机电管线深化设计，如图 4.2-3 所示。

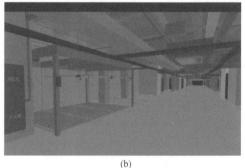

(a)   (b)

图 4.2-3 机电管线 BIM 深化设计图及实物图（一）

（a）制冷机房设备管道综合；（b）制冷机房管线综合

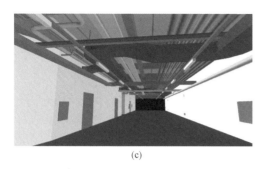
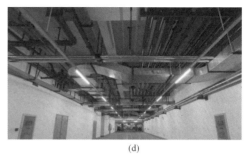

(c)　　　　　　　　　　　　　　　　　(d)

图 4.2-3　机电管线 BIM 深化设计图及实物图（二）

（c）地下室样板管线综合；（d）管线完成照片

（2）碰撞检查

提前利用已建立的土建、机电等模型，运用 Navisworks 对所有机电管线进行综合
排布，如图 4.2-4 所示，形成不同区域多种类机电问题冲突报告，发现碰撞 3200 余处，
避免了因返工造成的成本浪费及工期延误。

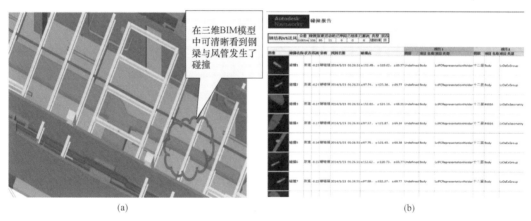

(a)　　　　　　　　　　　　　　　　　(b)

图 4.2-4　碰撞检查及综合排布

（a）碰撞检测；（b）碰撞检测报告

（3）运用 BIM 进行支吊架设计

支吊架系统的应用，大大减少了机电专业深化设计的时间，通过支吊架设计系统，快
速设置并自动生成支吊架模型，实现自动分析计算，并出具计算书，如图 4.2-5 所示。

4.2.4　幕墙、精装修工程三维点云技术应用

在装饰工程中通常需要对装饰面平整度、垂直度进行检测，应用传统的检测尺检
查，其效率低、精度差、覆盖面窄，而采用三维激光扫描，高效率的优势凸显，通过快
速获取巨量的空间点云数据，生成三维模型，自动进行立面整体平面情况进行评判，如
图 4.2-6 所示。

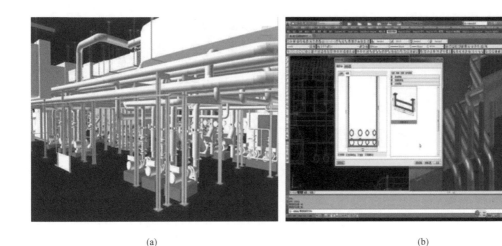

| (a) | (b) |

图 4.2-5　支吊架设计优化

（a）设备房间支吊架排布；（b）吊架详图

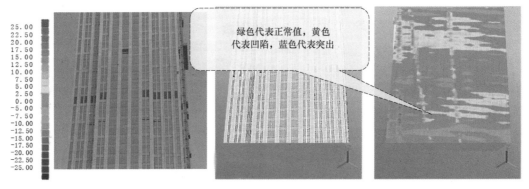

图 4.2-6　幕墙、精装修工程三维点云效果图

采用 Revit 对 200 余处精装面材进行预排版，生成 2600 张可指导施工的 CAD 二维图纸如图 4.2-7 所示，在 CAD 图上能够在任意点生成关联标高，对复杂装饰造型施工放线起了很大的作用，减少排布的工作量。

4.2.5　三维场地布置

由于项目 1 地处市中心繁华路段，基坑边缘距离外围墙最近距离仅 2.5m，最远距离也不过 6.5m，BIM 小组充分利用 BIM 技术将钢筋堆场、模板堆场、材料库房等进行精准布置，如图 4.2-8 所示，充分实现了场地利用最大化。在天津市观摩工地举办前，BIM 小组再次成功运用模型，对现场观摩策划进行数字化排布，将安全体验馆、质量样板展示区、文化墙等多项内容在模型上进行建立，确保现场布置的协调、美观。现场未发生一次因设计问题产生现场布置的返修、重建，成功实现了观摩布置零返工，大大节省了项目成本。

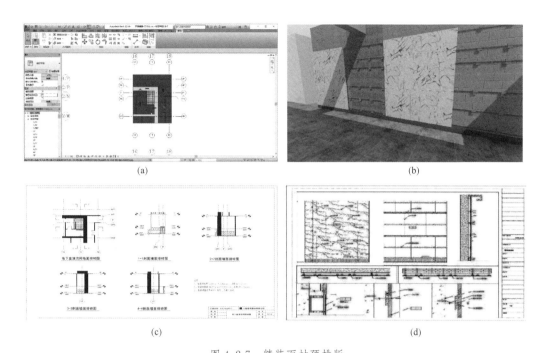

图 4.2-7　精装面材预排版

（a）Revit 建模；（b）模型设计；（c）生成 CAD 图纸；（d）图纸校对

4.2.6　施工方案全过程优化与深化

（1）全专业全过程三维深化设计

含土建、钢结构、装饰装修、机电等各专业三维深化设计，讨论图纸深化中出现的问题及验证解决方案，用模型指导现场施工及构件加工制作，如图 4.2-9 所示。

（2）大底板施工深化设计

在项目基础底板 4m 厚 18000m³ 混凝土浇筑过程中，由于项目施工场地狭小，且大方量混凝土处在栈板下，通过运用 BIM 技术模拟施工，发现传统浇筑方法（汽车泵、车载泵）不能满足浇筑速度及浇筑范围，因此项目自主研发了串管技术，并获得 1 项发明专利、1 项实用新型专利如图 4.2-10 所示，有效地解决了传统浇筑方式覆盖范围不足的技术难题，节约措施费 56 万元。

（3）钢结构深化设计

主楼约 29000t 的超重建筑荷载会加大古建筑 1 沉降风险，为降低塔楼施工对其影响，运用 Tekla 软件对钢结构进行轻量化设计，如图 4.2-11 所示。

原设计转换桁架强度为 Q345GJ-C，厚度为 80mm、100mm，优化后转换桁架强度为 Q390GJ-C，厚度为 60mm、80mm。

原设计普通钢构件强度为 Q345B，优化后强度为 Q390B，构件截面及壁厚均有不同程度减小。

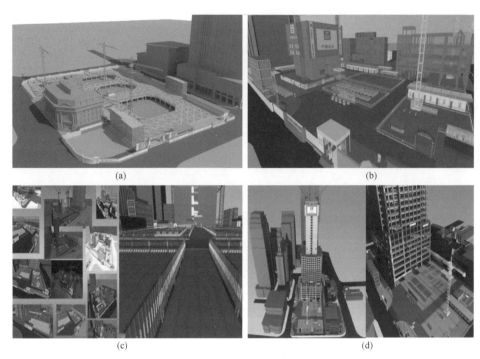

(a)　　　　　　　　　　　　　　　(b)

(c)　　　　　　　　　　　　　　　(d)

图 4.2-8　各阶段三维场地布置

（a）地下施工期间现场平面布置；（b）正负零阶段场地平面布置；

（c）主体施工阶段场地平面布置；（d）幕墙施工阶段场地平面布置

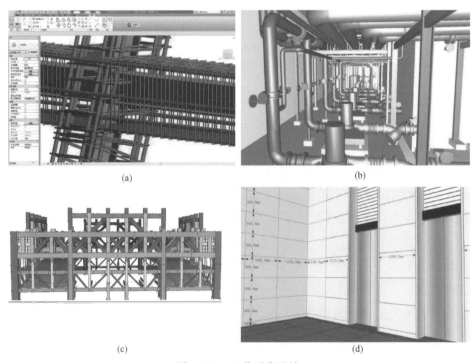

(a)　　　　　　　　　　　　　　　(b)

(c)　　　　　　　　　　　　　　　(d)

图 4.2-9　三维深化设计

（a）劲性梁柱节点深化设计；（b）消防泵房深化设计；（c）八层桁架钢结构深化；（d）精装修深化设计

图 4.2-10　大体积混凝土三维策划

(a) 泵车进出场策划；(b) 泵车进出场实际情况；(c) 模型情况；

(d) 现场实际情况；(e) 泵车停靠区策划；(f) 串管浇筑

通过优化，转换桁架总重量由 3000t 减小至 2690t，工程总体钢结构用钢共计减少约 800t。

对原设计的 80 余个铸钢件进行优化，利用钢板墙代替铸钢件，解决铸钢节点现场拼接难题，如图 4.2-12 所示。

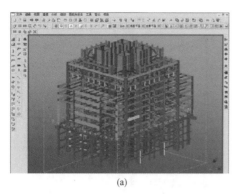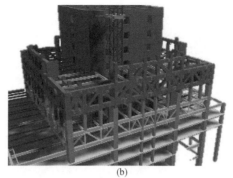

(a)   (b)

图 4.2-11 钢结构深化设计

(a) 钢结构深化设计；(b) 转换桁架深化设计

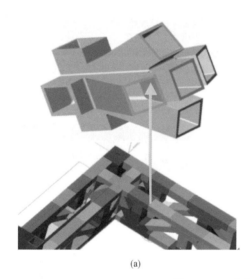

(a)   (b)

图 4.2-12 铸钢节点深化设计

(a) 铸钢节点优化；(b) 钢板墙优化施工

在 LOD400 建模精度基础上，运用二维码技术对 2 万余件钢构件标识，实现加工、拼装、堆放全过程信息跟踪，如图 4.2-13 所示。

（4）BIM 技术监测古建筑 1 变形

结构施工完成后，通过对基坑周边及古建筑 1 设置的 170 个监测点每天两次的监测数据并分析比较，可见古建筑 1 变形值在预警值的范围内，如图 4.2-14 所示。

（5）塔式起重机、爬模 BIM 技术方案优化

在动臂塔焊接过程中，运用 BIM 技术对动臂塔安装过程进行模拟，发现高空拼装动作过多，通过 BIM 优化，创新发明了"7"字形钢梁倒运技术，进行地面预拼装，如图 4.2-15 所示；为实现核心筒 2d 一层的施工速度，通过对爬模爬升模拟，创新发明了分段式爬模爬升技术，实现了核心筒流水施工。

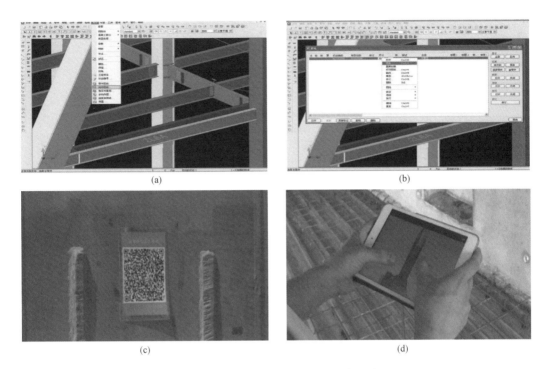

图 4.2-13　构建二维码全过程信息跟踪

（a）构件编辑；（b）构件自动编号；（c）构件二维码粘贴；（d）现场模型查看

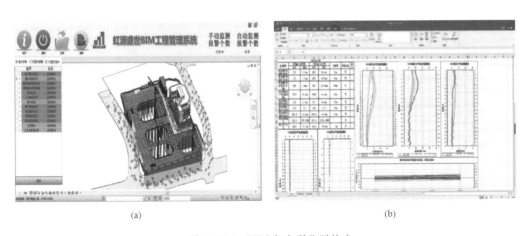

图 4.2-14　BIM 与变形监测技术

（a）监测点位布置；（b）监测结果分析

（6）大型机械与核心筒碰撞深化

塔楼有大量预埋构件、交叉节点，需要提前优化设计，否则会给后续施工带来极大的影响。塔吊、施工电梯、液压爬架、幕墙等埋件节点冲突，轻则影响施工进度，重则影响运行安全。项目通过 BIM 技术绘制设计，统一优化设计，如图 4.2-16 所示，有效避免了节点冲突的情况。

(a)　　　　　　　　　　　　(b)

(c)　　　　　　　　　　　　(d)

图 4.2-15　塔式起重机、爬模使用 BIM 技术方案优化

（a）BIM 爬模模拟图；（b）核心筒流水施工；（c）"7"字形钢梁倒运技术模拟；（d）现场施工

4.2.7　基于 BIM 的进度管理

施工进度计划使用 Project 等软件进行编排，Navisworks 等模型整合平台进行可视化的施工进度模拟，如图 4.2-17 所示，形象地演示施工进度和各专业之间的协调关系，有效控制施工安排，节约成本。

4.2.8　商务成本管理及物资管理

利用 BIM 模型的自动构件统计功能，快速统计各类构件的数量，出现图纸变更时，进行模型修改，并在数据库中反映出变更后的成本，进行成本的快速分析；结合 5D 模拟，提出材料需求计划；通过 BIM 模型，实现构件数字化加工；使用无线终端、WED

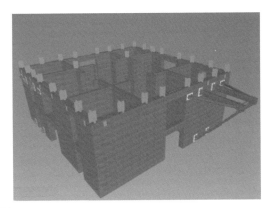

(a)

(b)

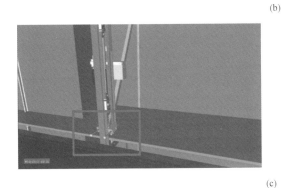

(c)

图 4.2-16 大型机械与核心筒碰撞深化

（a）埋件综合建模管理；（b）斜柱与塔式起重机标准节碰撞管理；（c）液压爬模碰撞管理

或 RFID 等技术，把预制构件从设计采购加工、运输存储、安装使用的全程与 BIM 集成，如图 4.2-18 所示。

4.2.9 质量安全管理

利用 BIM 技术制作虚拟样板，辅助现场样板区，实现样板先行；对复杂结构、重

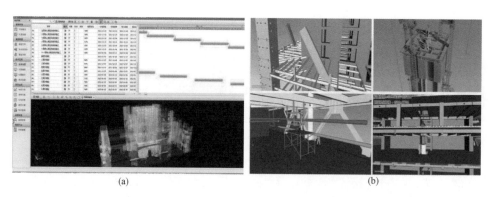

(a)
(b)

图 4.2-17　进度管理应用
(a) BIM 平台进度管理；(b) 施工进度协调管理

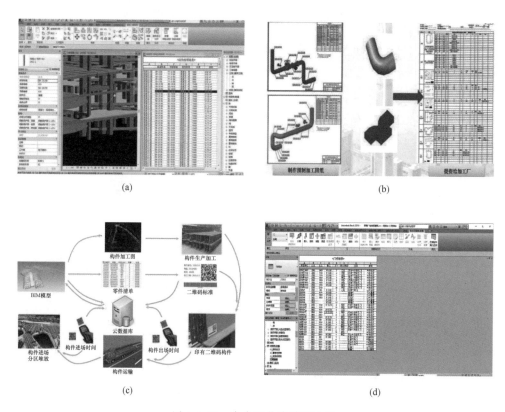

图 4.2-18　商务及物资管理应用
(a) 工程量自动统计；(b) 基于 BIM 模型机电构件预制加工；
(c) 基于 BIM 模型辅助钢结构物资管理；(d) 构件信息明细

要工艺或质量措施等，通过建立三维模型，合理布置或获得参数，进行质量控制；BIM模型进行危险源识别，对危险源进行管理；模拟不同阶段的安全路线，进行人/车流模型分析，确保紧急情况时人员安全快速疏通；利用 BIM 平台对现场安全或质量问题进行跟踪，如图 4.2-19 所示。

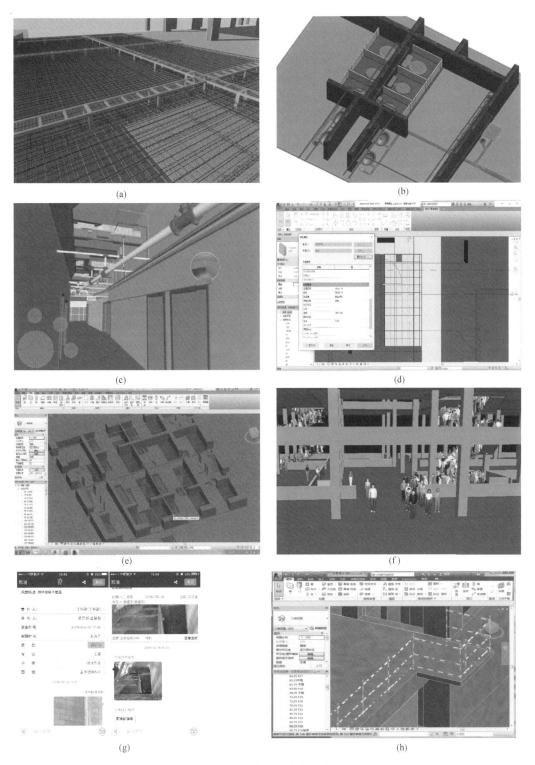

图 4.2-19　质量安全管理应用

（a）钢筋成品保护；（b）卫生间验收样板；（c）基于 BIM 的质量验收；（d）验收构件信息明细；

（e）危险源辨识；（f）人流分析；（g）安全（质量）问题跟踪；（h）布置安全临边防护

4.2.10 运维管理

利用 BIM 模型、RFID、无线移动终端、WED 技术以及摄像照片等把构件、隐蔽工程、机电管线、阀组提供定位、尺寸、安装时间、厂商、相关图纸、合同、操作手册等基础数据信息与 BIM 模型进行整合，建立支持对项目运维管理的数据模型，如图 4.2-20 所示。

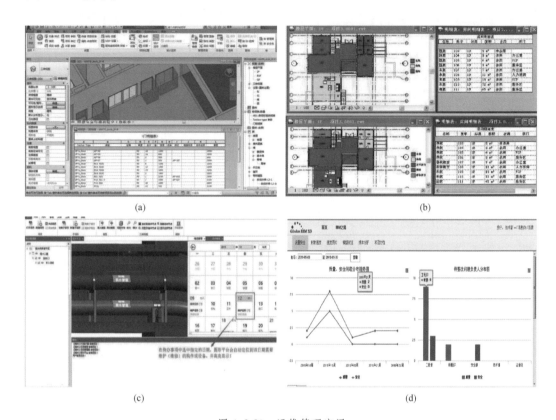

(a)　　　　　　　　　　　(b)

(c)　　　　　　　　　　　(d)

图 4.2-20　运维管理应用

（a）运维模型；（b）楼层信息及房间明细表；（c）基于 BIM 运维管理；（d）BIM 运维整改情况

4.3　智能化应用

4.3.1　智能放线机器人

基于 BIM 技术的机器人全站仪技术，在模型中创建放样控制点，指挥机器人在现场发射红外激光自动找准现实点位，如图 4.3-1 所示，将 BIM 模型中的数据直接转化为现场的精准点位，为各专业同时提供工作面，标准统一，界面清晰。

4.3.2　二维码应用

对现场塔式起重机、电梯、监控点、结构实体、安全体验馆、样板区等部位，利用二维码进行物资、技术、质量、安全管理，如图 4.3-2 所示。

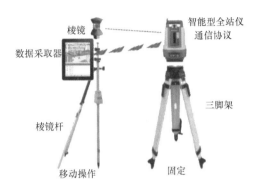

图 4.3-1　智能放线机器人

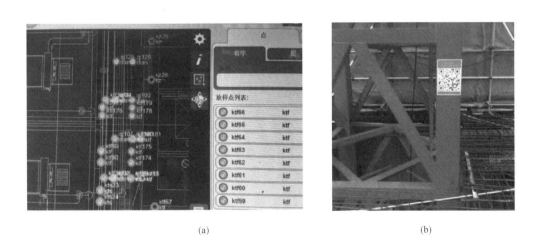

(a) (b)

图 4.3-2　二维码应用

(a) 结构实体二维码；(b) 现场动臂塔二维码应用

4.3.3　3D 扫描及 3D 打印

通过三维扫描仪将现场施工情况扫描成点云模型，与 BIM 模型对比，进行施工质量对比检测、实测实量及质量验收；用 3D 打印机打印预制构件或建筑物，取消施工模具，节约材料及劳动力，提高施工效率；或将建筑构件复杂节点、新的施工工艺构件 3D 打印，建立并分析等比例实体模型，如图 4.3-3 所示。

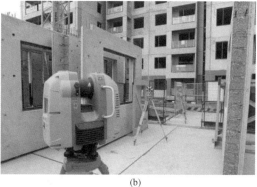

(a)　　　　　　　　　　　　　　　　　(b)

图 4.3-3　3D 扫描应用

（a）3D 扫描；（b）3D 激光扫描进行构件验收

4.3.4　物联网及云计算技术

　　应用 RFID、红外探测、无线传感、智能硬件等物联网技术以及移动 APP 或 PC 端，对现场门禁、消防报警、重大危险源、噪声扬尘、供排水用电及工程物资等进行信息化管理；基于互联网的新型计算模式，可在短时间内处理庞大的计算信息，可处理施工中安全计算及企业级大数据采集及分析；通过广联云建立 BIM 信息共享平台，作为项目数据管理、任务发布和图档管理平台，实现多专业协同管理，提高沟通效率，如图 4.3-4 所示。

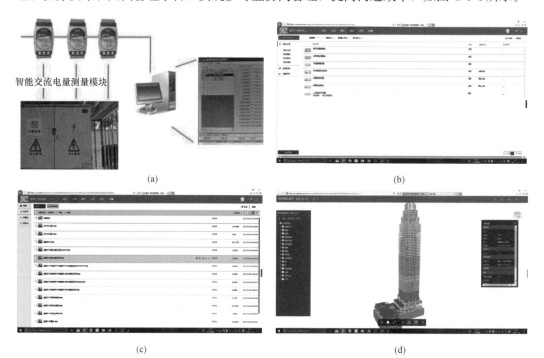

（a）　　　　　　　　　　　　　　　　（b）

（c）　　　　　　　　　　　　　　　　（d）

图 4.3-4　物联网及云计算技术应用

（a）物联网模块；（b）任务发布；（c）文档共享；（d）云端模型查看

4.3.5　VR 技术

虚拟现实技术，在虚拟的仿真场景中感受建筑模型，查看工程结构或构件，实现交互式信息交流，如图 4.3-5 所示。

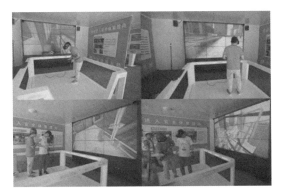

图 4.3-5　虚拟的仿真场景体验

4.3.6　无人机技术

设置无人机航拍路线及固定拍摄点，获取每个时段人、材、机布置情况及形象进度，指导总平面管理及施工部署，进行现场巡视及智能化监控，获得整个项目的建造影像资料，如图 4.3-6 所示。

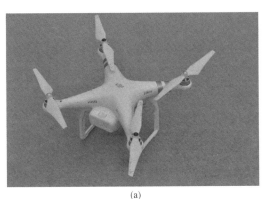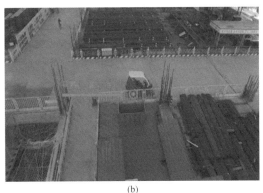

(a)　　　　　　　　　　　　　　　　　(b)

图 4.3-6　无人机技术应用
(a) 无人机；(b) 无人机航拍及识别

4.3.7　互联网技术

将"互联网＋BIM"的理念和技术引入施工现场，最大限度地收集人员、安全、环境、材料等关键业务数据，打通从一线操作与远程监管的数据链条，实现劳务、安全、环境、材料各业务环节的智能化、互联网化管理，提升项目的精益生产管理水平，如图 4.3-7 所示。

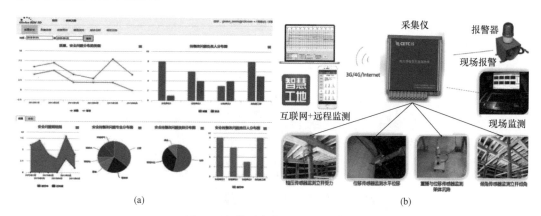

(a)
(b)

图 4.3-7 "互联网＋BIM"的应用
（a）互联网数据统计分析；（b）高大模板变形监测

4.4 广联达 BIM5D 管理平台应用

4.4.1 BIM5D 管理平台应用点

BIM5D 管理平台主要运用 10 个方面，见表 4.4-1。

BIM5D 管理平台应用点汇总表　　　　　　　　　　　　　表 4.4-1

应用点	描述
进度管理	施工进度查询及计划进度对比
流水段划分	塔楼划分流水段
工程量统计（重点）	流水段划分、各流水段梁板信息查询（注意：如果对商务数据精准性高，通过 GFC 可以直接导入 GCL 土建算量）
现场问题记录	施工现场手机记录过程、安全问题及整改情况
生产例会	对现场问题进行跟踪及管理
三维场地布置	分析场地布置的合理性及临设统计
图纸及变更管理	模型变更后修改
商务算量	与物资查询关联、直接显示价格
商务列清单、组价	将构件与价格关联
方案编制可视化、技术交底可视化	近期方案包括泵管方案、高支模方案

4.4.2 云平台应用

BIM 小组正式采用 BIM5D 云平台进行现场质量与安全全过程管控。在施工现场发

现质量安全问题时，管理人员可以利用手机客户端将拍摄的质量安全问题照片直接定位
到模型，并上传至云平台后，完成问题汇总，其他管理人员可以同步实时查看，及时找
出问题所在，如图 4.4-1 所示，尽快安排工人进行整改，缩短管理人员间的沟通时间。

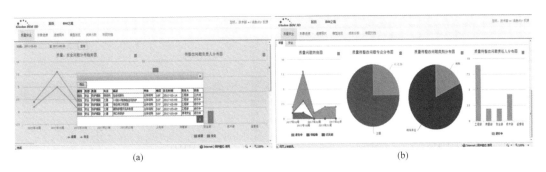

(a)　　　　　　　　　　　　　　　(b)

图 4.4-1　云平台应用

（a）云端数据汇总；（b）云端数据分析

4.4.3　进度管理

BIM 小组利用 BIM5D 平台对施工进度进行全过程管控，利用三维模型对计划进度
与实际进度进行对比，及时调整现场进度，确保工程按照计划实施。在地下室二层施工
过程中，通过采用数字化进度对比，配合施工工序调整，成功提前 7d 完成地下室二层
结构施工；利用 5D 平台，通过关联施工节点、模拟施工等方式，实现计划进度和实际
施工进度有效地对比。

4.4.4　物资模拟

在全专业建模阶段，对各层、各专业、每个构件赋予模型信息，利用 BIM5D 平台
物资查询技术逐专业、逐层或依据不同分类信息进行物资查询，如图 4.4-2 所示。

(a)　　　　　　　　　　　　　　　(b)

图 4.4-2　物资管理应用

（a）物资查询、多维度提取数据；（b）物资需求模拟

4.4.5 成本测算

项目运用 5D 平台，结合商务计价清单和物资量统计，实现了合约规划、清单三算对比、合约三算对比，得出各施工阶段各项资源浪费或节约情况，如图 4.4-3 所示。

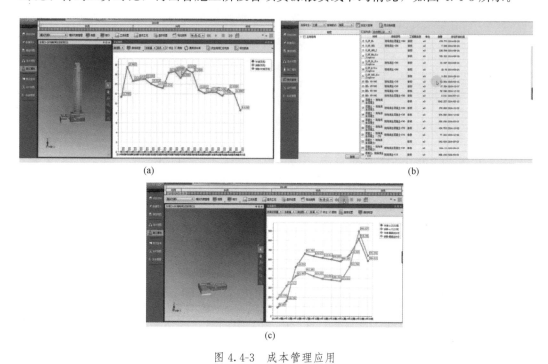

图 4.4-3　成本管理应用

（a）资金模拟；（b）合约规划、资金、清单三算对比；（c）物资模拟

第5章　建筑业十项新技术的应用

超高层施工的难度比普通建筑施工成倍地增加，主要体现在规模庞大、施工组织困难、"土护降"要求高、基础体积大且埋置深、结构超高、钢结构与混凝土结构的施工困难、工序穿插量大、垂直运输量大、吊装风险大、材料设备多且特殊、自然环境影响大等。要克服以上困难带来的挑战，必须有科学合理的施工组织设计，同时需要综合应用"四新技术"等措施。建筑业十项新技术，分别为：地基基础和地下空间工程技术、混凝土技术、钢筋及预应力技术、模板及脚手架技术、钢结构技术、机电安装工程技术、绿色施工技术、防水技术、抗震加固与监测技术、信息化应用技术，这些技术旨在促进建筑产业升级，加快建筑业技术进步。

项目1在开工前即进行策划，并在实施过程中不断更新调整，应用了8项新技术，包括超高泵送混凝土技术、液压爬升模板技术、虚拟仿真施工技术等10个技术点，同时开展了2项创新技术应用及2项地方推广新技术应用。本章介绍该项目新技术应用情况，并分析应用成效，对类似项目具有较高的参考价值。

5.1 项目1建筑业十项新技术的应用

5.1.1 项目1建筑业新技术推广应用项目

建筑业十项新技术主要应用了8大项17个技术、2项创新技术及地方推广新技术，详见表5.1-1。

建筑业新技术推广应用汇总表　　　　　　　　表 5.1-1

序号	技术名称	应用部位	应用数量
创新技术应用			
1	复杂环境下软土地区超高层组合结构综合施工技术	塔式起重机爬升、核心筒爬模等	—
2	超高层超重转换桁架下悬挂超重结构安装技术	6~8层转换桁架	8300t
十项新技术应用			
1	混凝土技术	—	—
1.1	自密实混凝土	劲性混凝土钢梁、钢柱	8根组合式钢柱＋4根大截面箱形柱
1.2	超高泵送混凝土技术	主体结构	—
2	钢筋及预应力技术	—	—
2.1	大直径钢筋直螺纹连接技术	基础底板	—

续表

序号	技术名称	应用部位	应用数量
2.2	钢筋机械锚固技术	主体结构	—
3	模板及脚手架技术	—	—
3.1	液压爬升模板技术	塔楼	1 台液压爬模设备
4	钢结构技术	—	—
4.1	深化设计技术	塔楼	—
4.2	厚钢板焊接技术	塔楼	—
4.3	钢与混凝土组合结构技术	塔楼	—
5	绿色施工技术	—	—
5.1	基坑施工封闭降水技术	基坑开挖阶段	—
5.2	施工过程水回收利用技术	全过程	—
5.3	预拌砂浆技术	主体结构	—
6	防水技术	—	—
6.1	防水卷材机械固定施工技术	地下室	—
6.2	遇水膨胀止水胶施工技术	地下室	—
6.3	聚氨酯防水涂料施工技术	地下室	—
7	抗震加固与监测技术	—	—
7.1	深基坑施工监测技术	深基坑阶段	10 个侧斜监测点、59 个地表竖向位移监测点
8	信息化应用技术	—	—
8.1	虚拟仿真施工技术	全过程	—
8.2	工程项目管理信息化实施集成应用及基础信息规范分类编码技术	全过程	—
地方推广新技术应用			
1	低能耗混凝土冬期施工技术	混凝土浇筑	—
2	围护结构电流场与渗流场联合渗漏探测分析仪及探测方法技术	地下连续墙电渗监测	10 个侧斜监测点、59 个地表竖向位移监测点

5.1.2　新技术应用概况及简要说明

项目积极使用建筑业 10 项新技术，取得了显著的经济效益和社会效益，主要使用的技术及介绍见表 5.1-2。

新技术应用概况及简要说明表   表 5.1-2

序号	项目名称	概述	应用范围
1	混凝土技术	**混凝土裂缝控制技术** 图1 混凝土试配　　　图2 混凝土绝热升温报告 工程项目采用高性能减水剂,并调配合理的配合比满足混凝土的抗裂基本条件。底板混凝土采用"双掺"技术以降低水泥水化热,试配最终配合比中,每立方米水泥用量为200kg,对底板超厚大体积混凝土浇筑的耐久性和抗裂控制提供保障。有效提高建筑的使用寿命,具有巨大的经济和社会价值	混凝土结构、基础混凝土
		超高泵送混凝土技术 图3 SY5123THB超高压泵　　　图4 水平泵管固定 本工程混凝土泵送高度最高达299.65m,混凝土方量约为10万 m^3。塔楼核心筒混凝土100m以下采用常规混凝土输送泵,100m以上采用中联重科HBT110.26.390ks超高压混凝土泵,最大泵送混凝土压力26MPa,最大泵送高度430m	高层核心筒
		自密实混凝土技术	钢管混凝土

自密实混凝土主要参数　　　表1

材料名称	水泥	水	细骨料	粗骨料	外加剂	掺合料	
品种规格	P.O42.5	—	天然砂(中砂)	碎石(5~16)mm	聚羧酸减水剂	粉煤灰F类1级	矿粉S95
每 m^3 用量(kg)	360	160	645	1005	11.4	90	120
配合比	1	0.27	1.79	2.79	0.03	0.25	0.33
碱含量(%)	0.57	—	—	—	1	2.32	0.68
碱含量(kg/m^3)	2.05	—	—	—	0.11	0.31	0.41

本工程主塔楼外框筒为钢管混凝土组合柱,在浇筑对于斜柱等混凝土浇筑不易密实处,采用自密实混凝土。通过采用自密实混凝土,有效避免混凝土结构出现孔洞,保证结构安全性

序号	项目名称		概述	应用范围
2	钢筋与预应力技术	高强钢筋应用技术	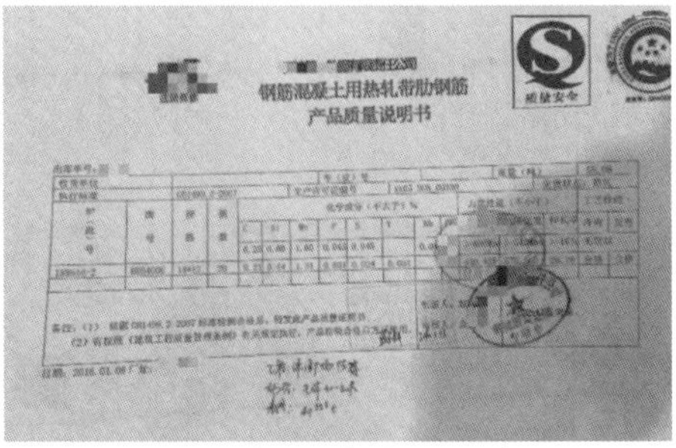 图 5　高强钢筋质量说明书 　　高强钢筋应用技术是混凝土结构工程中的一项基本技术。高强钢筋应用技术主要有设计应用技术、钢筋代换技术、钢筋加工及连接锚固技术等。 　　本工程钢筋主要采用 HPB300、HRB335、HRB400 钢材,直径从 6～32mm 不等,内支撑钢筋约 3300t、地下室钢筋约 6600t、裙房钢筋约 820t、塔楼钢筋约 8600t,在工程施工过程中应注意该技术的应用与研究	基础、主体结构工程钢筋
		大直径钢筋直螺纹连接技术	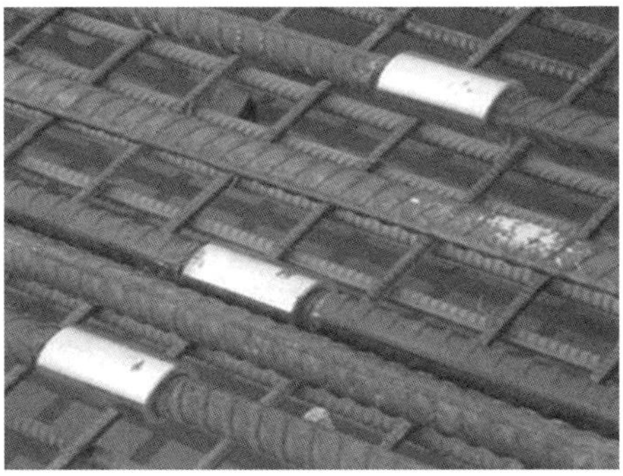 图 6　直螺纹连接 　　钢筋直螺纹连接技术是指在热轧带肋钢筋的端部制作出直螺纹,利用带内螺纹的连接套筒对接钢筋,达到传递钢筋拉力和压力的一种钢筋机械连接技术。技术的主要内容是钢筋端部的螺纹制作技术、钢筋连接套筒生产控制技术、钢筋接头现场安装技术。 　　本工程地下室底板、柱、梁钢筋采用剥肋滚压直螺纹套筒连接,由专业厂家制作套筒,钢筋现场剥肋套丝,施工方便,连接速度快、质量高	受力钢筋连接
3	模板技术	液压爬升模板技术	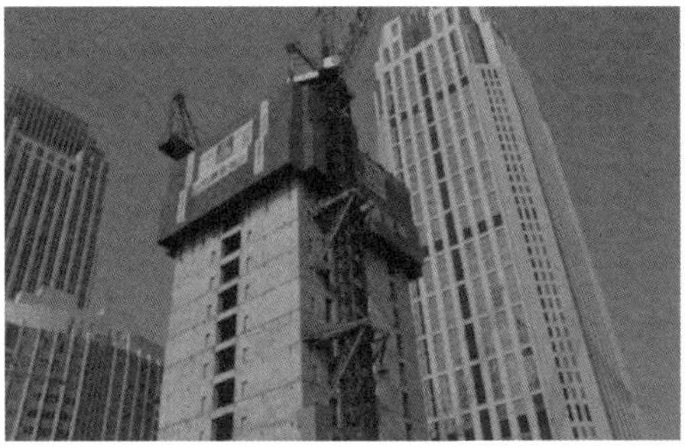 图 7　爬模分段爬升 　　液压爬模系统可以形成封闭安全的作业空间,施工技术成熟,但存在水平结构滞后、物体易掉落等缺点,适合 200～300m 超高层结构施工。 　　顶模系统平面所需支撑点少,行程长,吨位大,混凝土早期强度对其影响小,但造价高,适合 400m 及以上超高层施工。 　　根据自身特点——建筑高度 300.65m,结构变化小,需要稳定的施工平台,选用液压爬模系统作为核心筒施工系统,其高效、经济、可行	核心筒

续表

序号	项目名称	概述	应用范围
4	装配式施工道路技术	预制装配式施工道路技术	施工道路
		 图 8 可周转使用重载钢板路 本工程项目中利用装配式施工道路工厂化制作,铺装速度快,无须现场养护,按照模数可组拼多种宽度路面,适应不同现场需求,现场分块安装和运输,损耗小可多次周转	
5	模板及脚手架技术	钢(铝)框胶合板模板技术	核心筒连梁
		 图 9 铝合金模板 工程对核心筒连梁部分的施工应用定制铝合金模板,可多次周转并降低摊销费用	
6	钢结构技术	钢与混凝土组合结构技术	钢骨混凝土结构
		 图 10 劲性混凝土柱 型钢与混凝土组合结构该项目主要包括钢管混凝土柱,十字形、H 形、箱形、组合型钢骨混凝土柱,H 形钢骨梁、型钢组合梁等,可显著减小柱的截面尺寸,提高承载力。钢骨混凝土承载能力高、刚度大且抗震性能好;组合梁承载能力高且高跨比小	

续表

序号	项目名称	概述	应用范围
7	机电安装工程技术	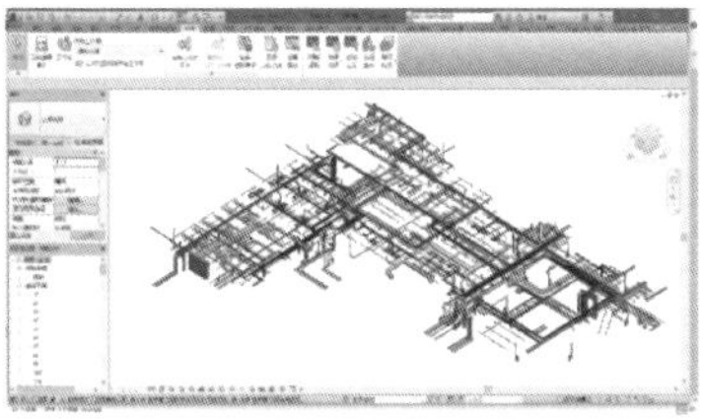 管线综合布置技术 图 11　通风空调管道布置 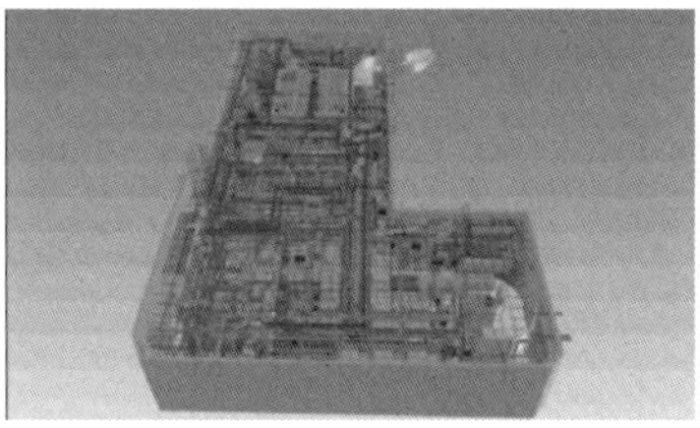　　图 12　管道布置图 本工程涉及专业较广,楼内管线布置密集,为了合理布置管线、利用大楼空间,所有的专业管线必须进行综合布置。项目开工之前采用 BIM 建模,对结构及机电进行模拟,直观地体现平面及空间走向,便于施工	管道安装
8	绿色施工技术	 施工过程水回收利用技术 图 13　回收水沉淀池 本工程利用现场排水系统和基坑降水回收技术,对雨水和降水所抽水进行收集利用,用于现场洗车、浇灌、消防、冲刷厕所及现场洒水控制扬尘,经过处理或水质达到要求的水体用于结构养护用水,以及混凝土试块养护用水、现场砌筑抹灰施工用水等	施工现场
		 预拌砂浆技术 图 14　罐车预拌砂浆 本工程砌体施工采用预拌 M5 砂浆,减少扬尘,保证了施工质量,做到了施工规范管理	砌筑工程
		 太阳能路灯技术 图 15　太阳能供电路灯 施工现场路灯采用太阳能供电,节约了大量电力资源	现场照明

续表

序号	项目名称	概述	应用范围
9	抗震与加固改造技术 / 深基坑施工监测技术	本工程基坑最深 24.6m,为深基坑工程,如何确保基坑安全显得尤为重要,在支护结构上部设置位移监测点,通过全站仪等定期对各点进行监测,根据变形值判定是否采取措施,消除影响,避免进一步发生变形的危险,保证整个基坑的安全	变形监测
10	信息化应用技术 / 虚拟仿真施工技术	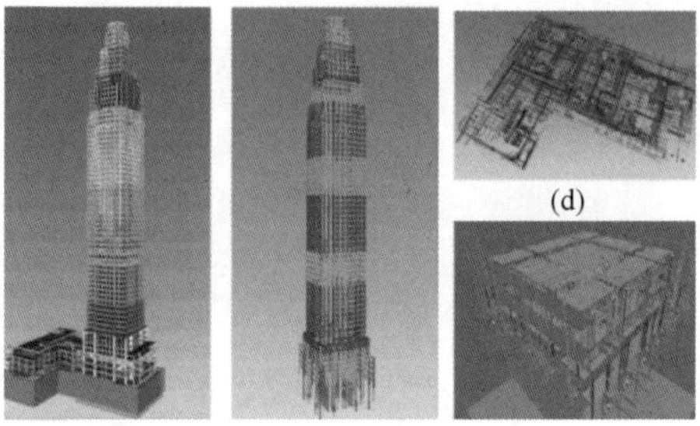 图 16　BIM 建模 (a)土建模型;(b)钢结构模型;(c)大型机械模型;(d)机电模型 项目成立 BIM 小组针对土建、机电、钢结构等专业进行建模工作,同时对大型机械,如液压爬模、塔式起重机等建立了精细化模型	结构、机电等
	施工现场远程监控管理工程远程验收技术	 图 17　远程监控 BIM 小组利用 BIM5D 平台对施工进度进行全过程管控,利用三维模型对计划进度与实际进度进行对比,及时对现场进度进行调整,确保工程按照计划实施。在施工现场发现质量安全问题时,管理人员可以通过 BIM5D 云平台,利用手机客户端将拍摄的质量安全问题照片直接定位到模型,及时汇总现场问题,其他管理人员可以同步实时查看,立即安排工人进行整改,缩短管理人员间的沟通时间	施工管理

5.2　项目 1"建筑业十项新技术"应用成效分析

（1）混凝土技术——自密实混凝土技术

1）自密实混凝土指：混凝土拌合物不需要振捣仅依靠自重即能充满模板、包裹钢筋并能够保持不离析和均匀性,达到充分密实和获得最佳性能的混凝土,属于高性能混凝土的一种。

2）自密实混凝土技术指标：主要包括自密实混凝土抗离析性、自填充性、浆体用量、工作度（流动性及可泵性）、保塑性控制技术、自密实混凝土配合比设计、体积稳定性（硬化过程收缩徐变控制及裂缝控制）。

3）施工部位：本工程自密实混凝土施工部位主要包括主塔楼外框筒钢管混凝土组合柱，以及斜柱等混凝土浇筑不易密实处。

4）效果分析：通过采用自密实混凝土，具有有效改善钢管混凝土柱及斜柱中混凝土浇筑不密实的缺点，保证混凝土浇筑密实；提高生产效率；改善工作环境和安全性；改善混凝土的表面质量；增加了结构设计的自由度；避免了振捣对模板产生的磨损；减少混凝土对搅拌机的磨损；降低工程整体造价等 8 项优点。

（2）混凝土技术——混凝土裂缝控制技术

1）本工程混凝土裂缝控制技术主要指：从混凝土材料角度出发，通过原材料选择、配比设计、试验比选等选择抗裂性较好的混凝土，并通过施工过程中采取的包括控制浇筑速度、实施内部水降温以及建立温控检测系统等技术措施保证混凝土裂缝控制。

2）技术指标及措施：水泥必须采用符合现行国家标准规定的普通硅酸盐水泥或硅酸盐水泥，本项目采用 P.O42.5 普通硅酸盐水泥；骨料采用二级或多级级配，石子最大粒径 25.0mm，含泥量为 0.6％；石子强度压碎指标为 6％左右；根据不同季节、不同施工工艺采用相应聚羧酸系高性能减水剂；采用的粉煤灰矿物掺合料和矿渣粉矿物掺合料符合相关规范要求，本项目矿粉质量等级 S95；工程使用 JY-NS-1 型高效减水剂，减水率 22％，碱含量 2.74％，氯离子含量 0.02％。混凝土配合比应根据原材料品质、混凝土强度等级、混凝土耐久性以及施工工艺对工作性的要求，通过计算、试配、调整等步骤选定；大体积混凝土施工前，对施工阶段混凝土浇筑体的温度、温度应力及收缩应力进行计算，确定施工阶段混凝土浇筑体的温升峰值，里表温差及降温速率的控制指标，制定相应的温控技术措施；施工过程中设置施工缝；通过相应养护措施防止混凝土内外温差过大。

3）施工部位：塔楼区域 4m 厚 18000m³ 混凝土等级为 C40P10 大体积底板、裙房区域 1.2m 厚总计约 6000m³ 混凝土底板、各层现浇板等。

4）效果分析：采用双掺合料技术，降低水泥用量，充分发挥矿物掺合料水化热低、活性高的特点，降低总体混凝土绝热温升，保证混凝土性能和后期质量满足技术要求。通过各项技术保障措施，包括控制浇筑速度（本项目平均浇筑速度达到 320m³/h）、增加表面防裂钢筋网片、模拟计算温度收缩应力、覆膜覆盖棉毡浇水养护、选用符合规范的原材料等有效控制混凝土内外温差，消除影响。

（3）混凝土技术——超高泵送混凝土技术

1）超高泵送混凝土技术主要指：泵送高度超过 200m 的现代混凝土泵送技术。超高泵送混凝土技术是一项综合技术，包含混凝土制备技术、泵送参数计算、泵送机械选定与调试、泵管布设和过程控制等内容。

2）技术指标及要求：①混凝土拌合物的工作性良好，无离析泌水，坍落度一般在180～200mm（本工程混凝土坍落度在200mm左右）；泵送高度超过300m的，坍落度宜＞240mm，扩展度＞600mm，倒锥法混凝土下落时间＜15s。②硬化混凝土物理力学性能符合设计要求。③混凝土的输送排量、输送压力和泵管的布设要依据准确的计算，制定详细的实施方案，并模拟高程泵送试验。④管路设计减少弯管、锥形管数量，尽量采用大弯管，泵管应与结构牢固连接并在输送泵出口处安装特制液压阻断阀，泵机与垂直管之间设置一段10～15m的水平管，以抵消混凝土下坠冲力影响。

3）使用部位：主塔楼C60混凝土，最大泵送高度为82.85m；C50混凝土最大泵送高度达164.25m；C40混凝土最大泵送高度达299.65m；混凝土方量约10万m^3。本工程主塔楼1～23层混凝土输送泵采用中联重科HBT60.10.75S及HBT110.26.390RS高压泵，24～70层混凝土输送泵采用两台中联重科的超高压泵：HBT110.26.390RS，功率为$2 \times 195kW$，最大泵送压力19/28MPa。工程主塔楼核心筒内布置一台半径21m的布料机，安装在爬模平台上，随爬模体系一起爬升，用于核心筒墙体施工。

4）效果分析：有效解决了超高层混凝土浇筑难度大的难题，节约了工期，加快了施工进度。

（4）钢筋及预应力技术——高强钢筋应用技术

1）高强钢筋指：现行国家标准中规定的屈服强度为400MPa和500MPa级的普通热轧带肋钢筋（HRB）和细晶粒热轧带肋钢筋（HRBF）。

2）应用技术及指标：高强钢筋应用技术主要有设计应用技术、钢筋代换技术、钢筋加工及连接锚固技术等。本工程中HRB400级钢筋符合《钢筋混凝土用钢第2部分：热轧带肋钢筋》GB 1499.2的规定，设计及施工应用指标符合《混凝土结构设计规范》GB 50010、《混凝土结构工程施工质量验收规范》GB 50204、《混凝土结构工程施工规范》GB 50666及其他相关标准，其屈服强度标准值满足$400N/mm^3$，抗拉强度标准值满足$540N/mm^3$，抗压强度设计值满足$360N/mm^3$；工程结构有抗震设防要求，采用带后缀的"E"的抗震钢筋。

3）使用部位：高强钢筋主要应用于本工程塔楼区域的底板、框架柱、框支柱、钢柱以及剪力墙边缘构件和部分框架梁和裙房部位底板，大部分框架柱、框支柱以及部分梁构件的主筋。

4）优点分析：①高强钢筋强度高、安全储备大从而降低配筋率；②其较好的机械性能改善了其他类钢筋力学性能不足的问题，避免了尺寸效应大及应变延伸率下降20%～29%的弊病；③焊接性能好，满足本工程钢筋连接方式多样化的特点；④良好的抗震性能符合本工程抗震设防烈度7度的要求，提高结构抗震性和安全性；⑤经济效益明显。

（5）钢筋及预应力技术——大直径钢筋直螺纹连接技术

1）钢筋直螺纹连接技术指：在热轧带肋钢筋的端部制作出直螺纹，利用带内螺纹的连接套筒对接钢筋，达到传递钢筋拉力和压力的一种钢筋机械连接技术。技术的主要内容是钢筋端部的螺纹制作技术、钢筋连接套筒生产控制技术、钢筋接头现场安装技术。

2）技术指标：连接件屈服承载力和受拉承载力标准值不应小于被连接钢筋屈服承载力 f_{yk} 和受拉承载力标准值 f_{uk} 的 1.10 倍；接头等级选用、接头百分率、接头承力性能及变形性能满足《钢筋机械连接技术规程》JGJ 107 要求；钢筋连接件的混凝土保护层厚度应满足《混凝土结构设计规范》GB 50010 中混凝土最小保护层厚度，且不小于 15mm；机械连接区段长度不小于 $35d$（d 为钢筋直径）。

3）使用部位：本工程包括基础底板、梁、柱构件凡钢筋直径≥Φ16 的，除特殊部位或图纸中特殊说明的，均采用剥肋滚压直螺纹套筒连接；设计图纸中涉及变径的≥Φ18 的钢筋除特殊说明使用变径直螺纹套筒外，其余可采用绑扎搭接和焊接。

4）效果分析：剥肋滚压直螺纹连接技术经过型式检验、疲劳试验、耐低温试验及大量工程实用，技术成熟，能够实现等强度连接，具有优良的抗疲劳性和抗低温性能，其装配式施工方式极大减少了工程施工难度，加快工程进度，稳定的性能及高精度螺纹牙型增加了滚丝轮使用寿命，降低了附加成本。

（6）钢筋及预应力技术——钢筋机械锚固技术

1）钢筋的锚固：是混凝土结构工程中的一项基本技术，钢筋机械锚固技术为混凝土结构中的钢筋锚固提供了一种全新的机械锚固方法，将螺母与垫板合二为一的锚固板，通过直螺纹连接方式与钢筋端部相连形成钢筋机械锚固装置。

2）技术指标：锚板强度、连接件强度、接头等级、接头承力性能及变形性能满足《钢筋锚固板应用技术规程》JGJ 256 和《钢筋机械连接技术规程》JGJ 107 要求，通过机械锚固、绑扎搭接以及焊接等方式，保证了同一连接区段内钢筋接头百分率≤50%。

3）使用部位：主要是基础底板钢筋与地下连续墙连接以及地下室各层梁板钢筋与地下连续墙连接部位；地下连续墙施工阶段，先在墙体内侧预埋连接钢板，并结合本项目全过程使用直螺纹套筒较多的特点，在地下连续墙钢板上焊接机械锚固套筒。

4）效益分析：地下室框架梁施工阶段应用钢筋锚固板，节约锚固用钢材 60% 以上，锚固板与钢筋端部通过螺纹连接，安装快捷，质量能够得到保证，锚板锚固刚度大，锚固性能好，方便施工，有利于商品化供应且避免了钢筋密集拥堵，绑扎困难的问题，并改善节点受力性能和提高地下室质量。

（7）模板及脚手架技术——组拼式大模板技术

1）组拼式大模板：是一种单块面积较大、模数化、通用化的大型模板，具有完整的使用功能，采用塔式起重机进行垂直水平运输、吊装和拆除，工业化、机械化程度高。组拼式大模板作为一种施工工艺，施工操作简单、方便、可靠，施工速度快，工程质量好，混凝土表面平整光洁，不需抹灰或简单抹灰即可进行内外墙面装修。

2）技术指标：本工程选用整体式 86 系列 22 子母口全钢大模板，母口尺寸为 19～20mm，子口尺寸为 22mm；结构面板为 5.5～5.7mm 钢板，纵肋为 [8 号槽钢，边框为 [8 号槽钢，背肋为双 [10 号槽钢。模板纵向穿墙孔间距为 300mm、1100mm、1200mm 至模板上口。大模板边框孔为 17mm×30mm 椭圆形长孔，穿墙孔为直径32mm 圆孔。工程用穿墙栓，直径为大头 $\phi32$，小头 $\phi28$，模板与模板、模板与角模间采用 M16×40 标准螺栓并子母口连接。标准板最小边长为 350mm，最大边长为 3000mm。

3）使用部位：本工程核心筒剪力墙内外墙配合液压爬模技术，均使用组合式大钢模，其中墙体侧面使用铝合金模板，连梁部位使用钢模和铝合金模板组拼方式进行支模。

4）效益分析：保证了剪力墙观感质量；极大程度减少了塔式起重机吊次和施工难度，节省了施工工期。

（8）模板及脚手架技术——液压爬升模板技术

1）液压爬升模板：是一种附墙自爬升模板，适用于高层及超高层建筑剪力墙结构、框架核心筒、钢结构核心筒、高耸构造物等结构工程，具有结构简单、安装容易、操作方便、安全程度高、施工速度快、劳动力投入低等特点。

2）技术指标：本工程使用 XHRYM-13 型全钢单侧液压爬模机和 XHRYM-13 型内墙爬模机，依据《液压爬升模板工程技术标准》JGJ/T 195 规定，内外墙爬模支承跨度≤5m（相邻埋件点之间距离，特殊情况除外）；大单侧外墙爬模总高 15.6m（覆盖结构三层半），悬臂高度 8m；内墙钢平台爬模由于功能不同分为 13.05m 与 16.5m 两种。操作平台离墙 300mm；操作层荷载限制：上平台（两层）≤4.0kN/m²，主平台（一层）≤3.0kN/m²；液压操作平台（一层）≤1.0kN/m²，吊平台（两层）≤1.0kN/m²；提升油缸额定顶升力 142kN；额定压力 21MPa。

3）效益分析：

① 液压爬模可整体爬升，也可单榀爬升，爬升稳定性好。

② 操作方便，安全性高，可节省大量工时和材料。

③ 通常爬模架一次组装后，一直到顶不落地，节省施工场地，且减少模板碰伤损毁。

④ 液压爬升过程平稳、同步、安全。

⑤ 提供全方位的操作平台，不必为重新搭设操作平台而浪费材料和劳动力，提高施工安全性。

⑥ 结构施工误差小，纠偏简单，施工误差可逐层消除。

⑦ 爬升速度快，可以提高工程施工速度（平均 3～5d/层）。

⑧ 模板自爬，原地清理，大大降低塔式起重机的吊次，减少工程工期。

（9）钢结构技术——钢结构深化设计技术

1）本工程钢结构深化设计：本项目屋顶钢结构标高 299.65m，主要采用钢框架结构停机坪，通过混凝土劲性钢柱、钢箱形柱与钢框梁及下部多道斜撑连接。钢结构体量大（2.6 万 t），且 8 层、58 层两个转换钢桁架受力特殊节点复杂，多个节点具有超过 10 个连接口的结构，且为空间多方向性，深化设计需要利用 BIM 技术等三维软件。

2）技术指标：扭转调校一次不得大于 3mm；垂直度调校单节柱垂直度允许偏差为 $H/1000$ 且不超过 10mm，H 为柱高。若钢柱的单节柱垂直度以及偏离轴线的数值都不超出规范要求，则做好记录，不再调整；若超出规范要求，则要分析原因，再做调整。一个吊装节安装完毕后，要按规范要求进行复测，测量结果作为交工资料。高精度、高效率控制钢构件穿筋孔位置。使用详图软件建立结构空间实体模型或使用计算机放样制图，提供制造加工和安装的施工用详图、构件清单及设计说明。

3）使用部位：主塔楼区域劲性钢筋混凝土柱钢骨、钢梁以及钢管混凝土柱，另外包括组合楼板中的压型钢板、电梯、塔式起重机预埋件、钢结构停机坪和塔楼 8 层、58 层转换桁架等。

4）效益分析：通过钢结构深化设计，达到满足结构设计要求，体现结构设计意图的目的；进一步简化施工流程，符合工艺方法要求；深化过程中提出合理化建议，缩短施工周期，降低施工风险；全盘考虑各个专业施工，提前预见设计问题，便于协调各专业各工种实施作业。

（10）钢结构技术——厚钢板焊接技术

1）厚钢板焊接技术指：焊接时填充焊材熔敷金属量大，焊接时间长，热输进总量高，构件施焊时焊缝拘束度高、焊接残余应力大，焊后应力和变形大。焊接施焊过程中，易产生热裂纹与冷裂纹，需通过相应技术措施和施工方法减少焊接危害的技术。

2）技术指标：本工程中应用大量的劲性混凝土结构，其中应用有 40mm 厚 Q390B-Z15 板对接 CO_2 气体保护焊技术；焊缝外形尺寸应符合《钢结构现场检测技术标准》GB/T 50621 的规定，焊接接头外形缺陷分级应符合《金属熔化焊接头缺欠分类及说明》GB/T 6417 的规定；严格控制厚板焊接熔池温度的冷却时间及焊接规范；厚板加热对于板厚不小于 36mm 的钢板预热温度达到 120℃即可，对于 $t=60～70mm$ 的钢板预热温度需达到 150℃；层间温度一般控制在 200～250℃之间。

3）施工部位：塔楼地下室部分核心筒劲性十字柱＋外框箱形钢柱，其中主要外框柱为 8 根组合式钢柱和塔楼角部四根大截面箱形柱，组合式钢柱在地下四层～地下二层为双十字形（3275mm×1500mm）外包混凝土式钢骨柱，在地下二层～地上七层为双箱形外包且内灌混凝土劲性柱（3275mm×1500mm）；塔楼地上部分结构为混凝土核心筒＋外框刚架结构，结构 8 层、58 层设置总重量约 3500t 转换层钢桁架，60mm 以上 Q390GJC 钢板占该部位比例为 80%，厚板总焊缝长度 422m。8 层以下使用最大钢柱为箱形 1500mm×1500mm×40mm×40mm，8 层以上结构组合柱变为箱形 900mm×500mm×14mm×20mm；钢梁最大截面为 H 形 1500mm×450mm×28mm×36mm。屋顶钢结构标高 299.650m，主要采用钢框架结构停机坪，通过混凝土劲性钢柱、钢箱形柱与钢框梁及下部多道斜撑连接。

4）效益分析：通过厚钢板焊接技术的应用，可解决了现场焊接难题，保证了工程质量，加快施工进度。

（11）钢结构技术——与混凝土组合结构技术

1）钢与混凝土组合结构的主要类型：包括压型钢板与混凝土组合板、组合梁、型钢混凝土结构、钢管混凝土结构、方钢管混凝土结构以及钢与混凝土组合剪力墙结构等。

2）施工部位：本项目钢与混凝土施工部位主要是核心筒外框筒压型钢板与混凝土组合板；主塔楼钢管混凝土柱，十字形、H 形、箱形、组合形钢骨混凝土柱，H 形钢骨梁、型钢组合梁；核心筒钢骨剪力墙等。

3）技术指标：钢管混凝土设计时应遵循《钢管混凝土结构技术规程》CECS 28 的要求。型钢混凝土设计时应遵循《组合结构设计规范》JGJ 138 的要求。

4）效益分析：钢管混凝土可显著减小柱的截面尺寸，提高承载力，施工简便，混凝土浇筑方式多样；钢骨混凝土承载能力高，刚度大且抗震性能好，具有防火优点；组合梁承载能力高且高跨比小。

（12）钢结构技术——高强度钢材应用技术

1）本工程高强度钢材主要选用：Q295、Q345、Q390、Q420、Q460 五个低合金高强度结构钢牌号及 Q235GJ、Q345GJ、Q235GJZ、Q345GJZ 四个适用于高层建筑结构用钢的牌号。

2）技术指标：压制钢板品种及规格为厚度 6～120mm，宽度为 1500～3600mm，长度为 6000～18000mm 的钢板。所使用的低合金高强度结构钢的机械性能和化学成分，满足《碳素结构钢和低合金结构钢热轧钢板和钢带》GB/T 3274 规范要求；高层建筑结构用钢的机械性能和化学成分，满足《高层建筑结构用钢板》YB 4104 规范要求；焊接材料和焊接工艺均经过工艺评定检验。

3）施工部位：本工程在 8 层、58 层超重转换桁架以及转换桁架支撑体系中大量应用钢结构，另外塔楼顶部停机坪、剪力墙约束边缘构件钢骨、劲性混凝土钢柱、钢梁、钢管混凝土柱等均应用高强度钢材。

4）效果分析：钢管混凝土柱和劲性混凝土柱应用高强度钢材，提高了结构稳定性，减少了柱截面面积，压型钢板的使用节省了竖向空间，钢材的应用减轻结构自重，减小施工难度，降低项目成本。

（13）绿色施工技术——基坑施工封闭降水技术

1）基坑封闭降水技术是指：采用基坑侧壁帷幕或基坑侧壁帷幕＋基坑底封闭的截水措施，阻截基坑侧壁及基坑底面的地下水流入基坑，同时采用降水措施抽取或引渗基坑开挖范围内现存地下水的降水方法。通常采用深层搅拌桩防水帷幕、高压摆喷墙、旋喷桩、地下连续墙等作为止水帷幕。其特点是抽水少、对周边环境不造成影响、不污染周边水源、止水系统配合支护体系一起设计，从而降低造价。

2）技术指标：本项目土方开挖最大深度为－24.6m，在抽水试验场地内，第一微承压含水层相对隔水层一般埋深约 32.00～39.50m 段，厚度约 7.50m，厚度及分布较稳定。地下连续墙封闭深度采用悬挂式竖向截水方式，地下连续墙插入基坑下卧不透水层深度满足 $L=0.2h_w-0.5b$（L—帷幕插入不透水层的深度；h_w—作用水头；b—帷幕厚度）；止水帷幕厚度为 1m，局部 1.2m，满足抗渗要求，且渗透系数保证满足 1.0×10^{-6}cm/s；基坑内共设置 76 口疏干井和降水井，此外设有 2 口减压井，疏干井为钢管井和桥式滤水井，且降水井深度不超过止水帷幕深度；疏干井插入下层强透水层，采用内支撑作为基坑支护，满足支护要求。

3）效益分析：保证了地下室结构施工顺利施工，保护了周边国家级文物保护单位——古建筑 1 无沉降，经济效益和社会效益明显。

（14）绿色施工技术——施工过程水回收利用技术

1）施工过程水回收利用技术：包括基坑施工降水回收利用技术、雨水回收利用技术和现场生产废水再利用技术。其中本工程基坑降水回收技术主要包含利用自渗效果将上层滞水引渗至下层潜水层，使水资源重新回灌至地下，以及集中存放降水抽水，用于后续施工两项技术。

2）技术指标：本工程基坑降水回收利用主要包含 30％回灌地下水＋5％现场生活用水＋45％现场尘控制用水＋15％施工砌筑抹灰用水，回收利用率为 $R=k_6(Q_1+q_1+q_2+q_3)/Q_0\times100\%=0.9\times(30\%+5\%+45\%+15\%)/(100\%)\times100\%=85.5\%$。工程雨水回收及废水循环利用系统为施工现场节约了 20％的生产用水，由于施工现场场地均为混凝土及钢板路面，设置的引水管道和排水沟将雨水回收（如沉淀池），减少了施工成本。

3）施工措施：现场建立了包括蓄水池、沉淀池和冲洗池的高效洗车池，降水井中抽得的水进入蓄水池后，经沉淀由水泵冲洗车辆及供应部分厕所、盆栽用水，污水经预先设置的回路流进沉淀池进行沉淀后再进入中水/下水蓄水池，循环使用。现场设置高压降尘喷头，在日常降尘以及内支撑爆破降尘过程中，使用高压喷头进行场内扬尘控制。混凝土养护阶段，使用水泵将蓄水池中用水抽出，利用管道进行混凝土洒水养护。

4）效益分析：工程累计节约用水约 4000t，日平均节水 5t，每吨水按 4 元计，共计节约费用 16000 元；节水措施为项目取得了良好的社会效益，实现了绿色施工的工程理念。

（15）绿色施工技术——预拌砂浆技术

1）本工程预拌砂浆技术主要包括：干拌砂浆和湿拌砂浆两种，符合国家节能减排的产业政策，本工程根据天津市相关规定，砌筑及抹灰等砂浆全部采用预拌砂浆，在保证砂浆质量的同时，减少大气污染。

2）技术指标：强度等级方面，通过掺入一定量的活性矿物掺合料及外加剂来可改善砂浆的性能并降低成本，使其强度满足相应规范要求；所使用的湿拌砂浆和普通干混砂浆的保水性均要求≥88%，使用的抹灰砂浆、普通防水砂浆的拉伸粘结强度≥20MPa。所用湿拌砂浆凝结时间最长可达 24h，普通干混砂浆在现场随用随拌不需要储存太长时间，其凝结时间为 38h；抗压强度满足《建筑砂浆基本性能试验方法标准》JGJ/T 70 规定；力学性能满足《砌体结构工程施工质量验收规范》GB 50203 和《砌体结构设计规范》GB 50003。

3）施工部位及效益分析：主要应用于本项目二次结构非承重墙中各种混凝土砖、粉煤灰砖和黏土砖的砌筑，抹灰地面砂浆用于室内地面找平。特种砂浆包括保温砂浆、装饰砂浆、自流平砂浆、防水砂浆等，用于建筑外墙保温、室内装饰修补等。

4）效益分析：砂浆质量稳定、保证建筑工程质量；材料浪费小、实现资源综合利用；文明施工程度高减少城市污染、改善大气环境以及环保；砂浆品种多样、提高建筑施工现代化水平。

（16）防水技术——防水卷材机械固定施工技术

1）防水卷材机械固定技术：采用专用固定件，如金属垫片、螺钉、金属压条等，将防水材料机械固定在屋面基层或结构层上。机械固定包括点式固定方式和线性固定方式。

2）技术指标：工程防水卷材机械固定形式主要是点式固定，专用垫片和螺钉分布密度≥9 个/m³，螺钉端部设置橡胶止水片，所固定的混凝土其厚度最小为 180mm，考虑强度等级选用钢筋不低于Φ25。沥青防水卷材在施工时，待基层处理剂干燥后，按设计要求对特殊部位做附加层处理。撕开防水卷材隔离膜进行防水卷材粘贴，附加层部位全粘贴，卷材搭接长度长边为 100mm，短边为 150mm。

3）施工部位：地下室底板、顶板及外墙防水、屋面防水和室内楼地面防水。地下室底板抗渗等级 P10，用双面自粘型沥青防水卷材，顶板抗渗等级 P6，用双面自粘型沥青防水卷材；消防水池使用钢筋混凝土自防水墙体、底板，抗渗等级 P8，采用聚合物防水砂浆防水技术，地下室外墙使用排水板＋双面自粘型沥青防水卷材防水；卫生间及建筑零层板低跨部位采用 1.5mm 厚聚氨酯防水涂膜技术。

4）效果分析：实现了底板防水及楼层防水。

（17）防水技术——聚氨酯防水涂料施工技术

1）聚氨酯防水涂料施工技术：利用聚氨酯防水涂料对防水层反复均匀垂直涂刮的防水技术。

2）技术指标：本工程使用的稀释剂为 200 号溶剂汽油，防水涂料配比为 A∶B＝1∶2，搅拌量控制在 30kg，电动搅拌时长为 5min；防水基层要求坚固、干燥、平整，无杂物，凹凸不平处及裂缝用水泥砂浆抹平后，预处理层涂厚为 0.2～0.3mm；涂刮共分 5 层，层间间隔 24h；施工温度高于 5℃，基层含湿率 5％以内；其余技术指标符合《聚氨酯防水涂料》GB/T 19250 规范要求。

3）施工部位：本工程室内楼地面防水、零层板低跨部位，小部分缝隙、穿墙管、落水口等，以及部分厨浴、卫生间、水池工程防水均为 1.5mm 厚聚氨酯涂膜防水。

4）效益分析：冷施工，可厚涂，涂膜较密实，抗渗透性好；涂膜具有较高的强度和弹性；可在任何异形面上涂刷，也可在潮湿或干燥的各种基面施工，具有较强的施工适应性。涂膜有良好的柔韧性；绿色环保，无毒无味，无污染环境，对人身无伤害，工期短，维修方便。

（18）抗震、加固与改造技术——深基坑施工监测技术

深基坑施工监测技术是：利用各类监测仪器，通过对围护结构顶部水平位移、深层水平位移、顶部竖向位移、支撑轴力及地下连续墙钢筋应力监测、立柱水平（竖向）位移、垂直度监测、地下水位监测、周边地表竖向位移监测、周边地下管线竖向位移等测量跟踪监测，确保项目土方施工过程结构稳定、安全进行监测。

监测仪器及监测布位点：施工部位围护结构深层水平位移监测采用的仪器是 TGCX-1-100B 型测斜仪，测量精度达 0.1mm，根据规范及设计要求在基坑周边的中部、阳角处及有代表性的部位，共布设 8 个深层水平位移监测点（CX1～CX8），同时在深部水平位移监测点顶部布设水平位移监测点；围护结构水平位移监测使用 Leica TS30 全站仪及配套棱镜，测距精度 0.6mm＋1ppm×D，测角精度为 0.5″，根据基坑周边环境情况，水平位移基准点及监测点组成边角网、附合、闭合导线或导线网。在基坑周边的中部、阳角处及有代表性的部位布设监测点，在每个测斜管对应位置布设水平位移监测点，监测点的水平距离为 20m 左右。用电钻在支护结构设计位置的顶部钻孔，埋设测量标志，或打入带有十字刻划的钢筋，共计布设 24 个围护结构顶部水平（竖向）位移监测点；围护结构竖向位移监测采用 Trimble DINI03 电子水准仪及配套铟钢尺，测量精度为 0.3mm/km，围护结构顶部竖向位移监测点与其水平位移监测点共用，用电锤在支护结构设计位置钻孔，埋设测量标志，或打入带有十字刻划的钢筋，每隔 20m 左右布设一个监测点，共计布设 24 个围护桩顶部水平（竖向）位移监测点；内支撑轴力监测采用 TGCD-1-200 型便携式工程测试仪对钢筋计进行监测，受力较大的位置埋设钢筋计，第一至四道支撑每道支撑布设 17 处轴力监测点，监测点位与第一道支撑

相同，每个监测点布设 4 个钢筋计；立柱竖向位移监测采用 Trimble DINI03 电子水准仪及配套铟钢尺，立柱水平位移及垂直度监测采用 Leica TS30 全站仪及配套棱镜，该基坑支撑受力具有代表性的立柱上布设监测点，共布设 25 个立柱水平（竖向）位移监测点；地下水位监测采用 TGCS-2 型水位仪，测量精度为 1mm，据降水方案，本工程共布设 30 口（SW1~SW15）水位观测井，其中 15 口井深 26.0m 的第一微承压水观测井，15 口井深 41.0m 的第二微承压水观测井；本项目周边地表监测采用 Trimble DINI 03 电子水准仪及配套铟钢尺，基坑共布设 7 个监测断面，每个监测断面布设 5 个监测点，共布设 35 个周边地表竖向位移监测点；地下管线监测采用的监测仪器为 Trimble Dini03，共布设 120 个地下管线竖向位移监测点。

（19）信息化应用技术——虚拟仿真施工技术

1）虚拟仿真施工是对建造过程中的各个环节进行统一建模，形成一个可运行的虚拟建造环境，以软件技术为支撑，借助于高性能的硬件，在计算机网络上，生成数字化产品，实现规划设计、性能分析、施工方案决策和质量检验、管理。

2）技术实施情况：由于本工程结构复杂、各专业交叉施工多，采用 BIM 技术进行各专业的协调配合及深化设计。利用 BIM 系统模型，实现了全过程全专业建模（投标阶段、项目实施阶段的虚拟样板、图纸预审）、土建及机电碰撞检查、预埋件碰撞检查、施工方案可视化交底及全过程优化与深化、三维场地布置、图纸变更管理、进度管理等。仿真技术所提供的三维图纸以及动态演示，减少了复杂施工节点的识图错误。施工中可以直接利用建筑信息模型进行日程安排，不仅能提高施工效率，而且能规避建造错误，降低施工浪费。

（20）信息化应用技术——工程量自动计算技术

1）本项目工程量自动计算技术：结合了广联达图形算量软件和 BIM5D 平台查询工程量的功能，采用三维建模方式，解决了项目在招标投标以及项目实施过程中，算量、过程提量、结算阶段构件工程量计算的业务问题。

2）使用软件：广联达图形算量软件 GCL；广联达钢筋抽样软件 GGJ；BIM5D 平台。

3）效益分析：适合的软件可以成倍提高效率，其超强的整合能力节省了工作时间，实现了不同专业接口对接。

（21）信息化应用技术——工程项目管理信息化实施集成应用技术

1）工程项目管理信息化实施或集成应用技术是指用信息化手段实现对项目的业务处理与管理，或进一步用系统集成的方法将项目管理的各业务处理与管理信息系统模块进行应用流程梳理或数据交换整合，形成覆盖项目管理主要业务的集成管理信息系统，实现项目管理过程的信息化处理和业务模块间的有效信息沟通。

2）技术指标：本项目信息系统模块应用时，主要涉及项目进度管理计划（支持与进度管理软件的集成），材料采购计划与入库、限额领料与出库，盘点及周转材料的管理，项目施工组织设计、技术方案、工法及图档管理，项目质量与安全管理（管理过程的及时有效记录及审批过程的可追溯管理）等。集成化应用时，运用 BIM5D 平台工程项目管理软件，实现了在各功能模块的单独应用基础上实现集成化，从而实现对项目过程管理、流程控制，实现企业与项目部之间的内部协同。

（22）信息化应用技术——建设项目资源计划管理技术

1）本项目资源计划管理技术：主要是利用 BIM5D 平台商务查询（资源三算对比、物资三算对比等）功能，结合本项目实际物资消耗情况，做到有针对性地管控物资。通过物资查询，实现了对物资进料新型数据化前瞻性预判，杜绝了因物资供应不齐而产生的窝工现象。

2）实施概况：本工程应用 BIM 模型建立了真实产品数据，包括所有施工应用产品、材料的规格尺寸、性能参数以及相关规范、工艺标准等。其建模的基础信息基于已基本确定的工程设计基础数据，其数据模块组成不仅包含了原有二维设计图纸的所有数据，还融入了相关的管理信息数据，是整个建设工程项目的综合信息数据平台。建筑信息模型主要涵盖了各专业的设计图纸数据、项目建设目标数据、项目周期过程动态数据，并可实现与工程项目的运营管理数据链接。

参 考 文 献

［1］ 毛志兵. 千米级超高层建筑建造技术研究［C］// 第 25 届全国结构工程学术会议论文集（第 I
册）. 2016.

［2］ 王宏. 超高层钢结构施工技术［M］. 北京：中国建筑工业出版社，2013.

［3］ 胡玉银. 超高层建筑施工［M］. 北京：中国建筑工业出版社，2011.

［4］ 关而道，邵泉. 大型标志性超高层建筑施工新技术——越秀金融大厦［M］. 北京：中国建筑工
业出版社，2016.

［5］ 张希黔. 处于世界先进水平的我国超高层建筑施工技术［J］. 施工技术，2018，47（6）：9.